船体関係図面の理解と利用

淺木 健司 著

海 文 堂

はしがき─第2版にあたって

　船には，新造時に造船所から供与された多くの図面及び数値表等が，『完成図書』として備えられています。海技者は，船舶運航の様々な場面で利用するにあたり，それらを丹念に読み取ることが求められますが，その読解には，極めて専門的かつ総合的な知識を必要とします。

　その一方で，実務においては基本的な事項にまで立ち返ることは難しく，特に問題が生じなければやり過ごされることがあり，曖昧な知識のまま時間が経過してきた方もいるのではないでしょうか。疑問点の解消に努めたいと感じてはいるものの，上司や先輩を頼るにしても多忙な中では限界があり，また自分自身で調べようとしても限られた資料しか手元にない場合が多く，知識の習得は決して容易とはいえません。本書は，このような点に鑑み，航海士等の海技者が簡便に学習でき，記憶が曖昧になったときには再確認のための手引き書として，また後進の育成にも使用できるよう配慮しました。

　取り上げた内容は，船において比較的使用頻度の高い船体構造関係の図面と，理論面での理解を要する復原性資料やローディング・マニュアル及び貨物固縛マニュアルについてで，それらの利用をサポートすることを目的にしています。船体構造関係の図面については，その表記と実際の構造とを比較できるよう，3D 描画の図を多く取り入れました。理論面での理解を要するものは，必要な予備知識も解説し，理解を深めるため例題を挙げています。さらに，図表を利用する上での関連知識も章を割いて説明しました。また，掲載した図面及び数値表の多くは，資料相互間の関連性にも配慮し，「芦屋丸」という 1 隻のモデル船を対象としています。

　執筆にあたっては，基本的な知識と実務との橋渡しとなるよう心掛けました。したがって，既に実務に就かれている方はもとより，将来の海技者を目指す学生諸君にとっても，実務を知る参考書として十分活用できると考えます。本書が，船体関係の各種資料に関する理解と関心を深めるきっかけになり，船舶の安全運航の一助となれば，著者としてこれに過ぎる喜びはありません。

　この度の重版においては，より正確な記述に改めると共に，関係規則等については最新のものに基づきました。

　なお，本書の執筆にあたっては，造船所や海運会社等から提供頂いた多くの資料を参考にさせて頂きました。また，海文堂出版株式会社の岩本登志雄様をはじめ編集部の皆様には，特に図の構成等に関し，多大なるご協力を賜りました。関係各位に深甚なる謝意を表します。

2022 年 8 月 26 日

著　者

注）　本書は，各種図面の利用に関し理解を促すことを主な目的としていることから，掲載している図表もそれに合うように調整している。したがって，実際の船舶とは異なる点があることに注意されたい。たとえば，船体構造については，部材の配置間隔を実際よりも広くしている。

目　次

第1章

船体関係図面の概要

1.1 船体関係図面の種類

1.1.1 建造工程と図面

船舶の建造において，計画段階から完成までの間に多くの図面が作成されるが，工程順に見た場合，設計図，承認図，工作図（製作図），完成図に大別できる。

(1) 設計図

船舶を建造する場合，基本的な仕様が決まると，造船所はそれに従い船舶の設計を行う。設計図は，船型や寸法，構造，材料，その他船舶全般にわたって検討した結果を図形によって表し，さらに文字を付記したもので，船舶を建造する場合の草案を示した図面である。

(2) 承認図

設計図が出来上がると，船主の承認を得るとともに，管海官庁（運輸局）や船級協会に図面を提出し，船舶安全法などの種々の造船関係の法令や船級協会の定める要件を満たしていることの確認を受け，承認を得なければならない。この承認を得た図面が承認図である。

(3) 工作図（製作図）

工作図は，設計者が意図したとおりに正確にかつ能率的に船舶を建造するため，製作者に対して詳細な情報を提供する図面である。設計図を基に一定の規約に従った表示方式により作成される。

工作図は船舶の建造過程において必要なものであり，造船所の関係者だけでなく，必要な場合には船主や船主派遣の工事監督および艤装員にも手渡され，関係者の一致協力により船舶の建造が進められる。

(4) 完成図

完成図は，竣工時の船舶の状態を記した図面で，船主および船舶に供与され保管されている。船舶の詳細を知るためにも，新造後，各種の工事を行う際にもしばしば参照される。完成図としてどのような図面を造船所から供与するかについては，建造仕様書に明記される。

注) ここでは図面を設計図と工作図に分類したが，実際にはこれほど明確でないことも多い。建造に当たっては，工作図とともに設計図もよく利用，参照されるし，工作図の段階に進んだ後，検討した結果，設計図を改正することもある。また設計図の段階から工作部門の条件（たとえば，船台やドック付近の空間寸法，クレーンの能力など）も勘案され作図される。

従来の図面は，手で線を引いて製図していたが，最近の主流はコンピュータを駆使した自動製図である。これを CAD（Computer Aided Design）といい，設計された図や寸法値などはデータベース化され，設計図から工作図への展開や，部材および材料の手配など，種々の仕事に一貫して各部門が並行的に利用できるシステムが取り入れられている。さらに，完成図は，従来からの紙媒体に加え，PDF 形式などのデジタルデータとしても供与されるようになった。

1.1.2 用途別の種類

船舶には完成図として多くの図面が備え付けられており，主なものとして以下のように大別できる。

（1）船舶の大要を示すもの

    1）完成図書目録（list of final drawings）

      完成図は他の図面類と共に「完成図書」として整理番号が付され，一般的には図面箱に番号順に入れられ保管されている。完成図書目録は，全完成図書の番号や名称および保管箱などの一覧であり，必要な図面がどこにあるのかを知りたい場合は，この目録によって調査する。完成図書の使用後は，元の保管場所に戻しておかなければならない。

    2）建造仕様書（specification）

      船舶の用途，要目，基本性能，関連規則，材料，各種検査，諸設備など，完成時における仕様の大要が記された冊子で，その船の全体像を知ることができる。造船会社から供与する図面の種類についても記載されている。

    3）要目表（particular sheets）

      船舶の所有者（建造時），建造日，主要寸法，トン数など，船舶の登録に関係する事項や搭載機器などの一覧。

    4）一般配置図（general arrangement）

      船倉や機関室，船室，甲板機器などの配置を示した図面で，船の全体像を知ることができる。（詳細は，2.1 を参照）

    5）線図（lines and offset table）

      船体形状の詳細を示した図面および数値表で，船体の複数箇所における横断面，縦断面および水平断面の形状が描かれている。最近では，ほとんど備えられていない。

（2）船体の構造に関するもの

    1）中央横断面図（midship section）

      船体の中央部付近における横断面構造を示した図面。（詳細は，2.3 を参照）

    2）鋼材配置図（construction profile and deck plan）

      船体を構成する構造材の配置を示した図面で，中心線における縦断面図（複数の縦隔壁を有する場合は，それらの構造図を含む。）と各甲板の水平面図からなる。（詳細は，2.4 を参照）

    3）外板展開図（shell expansion plan）

      外板とそれに接する骨材の配置などを平面に展開して示した図面。（詳細は，2.5 を参照）

    4）隔壁構造図（bulkhead construction）

      船首隔壁，倉内隔壁および機関室隔壁などの水密横隔壁の構造を示した図面である。近年では中央横断面図と共に一冊の冊子に綴じられていることが多い。

    5）入渠用図（docking plan）

      主として船底栓やシーチェストなどの船底開口部の位置を示したもので，船体中心線縦断面図や船底平面図などからなる。造船所によって内容もさまざまであり，入渠用図の代わりに「船底栓およびマンホールの配置図（arrangement of bottom plugs and man holes）」を備える場合もある。

    6）船尾骨材構造図（stern frame）

      舵およびプロペラを支える船尾骨材の構造を示した図面。

    7）舵構造図（rudder construction）

      舵の構造を示した図面。

（3）船の性能の把握または運航の資料として利用するもの

    1）復原性マニュアル（stability manual）

      船の復原性能を検証するための資料で，標準的な積み付け状態における復原力および喫水などの計算結果

や復原力曲線のほか，それらの計算方法の解説を含む。（詳細は，3.1 を参照）

2）排水量等曲線図（hydrostatic curves）

　排水量計算，復原力計算および喫水計算などに必要なデータのうち，排水量をはじめとして，喫水の増減に伴い変化する種々の値を示したグラフ。（詳細は，3.3.1 を参照）

3）排水量等数値表（hydrostatic table）

　排水量等曲線図と同様のデータを記載した数値表。（詳細は，3.3.2 を参照）

4）タンクテーブル（tank table）

　タンクに積載されている水や油などの液体の液面高さと容積などとの関係を示した数値表。（詳細は，3.4 を参照）

5）ボンジャン曲線（Bonjean's curves）

　水面下船体横断面積の船の長さ方向における分布を示したグラフである。任意の喫水に対して，計算点（square station）ごとに横断面積を求め，それらをシンプソン計算などの数値積分を行うことで，排水容積が求められる。最近ではほとんど備えられていない。

6）トリミング曲線（trimming diagram）

　船の長さ方向の任意の位置に，一定の重量を積載した場合の，船首および船尾喫水の変化量を記載したグラフ。（詳細は，3.8.1 を参照）

7）トリミングテーブル（trimming table）

　トリミング曲線と同様のデータを記載した数値表。（詳細は，3.8.2 を参照）

8）復原力曲線（stability curves）

　船の横傾斜に対して復原力がどのように変化するのかを示したグラフ。（詳細は，3.10.1 を参照）

9）復原力交差曲線（stability cross curves）

　排水量の変化にともなう復原てこ（GZ）の変化の様子を，横傾斜角別に示したグラフ。任意の状態における復原力曲線を作成する場合に用いる。（詳細は，3.10.2 を参照）

10）載貨容積図（capacity plan）

　船倉やタンクの場所，それらの容積，重心位置などを示す図面で，船の側面図と平面図，容積および重心位置などを示す数値表が記載されている。

11）載貨重量尺度図（deadweight scale），載貨重量トン数表（deadweight table）

　任意の喫水に対する載貨重量トン数を読み取れるようにした図表で，船積みできる貨物重量や貨物積載後の喫水の推定に用いられる。載貨容積図に併記されている場合が多い。

12）傾斜試験成績書（results of inclining experiment）

　新造時に復原性能を確認するために実施される傾斜試験の結果が示されている。

13）動揺試験成績書（results of rolling experiment）

　新造時に実施される復原性能を確認するための試験のひとつである動揺試験の結果が示されている。

14）海上公試運転成績書（test record for sea trial）

　船舶新造時の試運転において実施される速力試験，惰力試験，旋回試験，Z 操縦性試験などの各種試験結果をまとめた資料である。

15）操船ブックレット（maneuvering booklet）

　操船者に対し船舶の操縦性能に関する種々の情報を提供するための資料であり，船橋に掲示されるポスター（wheelhouse poster），パイロットカード，各種図表とともに冊子にまとめた操船資料（maneuvering booklet）からなる。

16）ローディングマニュアル（loading manual）

　　貨物やバラストの積載が，船体の縦強度に及ぼす影響を検証するため，それに必要な種々の資料を含んだ手引書である。（詳細は，4.1.1 を参照）

17）貨物固縛マニュアル（cargo securing manual）

　　ばら積み以外の貨物の積付けおよび固定の方法を解説した資料で，固縛方法の検討に用いる。（詳細は，5.1.1 を参照）

18）非常用曳航手順書（emergency towing manual）

　　船舶が既存の設備を用いて他の船舶を曳航するための手順を記載したものである。

（4）その他，搭載機器や設備などの詳細を示すもの

1）メーカーリスト（maker list, list of manufacturers）

　　船舶に搭載されている艤装品や機器類のメーカーの一覧。

2）ペイントスケジュール（paint schedule）

　　船舶の各部に塗布されている塗料の一覧。

3）操舵設備，係船設備，救命設備，消防設備，荷役設備，その他各種設備や機器類に関する図面

注）　上記の図面類は，各船にすべてが備えられているのではなく，船によって異なる。また，個別の資料としてではなく，互いに関連する複数のものを，一冊の冊子にまとめている場合もある。

1.2　図面に関する各種規格

1.2.1　JIS（日本産業規格）

　JIS（Japanese Industrial Standards）は，「産業標準化法」に基づき制定される国家規格で，産業分野における「もの」や「事柄」について国家としての標準を示している。図面に関してもいくつかの規格が設けられており，製図総則（JIS Z 8310）は，図面を作成するに当たっての各種工業に共通した一般的な事項を規定している。このほか，図面の線，文字，尺度，寸法記入方法などについても規格があり，船舶図面の規格もこれらを引用することでその一部としている。以下に主なものをあげる。

1）溶接記号（JIS Z 3021）

2）製図－表示の一般原則－線の基本原則（JIS Z 8312）

3）製図－文字－第 0 部：通則（JIS Z 8313-0）

4）製図－文字－第 10 部：平仮名，片仮名及び漢字（JIS Z 8313-10）

5）製図－尺度（JIS Z 8314）

6）製図－寸法及び公差の記入方法－第 1 部：一般原則（JIS Z 8317-1）

　船舶関係の図面に関しては以下の規格があるので，各種図面に使用されている線や記号の意味について不明な場合は，上記の規格とともに参照されたい。

注）　JIS には，それぞれ分野を示すアルファベットと 4 桁の番号（船舶関係は，「F ○○○○」）が付けられており，本書においても関係する規格の番号とその名称を示した。なお JIS の詳細については，下記のホームページで閲覧できる。
　　　　　　　　　　日本産業標準調査会ホームページ http://www.jisc.go.jp/

（1）基本船こく構造図の自動製図通則（JIS F 0201）

　　中央横断面図，隔壁構造図，中心線縦断面図，外板展開図などの基本船こく構造図を，コンピュータにより自動作画するに当たっての，線の形式に対する基本原則やその適用，使用記号などについての規格である。

（2）造船－船舶一般配置図記号（JIS F 0053）

　　一般配置図において使用される各種の図記号について規定している。

（3）船舶救命及び消火設備の図記号（JIS F 0051）

　　救命設備および火災制御図に用いる図記号について規定している。

（4）船舶通風系統図記号（JIS F 0050）

　　ダクトやベンチレータなどの通風装置の図面に用いる図記号について規定している。

（5）船舶配管系統図記号（JIS F 7006）

　　配管系統図に用いる配管およびその付属品の図記号について規定している。

（6）船用電気図記号－通信，計測，航海及び無線関係（JIS F 8013）

　　船内における電気機器の取り付け位置，相互の系統などを示す図面に使用する図記号のうち，通信機器，計測装置，無線機器などについて規定している。

1.2.2　ISO（国際標準化機構）規格

　ISO（International Organization for Standardization）は，各国の代表的標準化機関から成る国際標準化機関で，各種産業分野に関する国際規格を定めている。船体構造図面に関しては，「ISO128-25: 1999, Technical drawings － General principle of presentation － Part 25: Lines on shipbuilding drawings」があり，JIS の「F 0201 基本船こく構造図の自動製図通則」における線の形式に対する基本原則およびその適用規則は，これを翻訳したものである。

　なお，これらはあくまでも標準であり，1 枚の図面においても必ずしもすべての表記法などが合致しているとは限らない。さらに，各造船所や工場の特殊性によって，特別な規格を設け製図している場合もあるため，図面を見る場合には注意を要する。

1.3　図面に関する基礎知識

1.3.1　図面の投影法（第一角法と第三角法）

　立体である船体や設備・機器を図面上に描くために，それらの物体を平面に正投影する手法が用いられるが，その投影法には第一角法から第四角法まである。図 1.1 に示すように，水平面および鉛直面によって区切られた 4 つの空間を考え，第一象限に物体を置き平面に投影する場合を第一角法，第二象限の場合は第二角法，以下同様に第三角法，第四角法と呼ばれる。このうち船舶に関係する図面には，第一角法または第三角法が用いられる。いずれの投影法においても，図は，正面図，平面図および側面図からなる。

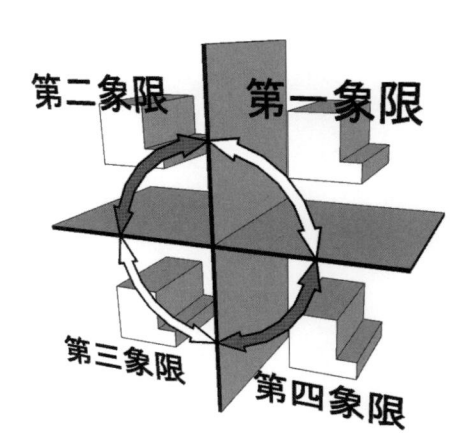

図 1.1　投影面と物体の位置

（1）第一角法（first angle projection）

　図 1.2 に示すように，物体の手前側の面を，物体後方に置かれた平面に投影する。そして平面図および側面図を正面図と同じ面上に描くため，90° 回転して展開する。その結果，平面図は正面図の下方に，左側面図は正面図の右側に描かれる。

　一般配置図や載貨容積図などの船体の全体像を示す図面は，この投影法にならっている。すなわち船体を右舷側から見た様子が図面の「正面図」として描かれ，その下方に船体を上方から見た「平面図」が描かれている。

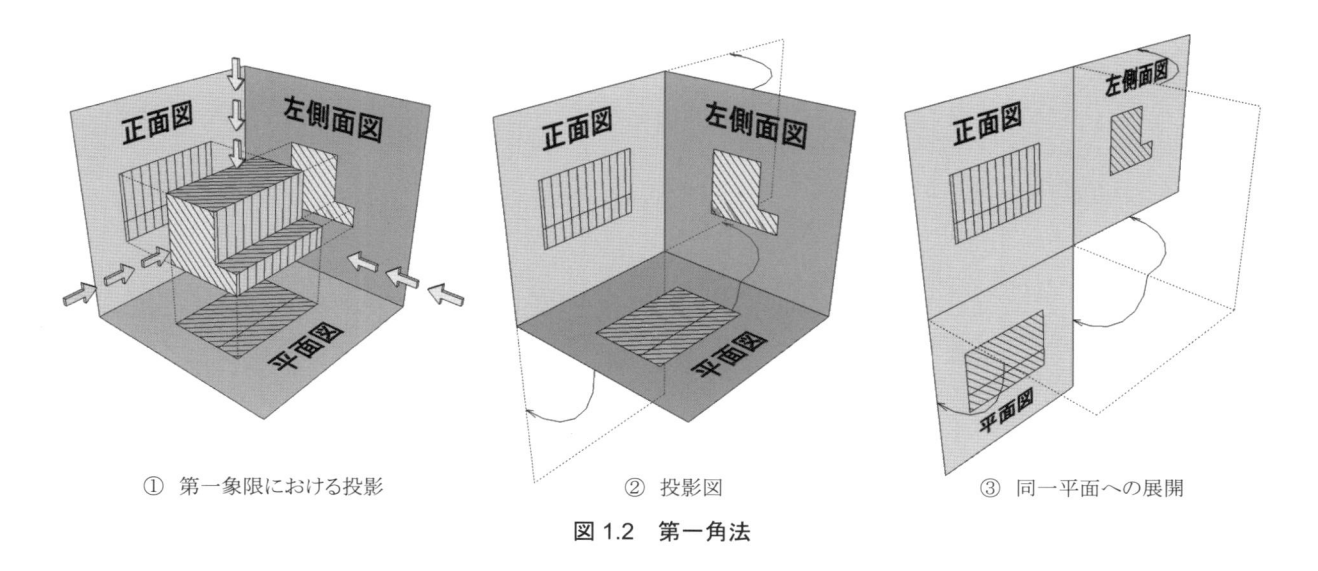

① 第一象限における投影　　　　② 投影図　　　　③ 同一平面への展開

図 1.2　第一角法

（2）第三角法（third angle projection）

　図 1.3 に示すように，物体の手前側の面を描くことは第一角法と同じであるが，投影する平面は物体より手前に置かれる。平面図および側面図を正面図と同じ面上に描くため 90° 回転して展開すると，平面図は正面図の上方に，左側面図は正面図の左側に位置する。操舵機やウインドラスなどの機器類の図面は，この投影法で描かれている。

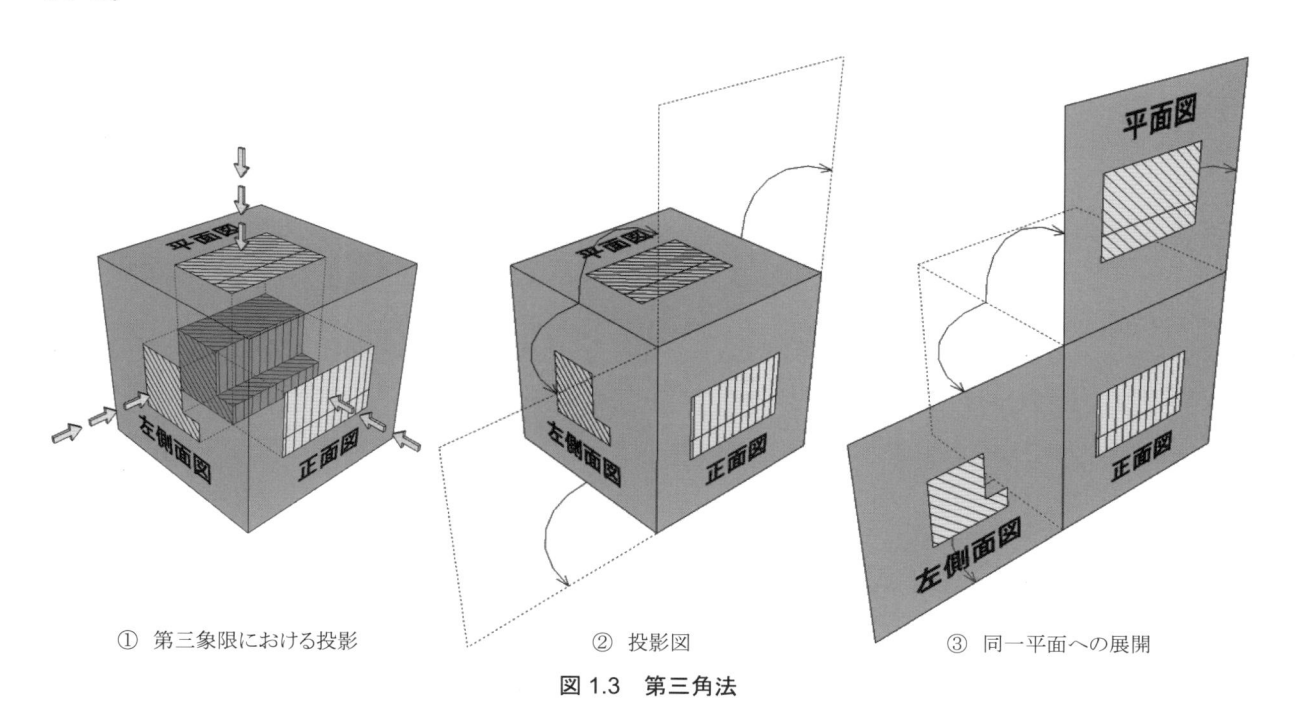

① 第三象限における投影　　　　② 投影図　　　　③ 同一平面への展開

図 1.3　第三角法

（3）船体構造図面の投影方向

　　船体構造関係の図面は，外板展開図のように特殊なものを除き，船体の水平面，側面，横断面の各面を示している。JIS にならった場合の投影方向は以下のとおりである。

a. 平面図は，下向きに投影されている。

b. 側面図は，左舷向きに投影されている。

c. 横断面図は，前向きに投影されている。

d. 図面における船首の方向は，向かって右側である。

e. 図示されている舷は，原則として左舷となっている。ただし，右舷にだけある部分は，右舷側が図示される場合もある。

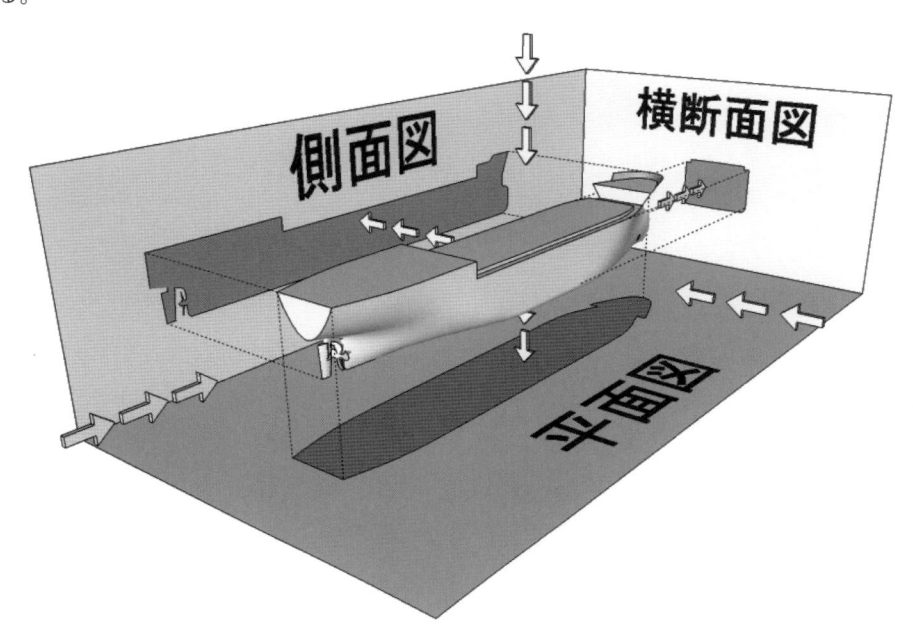

図 1.4　船体構造図面の投影法

1.3.2　表題欄

　図面を整理・管理するうえで必要な情報が，図面の右下または複数の図面を冊子にして綴じる場合にはその表紙に，罫線枠で囲って表示されている。表示内容は造船所によって異なるものの，一般的には，船名，図の名称，尺度，船舶の建造番号，図面番号，図面作成年月日，製図所名，責任者の署名などが記されている。上記の投影法についても明記されている場合がある。

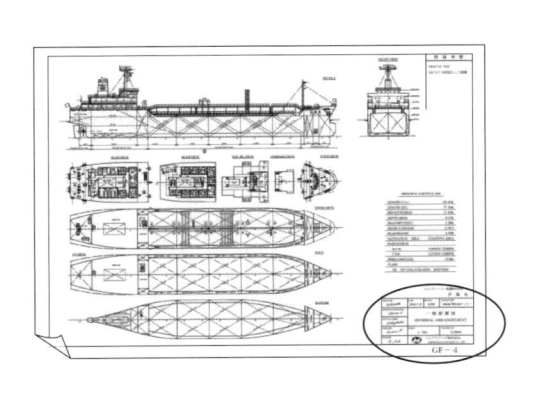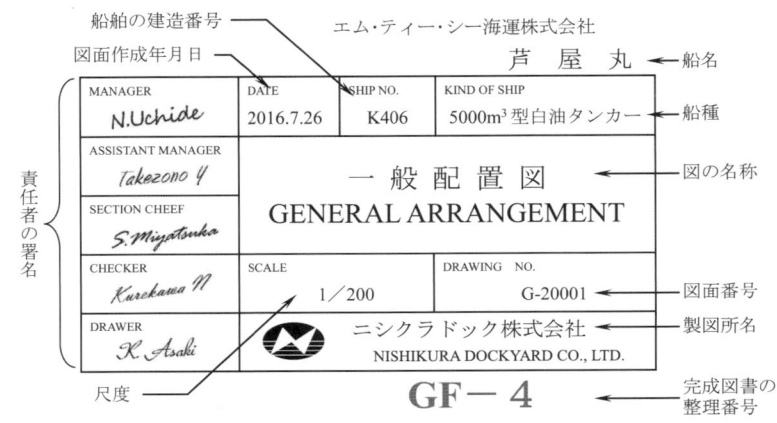

図 1.5　表題欄の例

8

1.3.3 尺度（scale）

実物に対する図面上の大きさの比率を尺度という。船体関係図面は実物を縮小して描かれており，尺度には縮尺が用いられる。JIS Z 8314 においては表 1.1 に示す縮尺が推奨されているが，船体関係図面においては対象船舶の大きさに応じて，1/50〜1/250（1:50〜1:250）が多く用いられる。尺度は表題欄に表示される。なお，基本的には同一図面においては同一尺度で描かれるが，外板展開図の場合，図面の上下と左右で尺度が異なる場合もあるので注意を要する。

表 1.1　JIS が推奨する縮尺
（JIS Z 8314）

1:2	1:5	1:10
1:20	1:50	1:100
1:200	1:500	1:1000
1:2000	1:5000	1:10000

1.3.4 寸法表示の基本事項

長さの単位はミリメートルとして寸法数値が記載されているが，単位記号"mm"は記入されない。円弧の寸法はその半径で示され，寸法数値の前に"R"が付けられる。ただし，円弧が 180° 以上になる場合や円については直径で示され，寸法数値の前には"ϕ"が付される。なお，直径であることが明らかな場合は"ϕ"が省略される場合もある。角度の単位は「度，分，秒」で，「°，′，″」の記号が用いられる。

寸法線の両端部が矢印で示されている場合（図 1.6(a)），表示されている数値はその範囲における寸法を意味する。一方，寸法の起点として寸法線の一端が白抜きの小円（起点記号）で示され，他端が矢印で示されている場合（図 1.6(b)）は，表示の寸法数値は起点からの寸法を示す。

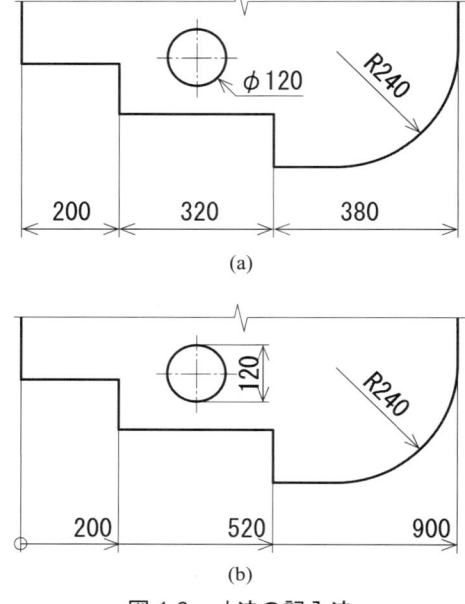

図 1.6　寸法の記入法

注）　ここでは，船体関係図面を理解するうえでの基礎知識として必要最低限のものを示した。これら以外にも，1.2.1 で示したとおり，JIS では多くの規定が設けられているので，詳細についてはそれらを参照されたい。

船体の配置・構造に関する図面

2.1 一般配置図（general arrangement）

2.1.1 概要

　船体，甲板室，船倉，機関室，船室，甲板機器などの配置を示しており，側面図と甲板ごとの平面図からなる。近年は正面図も記載されている場合が多い。船の全体像を知る上で欠くことのできない図面であり，他の図面と併用することでその船の詳細を知ることができる。正確な縮尺で描かれているため，損傷した場所などを特定する場合には，なくてはならない図面である。G.A.「ジーエー」と称される。

図 2.1　一般配置図　→　折り込み

2.1.2 船体要目（principal particulars）

　一般配置図などの船体図面の右下には，船体の主要寸法などが記載されている。

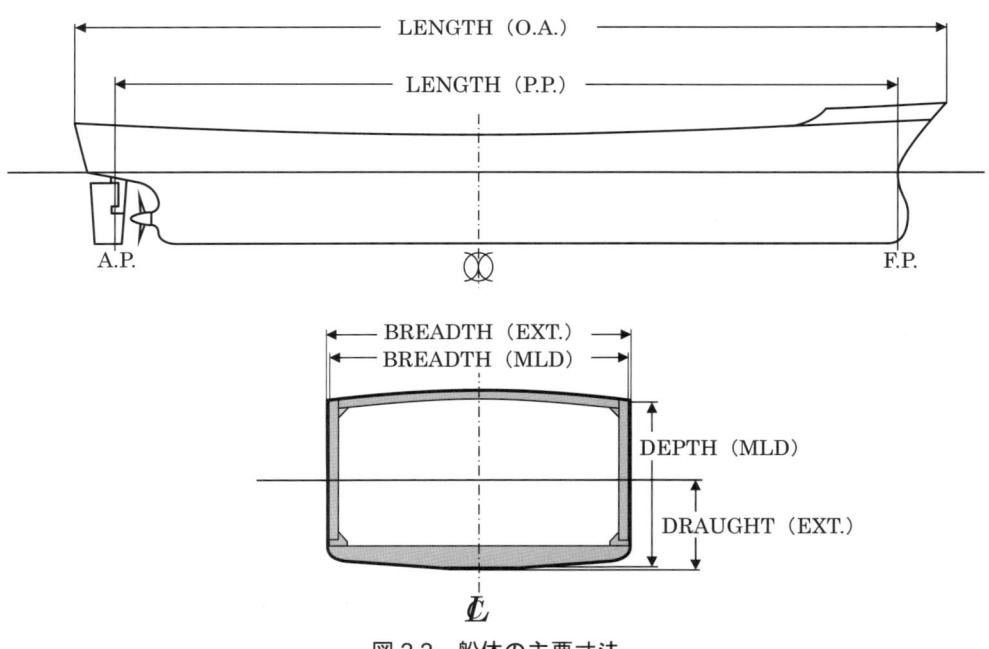

図 2.2　船体の主要寸法

（1）LENGTH（O.A.）: length over all（全長）

　　船体に固定する突出物を含めて，船首前端より船尾後端までの水平距離。

（2）LENGTH（P.P.）: length between perpendiculars（垂線間長）

　　F.P.（前部垂線）と A.P.（後部垂線）との水平距離のことであり，一般に船の長さといえば，この長さのことをいう。

- F.P.（fore perpendicular，前部垂線）：計画満載喫水線と船首材の前面との交点を通る鉛直線。
- A.P.（after perpendicular，後部垂線）：舵柱（rudder post）の後面。舵柱のない船では舵頭材（rudder stock）の中心を通る鉛直線。

（3）BREADTH（MLD）：moulded breadth（型幅）

　　船体の最も広い部分における両舷のフレーム外面間の水平距離であり，一般に船の幅といえば型幅を指す。

（4）DEPTH（MLD）：moulded depth（型深さ）

　　垂線間長の中央においてキール上面から上甲板ビームの船側における上面までの垂直距離。

（5）DRAUGHT（EXT.）：最大喫水

　　満載状態において，キール下面から水面までの垂直距離。満載喫水のこと。

（6）GROSS TONNAGE：総トン数

　　日本の海事に関する制度において，船舶の大きさを表す指標として用いられるトン数。船舶国籍証書に記載される。（「船舶のトン数の測度に関する法律」第 5 条参照）

（7）DEADWEIGHT：載貨重量トン数

　　満載排水量から軽荷重量を引いたもので，船舶に積載可能な総重量を表す。（「船舶のトン数の測度に関する法律」第 7 条参照）

（8）SCANTLING DRAUGHT：構造喫水

　　船こく構造設計上の基準として用いる喫水。計画喫水に対する乾舷が規則により制限された乾舷に対して余裕がある場合，船こく構造は計画喫水より深いこの喫水を基準に設計する場合がある。これにより将来の喫水増にも対応できるように備える。

　　注）　計画喫水：船の基本計画を進めるに当たり最初に設計条件として与えられる喫水

（9）MAIN ENGINE

　1）M.C.O.（Maximum Continuous Output），M.C.R.（Maximum Continuous Rating）

　　　連続最大出力のこと。機関が安全に連続して出しうる最大出力をいう。

　2）C.S.O.（Continuous Service Output），C.S.R.（Continuous Service Rating）

　　　常用出力のこと。航海速力を得るために常用する出力。機関の効率や保全上の点から最も経済的な出力。

　　　要目表には，出力とともに主機関の回転数や連続最大出力に対する比率が併記されることが多い。

（10）CLASS，CLASSIFICATION

　　船級に関する各種の記号で，船級証書（certificate of classification）に記載されているものと同様の記号が記されている。NK（日本海事協会）船級船舶に対しては以下の記号が用いられる。

【例】　　NK　NS＊（CS）（TOB）（ESP）　MNS＊（M0）

　1）船級符号（classification character）

　　　船級規則に適合していることを示す記号。NS＊または NS と表示される。

　　a. NS＊：NK が船級規則に基づき計画を承認し，製造中から検査員による船級登録のための検査を受け，製造された船舶であることを示す。

　　b. NS ：製造後，NK の検査員による船級登録のための検査を受けた船舶であることを示す。

　2）付記（class notation）

　　　航路制限，船こく材料，船体構造・艤装，検査方法などに関し，特別な要件の付加または緩和が行われたことを示す記号。船級符号に続き（　）書きで記載される。上記の【例】においては以下の内容を示している。

　　a. CS（Coasting Service）：航路制限を示し，一般に最も近い陸地から 20 海里以内の海域または NK が同等であると認める海域（沿海区域）のみを航行する船舶である。

　　b. TOB（Tanker，Oils-flash point on and below 60 ℃）：引火点が 60 ℃以下の油を運送するタンカーで

　ある。

　　　c. ESP（Enhanced Survey Programme）：船級維持検査において特別な検査を実施する船舶である。

　3）主推進機関に対する表示（character of main propulsion machinery）

　　　船舶が主推進機関を備える場合は，船級記号に併記される。

　　　a. MNS＊：NS＊の船級を有する船舶で主推進機関を備えることを示す。

　　　b. MNS ：NS の船級を有する船舶で主推進機関を備えることを示す。

　　　上記の【例】における（M0）は，機関区域無人化設備を有する船舶であることを示す。

（11）COMPLEMENT

　　定員を示す。

2.1.3　一般配置図の実際

（1）一般配置図における線の種類とその意味

表 2.1　一般配置図における線の種類

線の種類	意　味
太い実線	外板，隔壁，鋼壁などの鋼板で，紙面に直交して配置されており，他の板の<u>手前にあるもの</u>の断面を表す。（A-1） <u>手前にある部分の折れ線（稜）</u>を表す。（A-2）
太い破線	甲板，隔壁，鋼壁，外板などの鋼板で，紙面に直交して配置されており，他の板の<u>裏側にある</u>ものの断面を表す。（B-1）
細い実線	寸法線，寸法補助線として用いられる。（C-1） フレーム位置を表す。（C-2） 鋼板以外の板（木板など）の断面を表す。（C-3） ものの形状を表す。（C-4）
細い破線	タンク，船倉などの区画のうち，板の<u>裏側にある</u>部分を表す。交差した 2 本の対角線でその区画の範囲を表す。（D-1）
太い一点鎖線	平面図において，表示する面より手前にあるものの外形を表す。（E-1）※細い一点鎖線で示す場合もある。
細い一点鎖線	タンク，船倉などの区画のうち，板の手前にある部分を表す。交差した 2 本の線でその区画の範囲を示す。（F-1） 開口部を表す。（F-2） 側面図において，船側におけるパラレルボディーの境界を表す。（F-3） 平面図において，表示する面より手前にあるものの外形を表す。※太い一点鎖線で示す場合もある。

注）（ ）内は，図 2.4-a および b に例示の記号を示す。

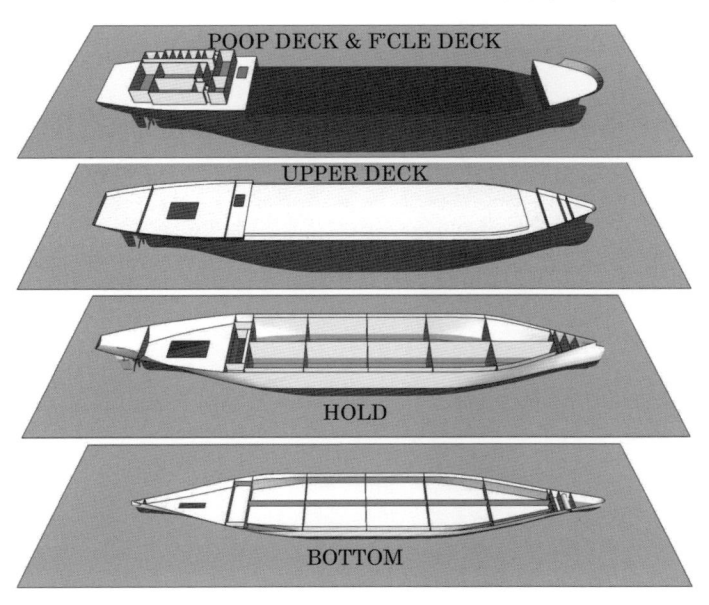

図 2.3　一般配置図のイメージ

図 2.4-a　一般配置図における線の種類　→　折り込み

図 2.4-b　一般配置図における線の種類　→　折り込み

1）甲板，隔壁などの鋼板の表し方

　　鋼板の断面はすべて太い線で表される。それが紙面に平行に置かれた板の手前にある場合は実線で，裏側にある場合は破線で示される。

　　　a. 側面図（PROFILE）には，船体を右舷外側から見た状態が描かれている。したがって，すべての甲板および隔壁などの鋼板は，船側外板の裏側（内側）に付けられているから手前からは見えないため，太い破線で示されている。（図 2.4-a）

　　　b. 平面図のうち「UPPER DECK」は，UPPER DECK を上方より見た状態が描かれている。したがって，UPPER DECK の裏側（下側）に付けられている隔壁および鋼壁などの鋼板は手前からは見えないため，太い破線で示されている。（図 2.4-b）

　　　c. 平面図のうち「HOLD」は，視点が UPPER DECK より下であるため，縦・横に配置された隔壁は手前となるから，太い実線で示されている。（図 2.4-b）

2）タンク，船倉などの区画の範囲の表し方

　　区画は，交差する 2 本の対角線で示される。

　　　a. 側面図（PROFILE）では，すべてのタンクや船倉などの区画は船側外板の裏側（内側）にあり手前からは見えないため，細い破線で示されている。（図 2.4-a）

　　　b. 平面図のうち「UPPER DECK」では，視点が UPPER DECK より上に置かれているため，C.O.T. および船側部の W.B.T. は，UPPER DECK の裏側（下側）にあって手前からは見えないため，細い破線で示されている。（図 2.4-b）

　　　c. 平面図のうち「HOLD」では，視点が UPPER DECK より下で C.O.T. などの上部に置かれているため，C.O.T. および船側部の W.B.T. は手前となるから，細い一点鎖線で示されている。（図 2.4-b）

　　　d. 平面図のうち「BOTTOM」では，視点は C.O.T. などの下部で内底板より上に置かれている。W.B.T. のうち船底部は内底板より下側にあって手前からは見えないため，細い破線で示されているが，船側部は内底板より手前となるため一点鎖線で示されている。（図 2.4-b）

（2）各種記号および略語

　　一般配置図に用いられている記号や略語については，凡例（記号や略語の意味）が示されていないことが多い。したがって，意味を理解するためには，それらに関する一定の知識を必要とするが，「JIS F0053 船舶一般配置図記号」および「JIS F0061 舶用機器の英字略語」には標準的なものが記載されているので参照されたい。

（3）フレーム番号（frame number）

　　フレーム位置を特定するための番号が，側面図においては基線（Base Line：B.L.）の下に，平面図では船体中心線（center line）に沿って付されている。フレーム番号は船上の前後位置を特定するために重要であり，他の図面においても同様に示される。フレーム番号の付け方は，後部垂線（A.P.）の位置にあるフレームを 0 番とし，前方に向かって順次，1，2，3，…が振られ，A.P. より後方については，順次，−1，−2，−3，…としている。

　　なお，縦ろっ骨式構造の船においてはフレームがないため，フレーム番号は船底のフロアの位置と一致する。（図 6.5 参照）

（4）フレームスペース（frame space：F.S.）

　　側面図の下部にフレーム間の前後距離であるフンームスペースが示される。フレームスペースは，中央部が広く，船首および船尾は狭くなっている。船上における概略の前後距離は，フレーム番号とフレームスペースからも知ることができる。

（5）パラレルボディーの範囲

　　船体は優美な曲面で構成されているが，側面の中央部付近は平面となっており，この部分をパラレルボディーと呼ぶ。タンカーのようにドルフィンに係留する船の場合，係留時における桟橋のフェンダー（防舷材）との相対位置を把握するために，側面図にパラレルボディーの範囲が一点鎖線で示されている。

2.2　船こく構造図における表記

2.2.1　船こく構造図における線の種類

（1）線の種類とその意味

　　船体の横断面や縦断面，甲板や隔壁などの構造を示す船こく構造図において用いられる線の種類や記号については，1.2 で述べたように「JIS F0201 基本船こく構造図の自動製図通則」に規格化されている。しかし造船所によってはこれと異なる基準を用いて作画している場合もあり，また同規格は 1983 年に制定され，その後 2005 年に改正されていることから，実際の図面で使用されている線は，必ずしも現行の規格どおりとなっていない。したがって図面を見る場合には注意しなければならない。多くの場合，線の意味は複数の図面を比較することで判読できるが，不明な点は造船所に問い合わせることが重要である。以下に線の種類とその主な使用例を示す。

表 2.2　船こく構造図における線の種類

	線の種類	用　法	備　考
1	太い実線	1.1　紙面と直交する方向に配置された板材や骨材などの断面を示す。	【例】 a. 外板 b. 甲板 c. 内底板 d. 隔壁および壁材 e. ボットムガーダ f. フロア g. 縦および横桁材 　　（transverse girders，longitudinal girders） h. サイドストリンガ i. ウェブフレーム j. ブラケット k. 形材（スチフナ，縦フレーム，縦ビームなど）
2	太い破線	2.1　紙面に平行に置かれた板の<u>裏面</u>に，直交して付けられた板材の断面を示す。（すなわち，手前側からは見えない板の断面を示す。）	【例】 a. 甲板 b. 内底板 c. 隔壁および壁材 d. ボットムガーダ e. フロア f. ブラケット
3	細い実線	3.1　紙面に平行に置かれた板の前面の形状を示す。 3.2　紙面に平行に置かれた板の<u>手前側</u>の面に付けられた形材[※1]を示す。 3.3　紙面に平行に置かれた構造部材の手前側にあるフランジ，面材などの厚さを示す。 3.4　基準線，寸法線，寸法補助線，寸法引出線 3.5　板の縦および横方向の継手（シームおよびバット）[※2]を示す。	3.2 は，「細い一点鎖線」で示される場合もある。
4	細い破線	4.1　紙面に平行に置かれた構造部材の裏側形状を示す。 4.2　紙面に平行に置かれた板の<u>裏面</u>に付けられた形材を示す。 4.3　紙面に平行に置かれた構造部材の裏側にあるフランジなどの厚さを示す。 4.4　裏側の区画範囲	

5	太い一点鎖線 ━━・━・━	5.1 紙面に平行に置かれた板の<u>裏面</u>に付けられた板（主として大形の骨材）の断面を示す。 ※板の<u>手前側の面</u>に付けられたガーダ，ウェブを示す場合がある。	【例】 a. デッキガーダ b. ウェブフレーム c. トランスウェブ d. ストリンガ
6	細い一点鎖線 ─・─・─・─	6.1 中心線 6.2 折れ線 6.3 手前側の区画範囲 6.4 開口部 　※紙面に平行に置かれた板の手前側の面に付けられた形材を示す場合がある。	
7	細い二点鎖線 ─‥─‥─‥	7.1 隣接部の外形 7.2 切断された板の前面または裏側に位置する部分	
8	線路の線 ■□■□■	8.1 紙面に平行に置かれた板の裏面に付けられた板の断面を示す。	【例】 水密壁または隔壁

注）※1 形材：板材を補強するために取り付けられた骨材
　　※2 シームおよびバット：船体外板や甲板などにおける鋼板の継手のことで，船の縦方向（前後方向）の継手を「シーム（seam）」，横方向（左右，上下方向）の継手を「バット（butt）」という。（図2.5 参照）

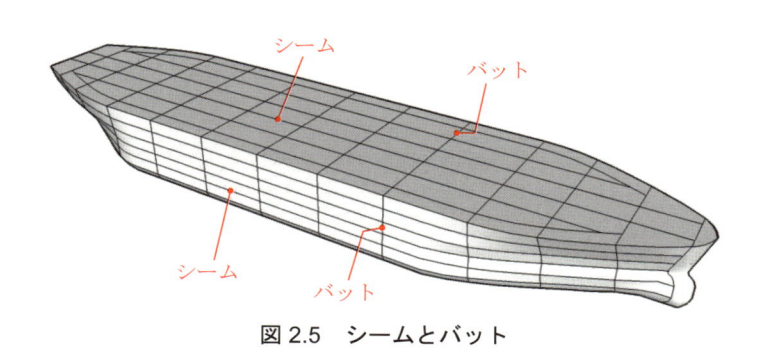

図2.5　シームとバット

（2）線の種類と使用例

　　　以下に，表2.2 に示した各種の線の使用例を示す。

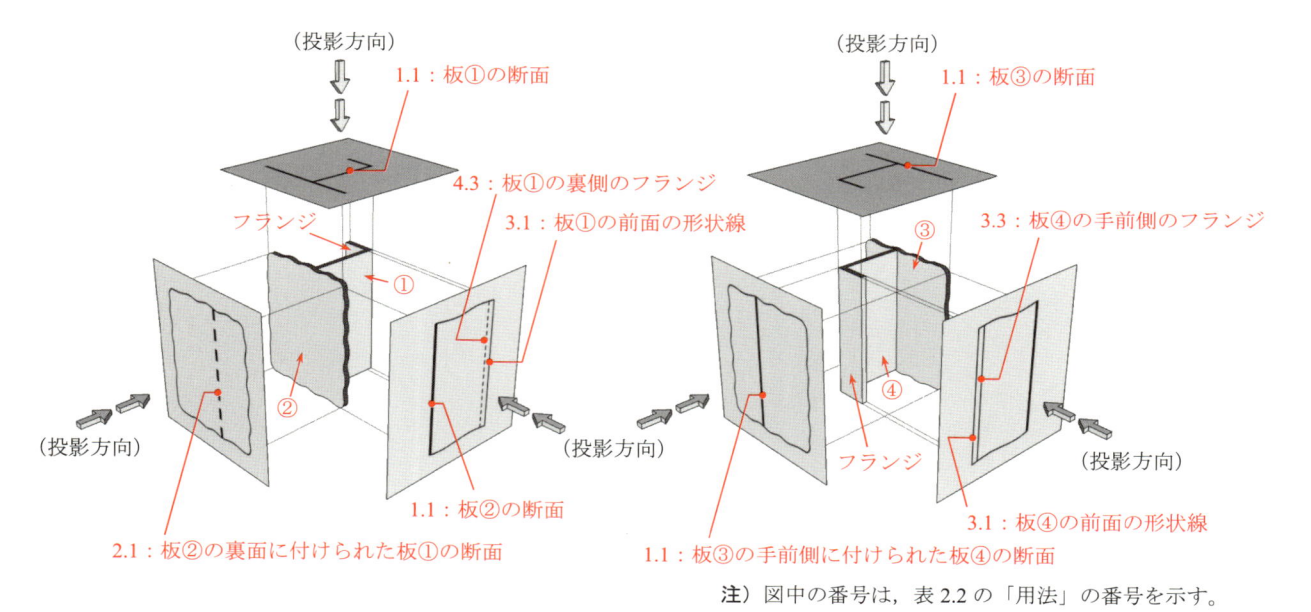

注）図中の番号は，表2.2 の「用法」の番号を示す。

図2.6　船こく構造図における線の使用例（a）

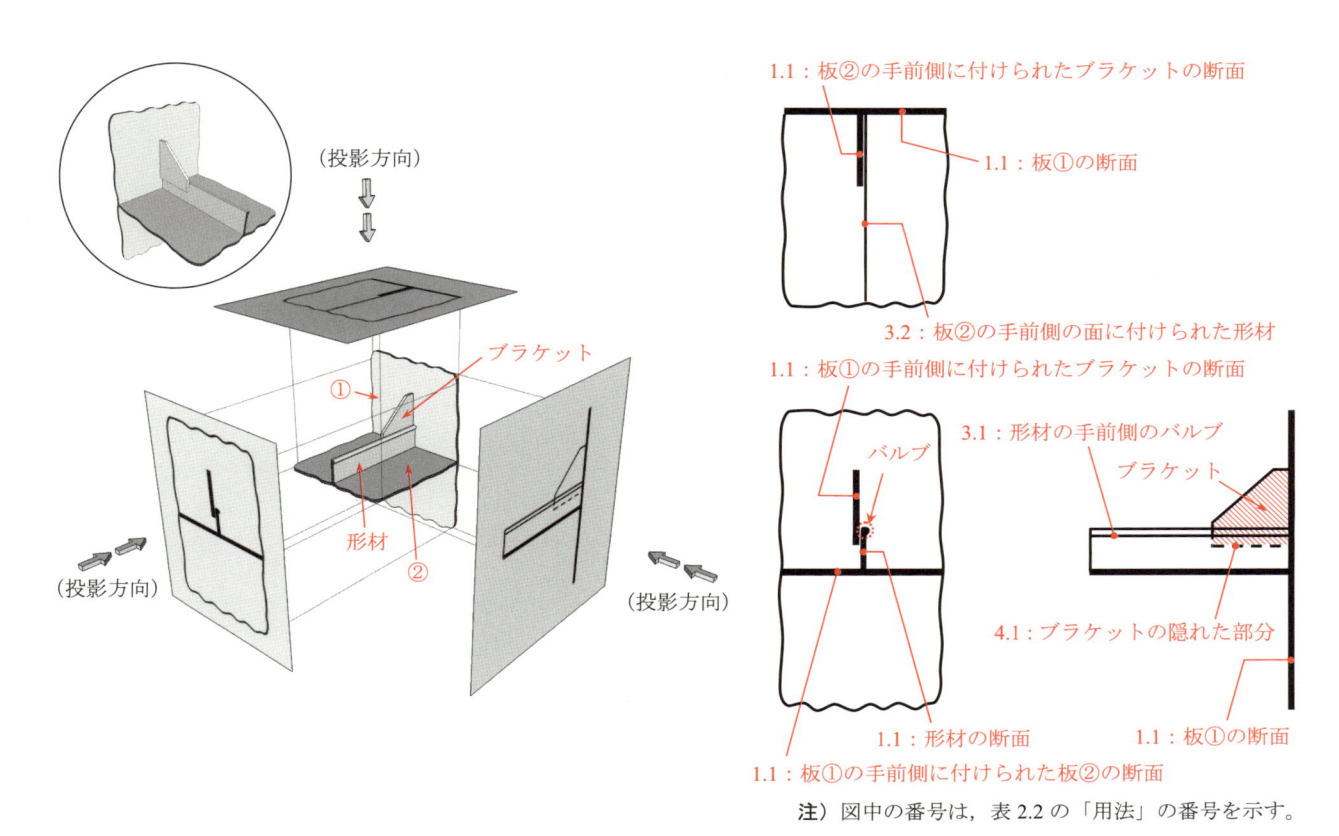

図 2.7　船こく構造図における線の使用例（b）

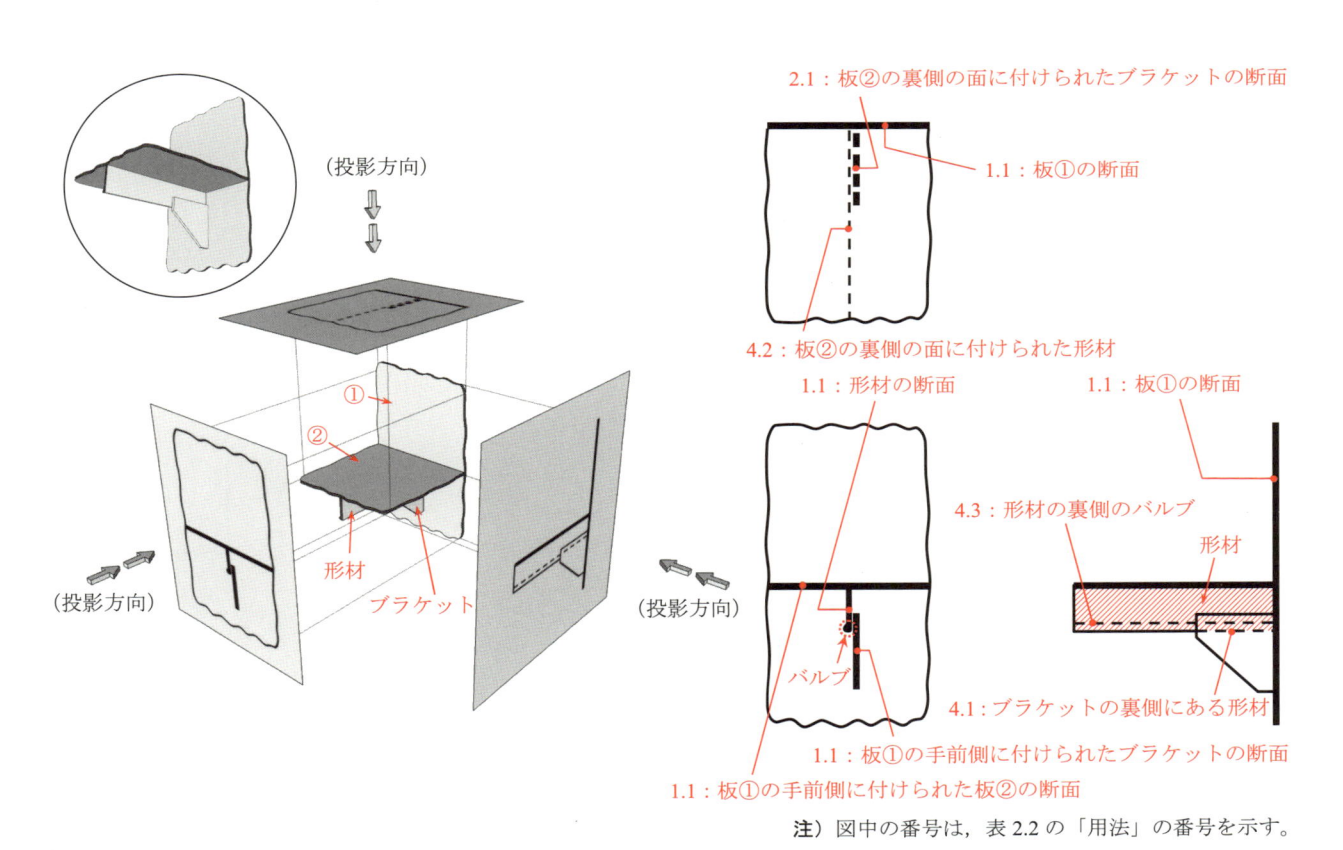

図 2.8　船こく構造図における線の使用例（c）

16

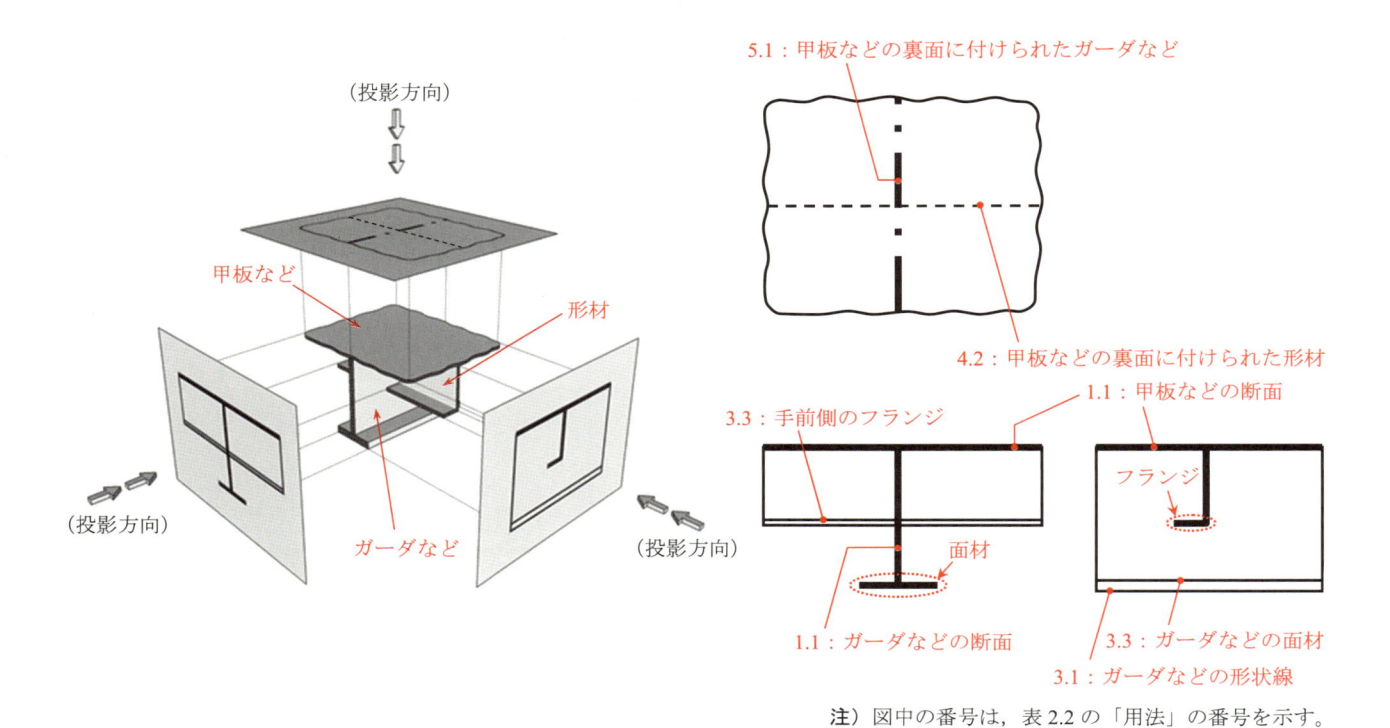

注）図中の番号は，表2.2 の「用法」の番号を示す。

図 2.9　船こく構造図における線の使用例（d）

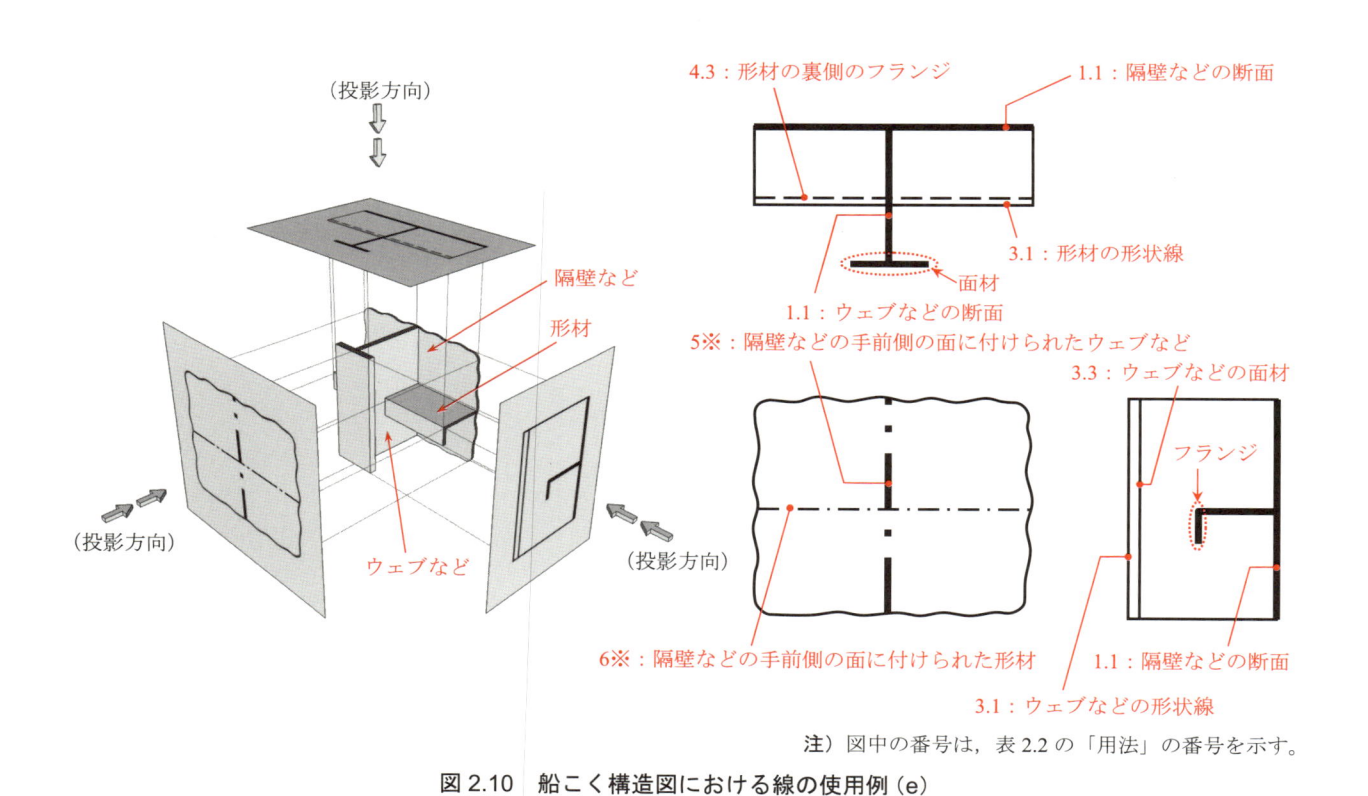

注）図中の番号は，表2.2 の「用法」の番号を示す。

図 2.10　船こく構造図における線の使用例（e）

注）　ウェブ（web）：骨材において，深さ方向を構成する部分

フランジ（flange）：板材の自由端を，直角または直角に近い角度に折り曲げた部分

フェースプレート，面材（face plate）：骨材のウェブの先端に，直角または直角に近い角度で取り付ける帯状の板材

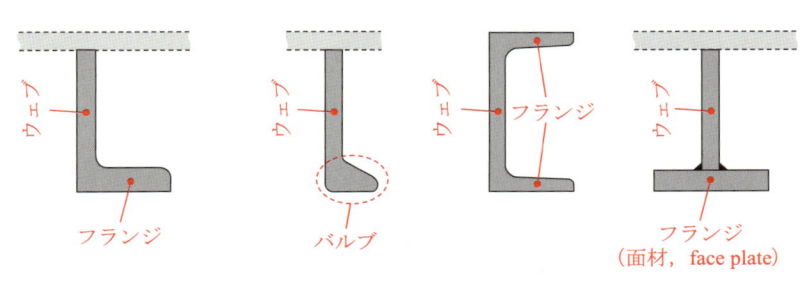

図 2.11　骨材のウェブ，フランジおよびバルブ

2.2.2　船こく構造図における各種記号

船こく構造図において用いられる各種記号のうち，使用頻度の高いものを以下に示す。

（1）中央の表示

℄	船体中心線（船幅の中央）
⊗	船体中央（垂線間長の中央）

（2）継手の表示

〜	板の継手（平面）
〜	板の継手（断面）
／／／／／／／／／	ブロックの継手（平面）
〜	ブロックの継手（断面）

注）　船体は，いくつかの部分（ブロック）に分割して建造され，船台で各ブロックを結合し組み立てられる。「ブロックの継手」とはこれら各ブロックの接続部分であり，図面においても，ブロック内の単なる「板の継手」とは区別されている。

（3）板材端部の状況

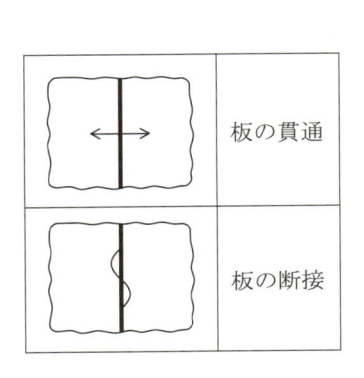

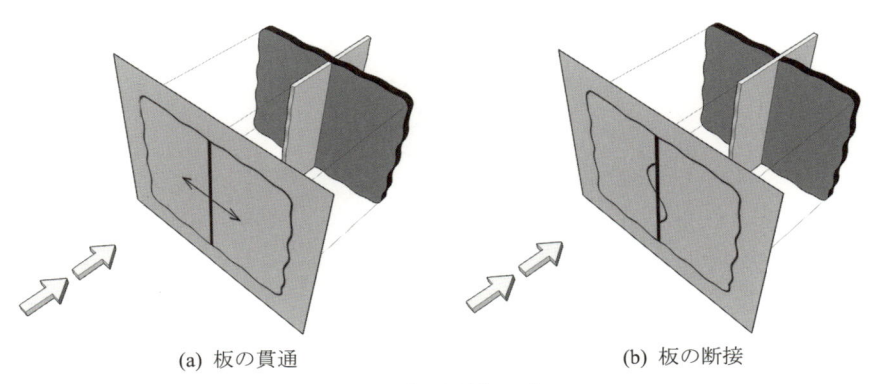

(a) 板の貫通　　　　　　　　　　(b) 板の断接

図 2.12　板材端部の表示

（4）甲板とピラーの上下位置関係

平面図において，甲板とピラーの上下位置関係を示すため，次の記号が用いられる。

○（実線の円）	甲板上面にピラーがあることを示す。
○（破線の円）	甲板裏面にピラーがあることを示す。
◎（二重円）	甲板の上下両面にピラーがあることを示す。

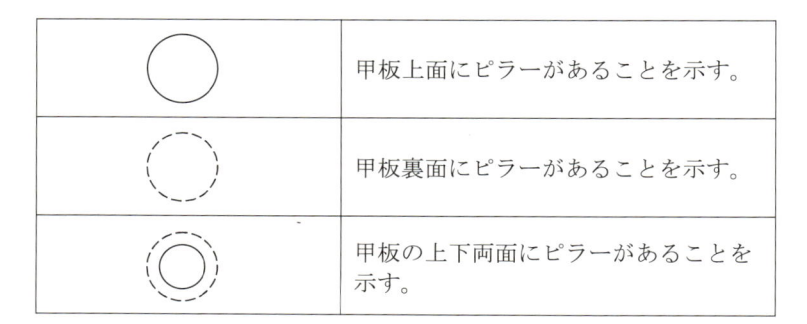

（投影方向）　　　　　　（投影方向）　　　　　　（投影方向）

ピラー → 　　　　　甲板 →　　　　　　　甲板 →　　　　　　　ピラー →　　　　　甲板 →

ピラー →　　　　　　　　　　　　　　　　　　　　　ピラー →

（a）甲板上面　　　　（b）甲板裏面　　　　（c）甲板上下両面

注）図面表示においては，甲板下の骨材は省略している。

図 2.13　ピラーの位置

（5）骨材端部の固着状態

骨材端部の固着状態には次の 4 つがある。

1）ラグ固着（lug connection）：骨材の断面形状は端部で変わることなく，隣接する構造材に接続している。

2）クリップ固着（clip connection）：骨材のフランジ部分の角は切り落とされているが，ウェブはそのままの形状を残し，隣接する構造材に接続している。

3）スニップ端（snip end）：骨材の端部は切り落とされ，骨材のいずれの部分も隣接する構造材に接続していない。

4）ブラケット固着（bracket connection）：骨材の端部にブラケットを添えるか，ブラケットを添えた形状になるよう一体形成し，隣接する構造材に接続している。

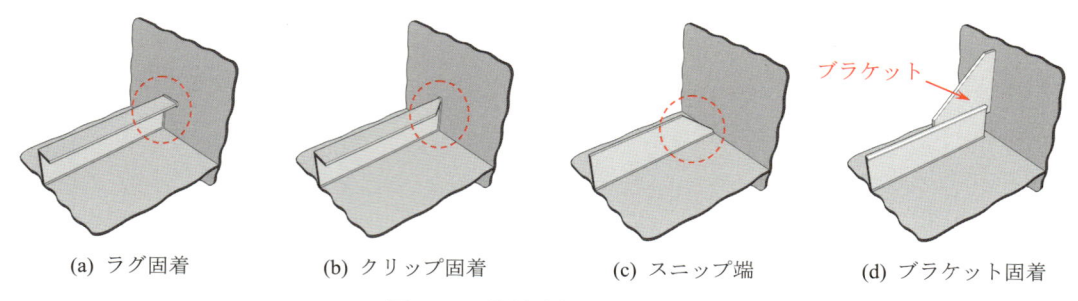

（a）ラグ固着　　　（b）クリップ固着　　　（c）スニップ端　　　（d）ブラケット固着

図 2.14　骨材端部の固着状態

図面上では，骨材の端部に L，C，S，B の文字を記し，これらの状態が判別できるようにしている。

L	ラグ固着
C	クリップ固着
S	スニップ端
B	ブラケット固着

（6）折れ線（knuckle line）の表示

　板材に折れ曲がり部分がある場合，平面図および断面図には次のように表示される。

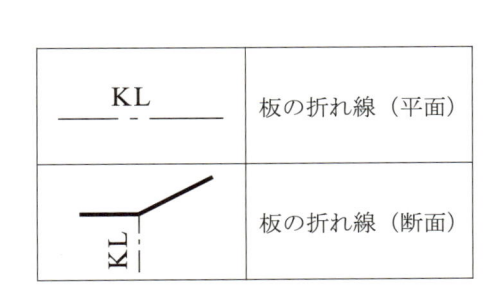

KL	板の折れ線（平面）
KL	板の折れ線（断面）

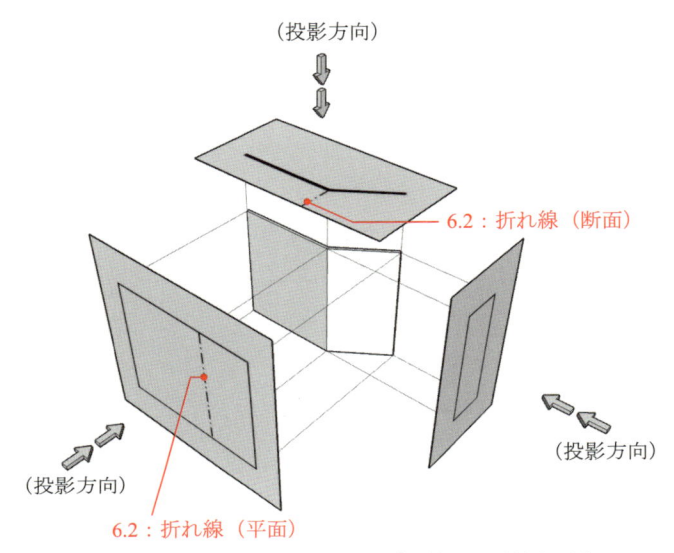

（投影方向）

6.2：折れ線（断面）

（投影方向）

6.2：折れ線（平面）

（投影方向）

注） 図中の番号は，表 2.2 の「用法」の番号を示す。

図 2.15　折れ線の表示

（7）板逃げの表示

　船こく構造図において示される線（細い線）は，板材や骨材の取り付けの基準線を示したモールドライン（mould line）であり，すなわち取り付けられる板のいずれか一方の面を示している。板厚がモールドラインのどちら側に出るのかを示す必要がある場合には，下記の記号が用いられる。

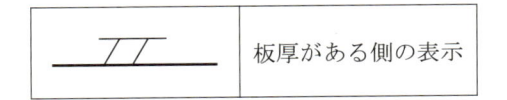

	板厚がある側の表示

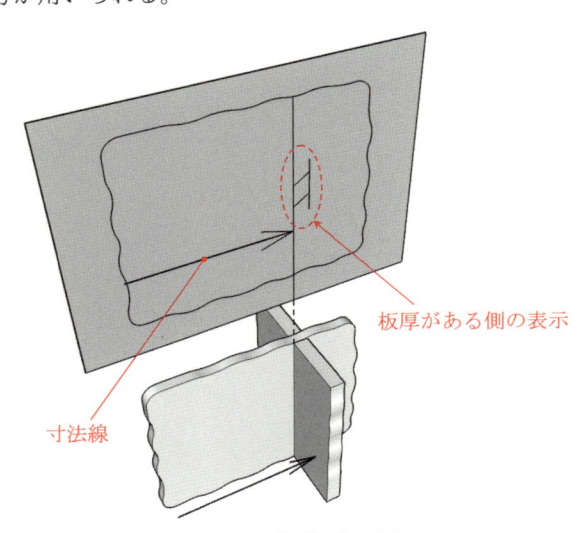

板厚がある側の表示

寸法線

図 2.16　板逃げの表示

2.2.3　寸法表示

（1）鋼板（plate）

　　外板（shell plating）や甲板（deck plating）などの鋼板の厚みは，下記のように数値の下に「波線」を付して示される。

$$\underset{\sim}{20} \quad \underset{\approx}{20}$$

（2）形鋼（section）

　　形鋼は，高温の鋼片（スラブ：slab）を圧延・成形したもので，外板や甲板を補強するため，フレームやビーム，その他のスチフナなどの骨材として用いられており，種々の断面形状のものがある。図面には形状を区別する記号と各部位の寸法が示されている。なお，寸法表示の凡例が示されている場合が多い。

　注）　圧延とは，回転する複数のロールの間に鋼材を通し圧力をかけることにより厚みを減じたり，断面を一定の形状に成形する加工法をいう。

　1）平鋼（flat bar：F.B.）：断面形状が長方形の鋼板である。寸法表示に"F.B."を併記し平鋼であることを示すが，慣用的な記号として"—"も用いられる。

　2）球平形鋼，球鋼板（bulb flat，bulb plate：B.P.）：先端にバルブ（bulb）と呼ばれるふくらみを持った鋼板である。球平形鋼であることを示すため，寸法表示に"B.P."または"—•"が併記される。

　3）山形鋼（angle，inverted angle：I.A.）：L形の断面形状をした鋼材である。山形鋼であることを示すため，寸法表示に"I.A."または"∟"が併記されるが，慣用的な記号として"∠"も用いられる。

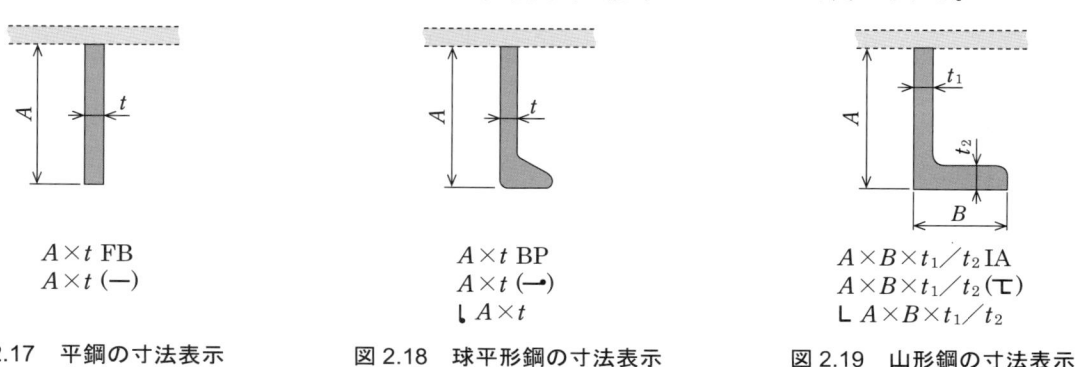

図 2.17　平鋼の寸法表示
　　　$A \times t$ FB
　　　$A \times t$ （—）

図 2.18　球平形鋼の寸法表示
　　　$A \times t$ BP
　　　$A \times t$ （—•）
　　　∟ $A \times t$

図 2.19　山形鋼の寸法表示
　　　$A \times B \times t_1 / t_2$ IA
　　　$A \times B \times t_1 / t_2$ （∠）
　　　∟ $A \times B \times t_1 / t_2$

　4）溝形鋼（U section，channel：CH.）：コの字形の断面形状をした鋼材である。溝形鋼であることを示すため，寸法表示に"CH."または"〔"が併記される。

　5）I形鋼（I section）：I形の断面形状をした鋼材である。I形鋼であることを示すため，寸法表示に"I"，"H"，"工"が併記される。

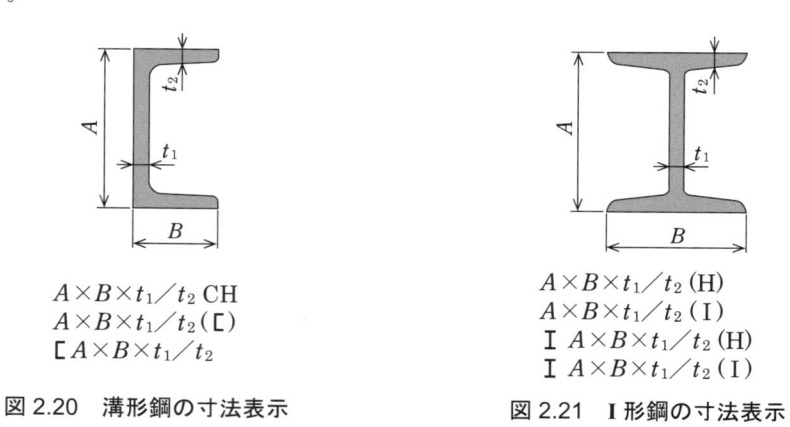

図 2.20　溝形鋼の寸法表示
　　　$A \times B \times t_1 / t_2$ CH
　　　$A \times B \times t_1 / t_2$ （〔）
　　　〔 $A \times B \times t_1 / t_2$

図 2.21　I形鋼の寸法表示
　　　$A \times B \times t_1 / t_2$ （H）
　　　$A \times B \times t_1 / t_2$ （I）
　　　工 $A \times B \times t_1 / t_2$ （H）
　　　工 $A \times B \times t_1 / t_2$ （I）

（3）組立材（built-up section）

　　平鋼を溶接して断面がT字形やL字形，H字形にしたもので，断面形状の違いにより次の種類がある。寸法

表示にはその形状を示す記号が付記されている。組立材の場合も，深さ方向の部分をウェブと呼ぶが，ウェブの先端に取り付けられたフランジ部分は，「フェースプレート（face plate）」または「面材」と呼ばれる。組立材の寸法は，「ウェブの寸法＋フランジの寸法＋（断面形状を示す記号）」で示される場合と，「形鋼方式」として前述の山形鋼の場合と同様に表記されている場合がある。この場合，同一寸法の骨材であってもウェブの深さを示す値が A_1 と A_2 とでは異なるので注意を要する。

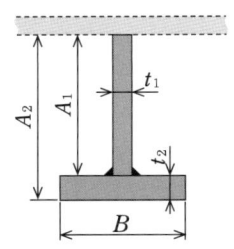

組立材方式　$A_1 \times t_1 + B \times t_2$ (T)
形 鋼 方 式　$A_2 \times B \times t_1 / t_2$ (T)

図 2.22　組立材 (T) の寸法表示

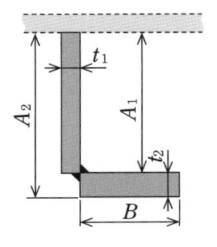

組立材方式　$A_1 \times t_1 + B \times t_2$ (L₁)
形 鋼 方 式　$A_2 \times B \times t_1 / t_2$ (L₁)

図 2.23　組立材 (L₁) の寸法表示

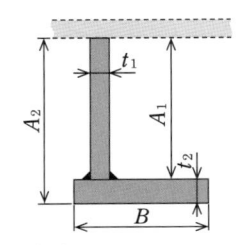

組立材方式　$A_1 \times t_1 + B \times t_2$ (L₂)
形 鋼 方 式　$A_2 \times B \times t_1 / t_2$ (L₂)

図 2.24　組立材 (L₂) の寸法表示

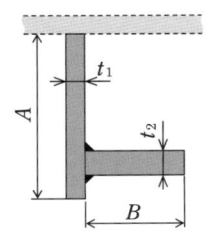

組立材方式　$A \times t_1 + B \times t_2$ (L₃)

図 2.25　組立材 (L₃) の寸法表示

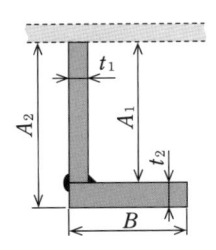

組立材方式　$A_1 \times t_1 + B \times t_2$ (L₄)
形 鋼 方 式　$A_2 \times B \times t_1 / t_2$ (L₄)

図 2.26　組立材 (L₄) の寸法表示

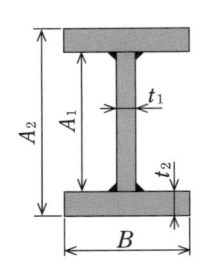

組立材方式　$A_1 \times t_1 + B \times t_2$ (H)
形 鋼 方 式　$A_2 \times B \times t_1 / t_2$ (H)

図 2.27　組立材 (H) の寸法表示

（4）棒鋼（bar）

　　断面が円形の丸鋼（round bar）や，ロープ類のすれ止めとしてプレート端に溶接される半円形の半丸鋼（half round bar）の寸法は，次のように表示される。

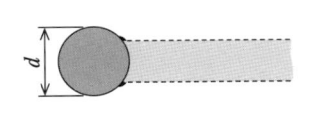

$\phi\,d$ RB

図 2.28　丸鋼の寸法表示

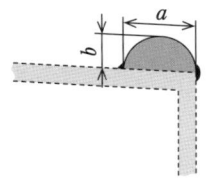

$a \times b$ HRB

図 2.29　半丸鋼の寸法表示

（5）管（pipe）

　管は甲板の荷重を支えるピラー（梁柱）に用いられ，寸法は外径と肉厚で示される。

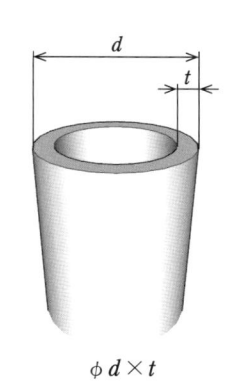

$\phi d \times t$

図 2.30　管の寸法表示

（6）ブラケット（肘板）

　ブラケットは，高さ，幅および厚さが記載される。フランジがある場合には，その寸法も示される。

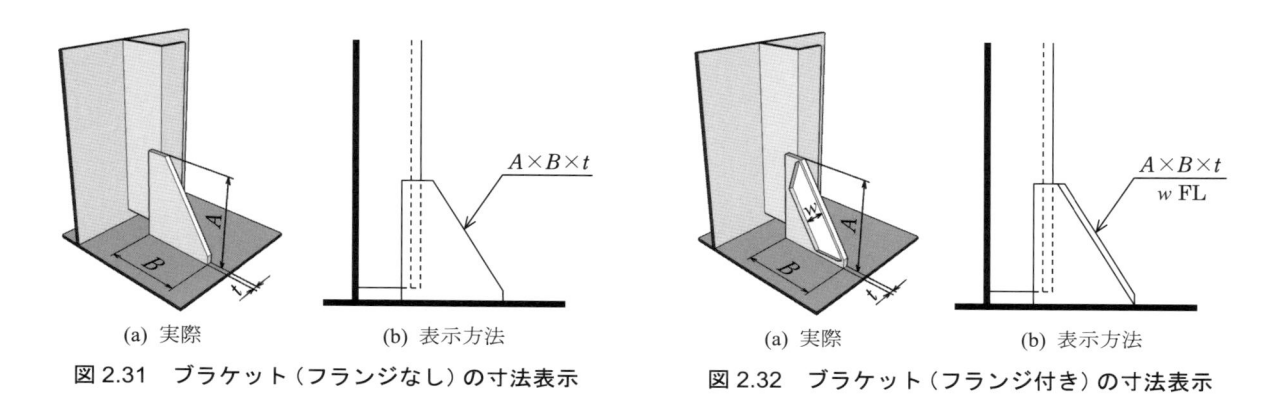

（a）実際　　　　　（b）表示方法　　　　　　　　（a）実際　　　　　（b）表示方法

図 2.31　ブラケット（フランジなし）の寸法表示　　　図 2.32　ブラケット（フランジ付き）の寸法表示

（7）開口部

　鋼板に設けられたマンホール，ドレインホール，空気孔などの開口部は，その輪郭と直交する中心線が表示される。寸法は，開口の形状が円の場合は直径が，それ以外の場合は縦および横の長さが示される。なお JIS では寸法値の末尾に，開口名の略語を示すことになっている。主な開口部名称とその略語を表 2.4 に示す。

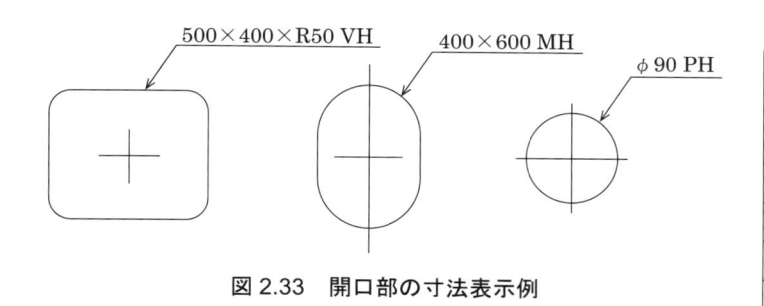

図 2.33　開口部の寸法表示例

表 2.4　主な開口部名称と略語

略語	名称
AH または A.H.	Air Hole（空気孔）
DH または D.H.	Drain Hole（ドレインホール）
LH または L.H.	Lightening Hole（軽目穴）
MH または M.H.	Man Hole（マンホール）
PH または P.H.	Pipe Hole（管貫通孔）
VH または V.H.	Ventilation Hole（通風孔）

注）　寸法は mm 単位で表され，寸法表示の末尾に鋼材のグレードを示す記号（アルファベット）が付される場合がある。

2.3　中央横断面図（midship section）

2.3.1　概要

　船体の中央部付近における横断面を示しており，船尾側から見た状態が描かれている。船体は中空箱形の梁と見なすことができるから，中央横断面図により船体の基本的構造が示されている。従来は，横断面の右半分が倉内および居住区の断面を，左半分が機関室の断面を示したが，最近ではいずれの断面も左舷後面を描くのが一般的である。船体にはウェブフレームなどの大型の横強度材や横隔壁などが設けられており，横断面位置によって構造が異なる。したがって通常は構造別に複数の横断面図で示されている。また前後位置の異なる断面を同じ紙面の左右に示す場合もある。図からは，概ね以下の内容を知ることができる。

- a. 船体の横断面形状
- b. 船体の横断面上における横強度材（フレーム，ビーム，フロアなど）の配置
- c. ガーダや縦フレームなどの縦強度材の断面形状
- d. 外板，甲板，内底板，縦隔壁の継手（シーム）の位置

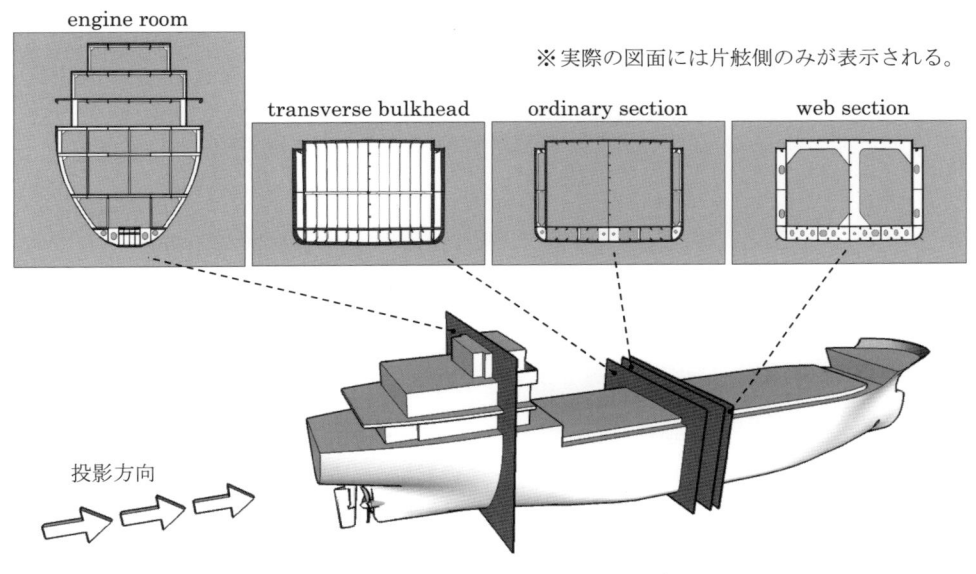

図 2.34　中央横断面図のイメージ

注）　JIS では，「横断面図は左舷後面を描く。」としている。

2.3.2　中央横断面図の実際

　以下に中央横断面図と各図に対応する船体構造を示す。図 2.36 から 39 は web section を，図 2.40 から 42 は ordinary section の構造を示しており，両者で対象断面が異なる点に注意されたい。なお，web section と ordinary section の位置については鋼材配置図から知ることができる。たとえば図 2.45 および図 2.48 の Fr.40（フレーム番号 40 番）のように V.WEB（vertical web）および SIDE TR.（side trans）が設けられている箇所が web section であり，Fr.41 や 42 のような構造を持つ箇所が ordinary section である。

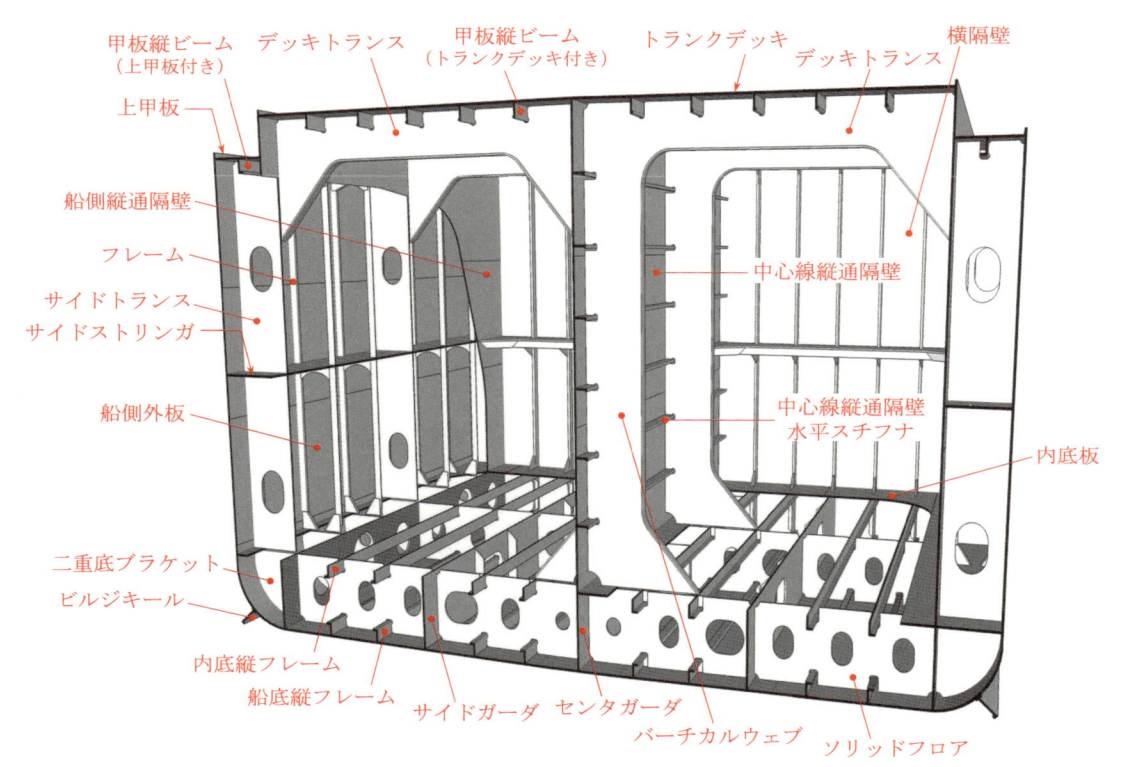

図 2.35　中央部構造（船尾側）

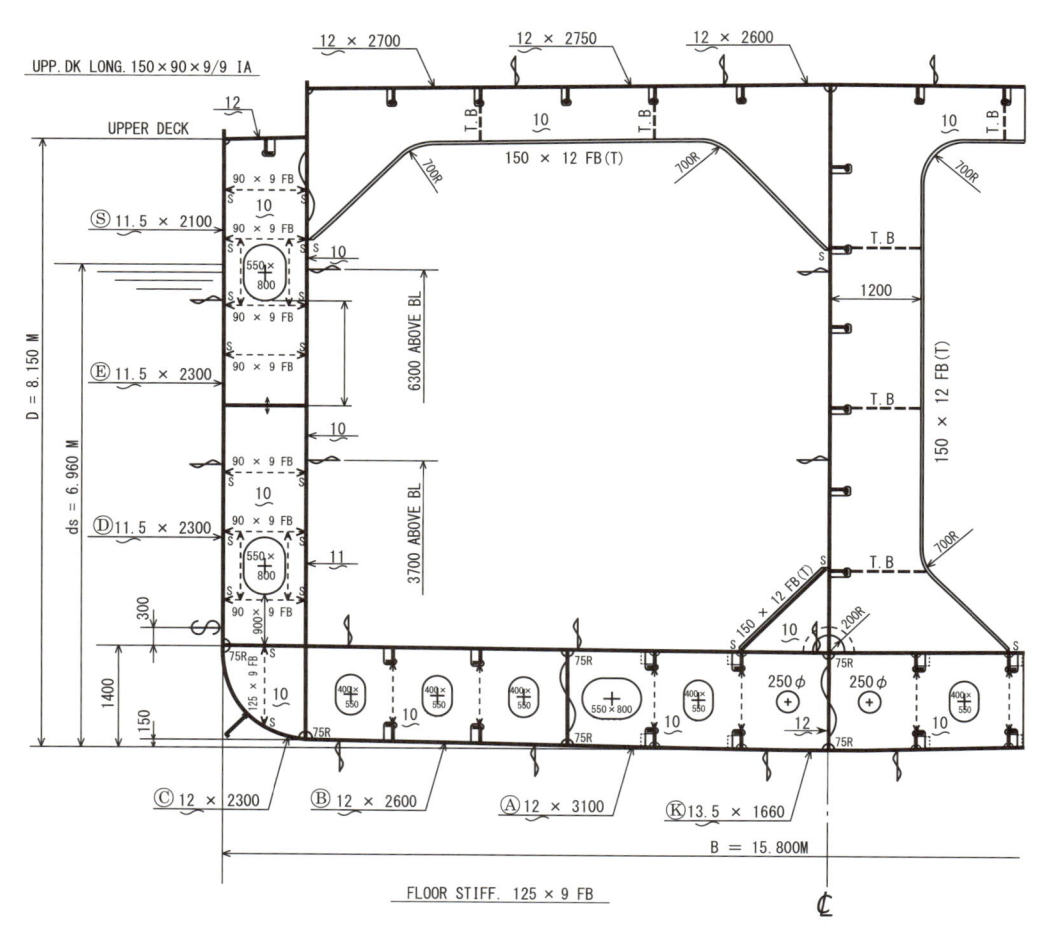

図 2.36　中央横断面図（web section）

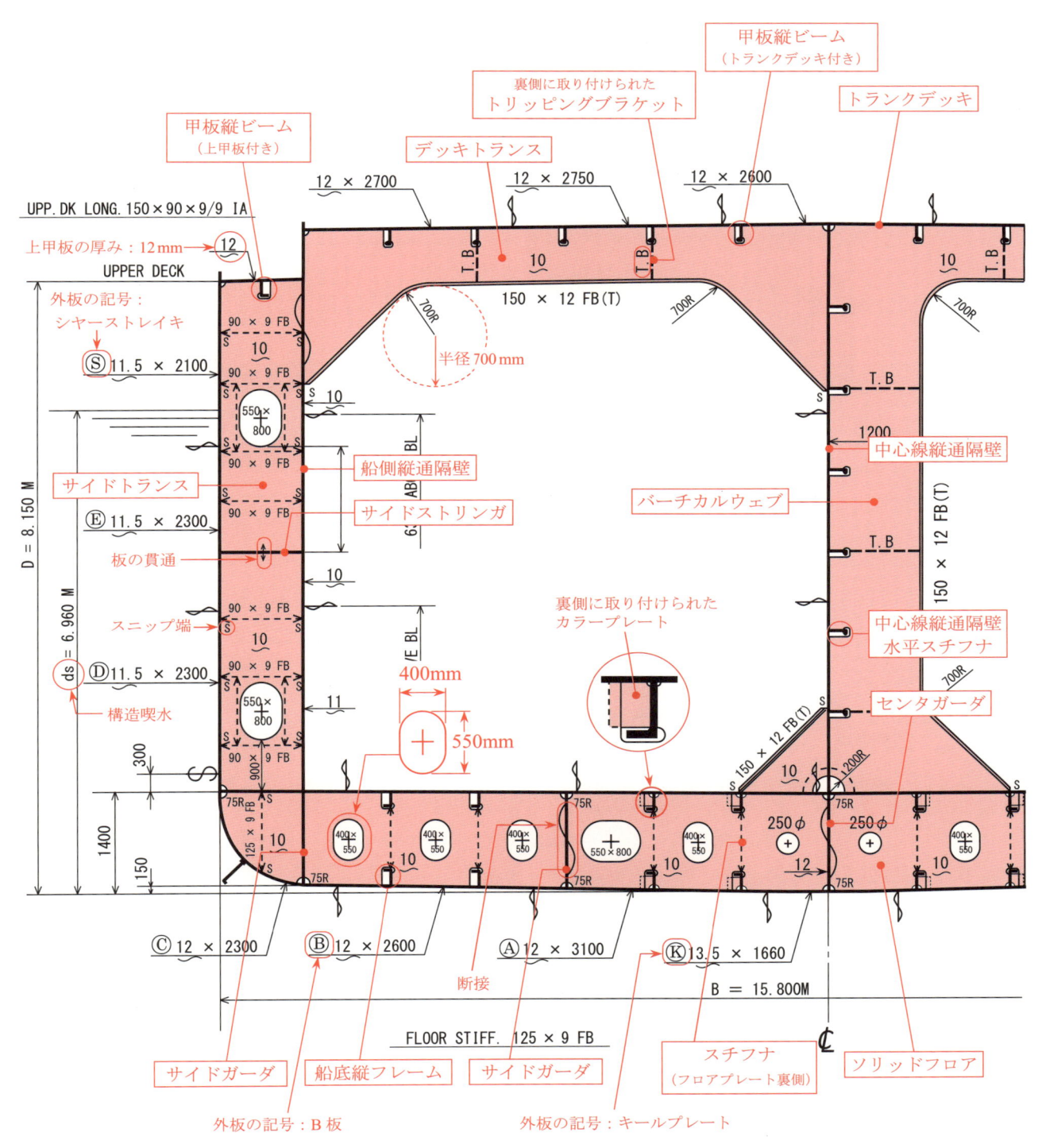

図 2.37　中央横断面図（web section）における記号などの表示例

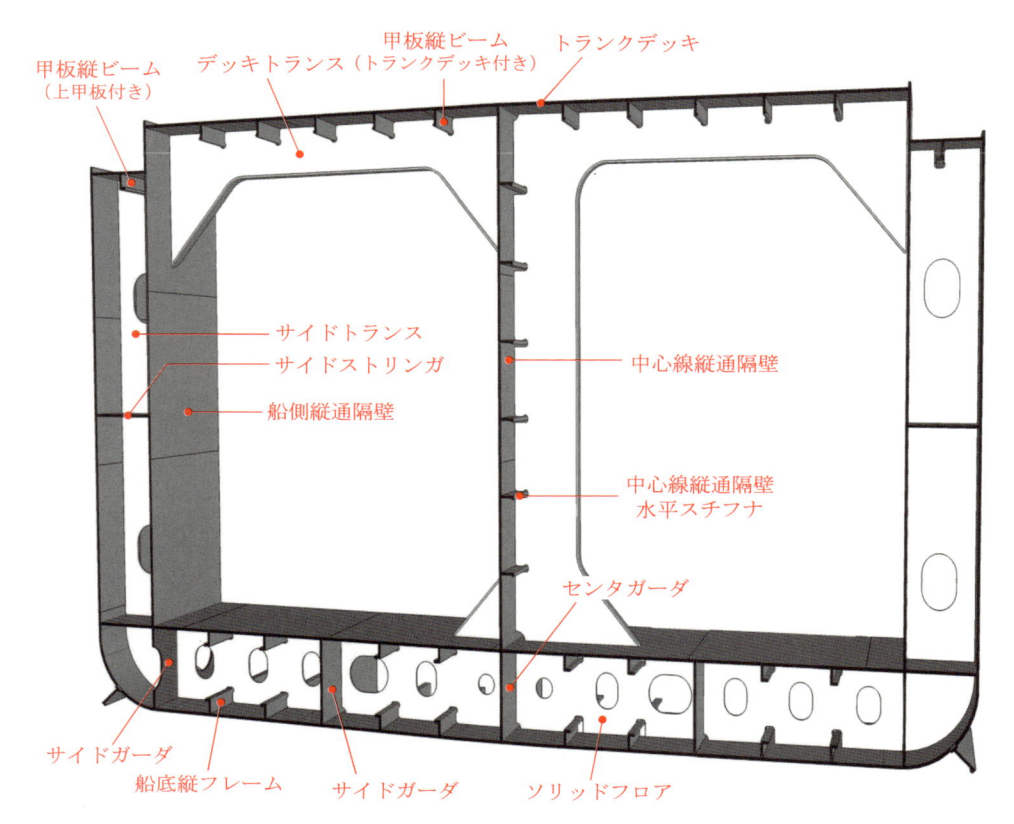

図 2.38　web section の構造（船尾側）

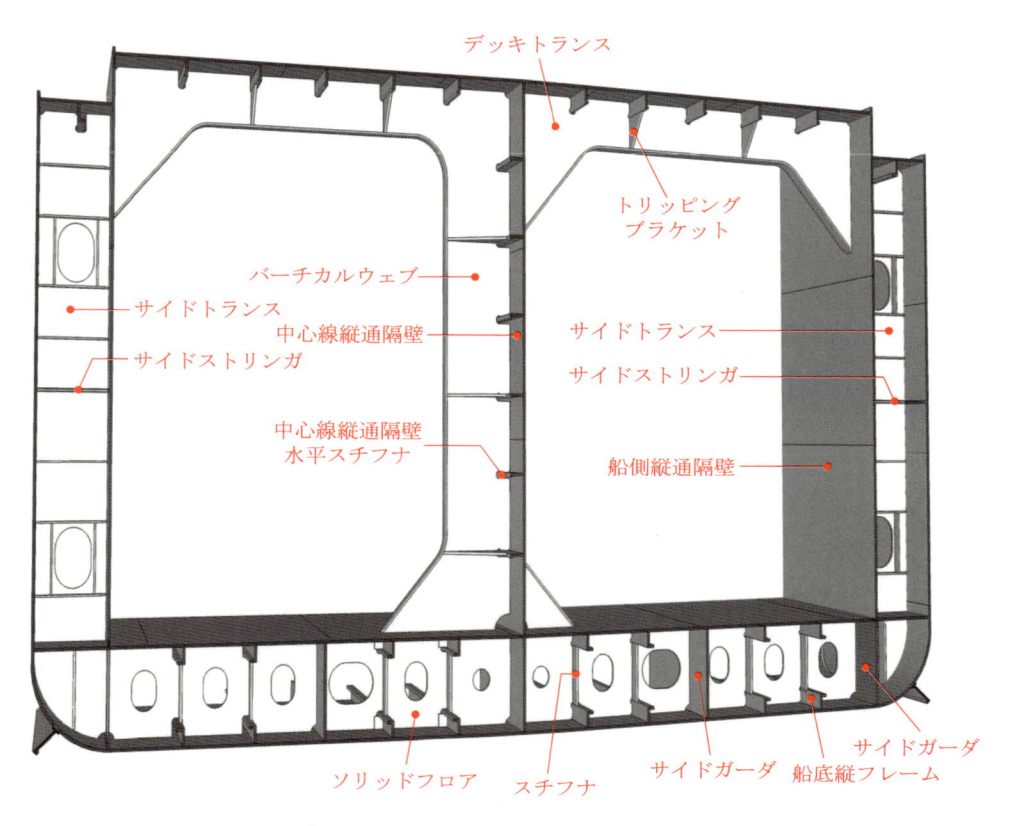

図 2.39　web section の構造（船首側）

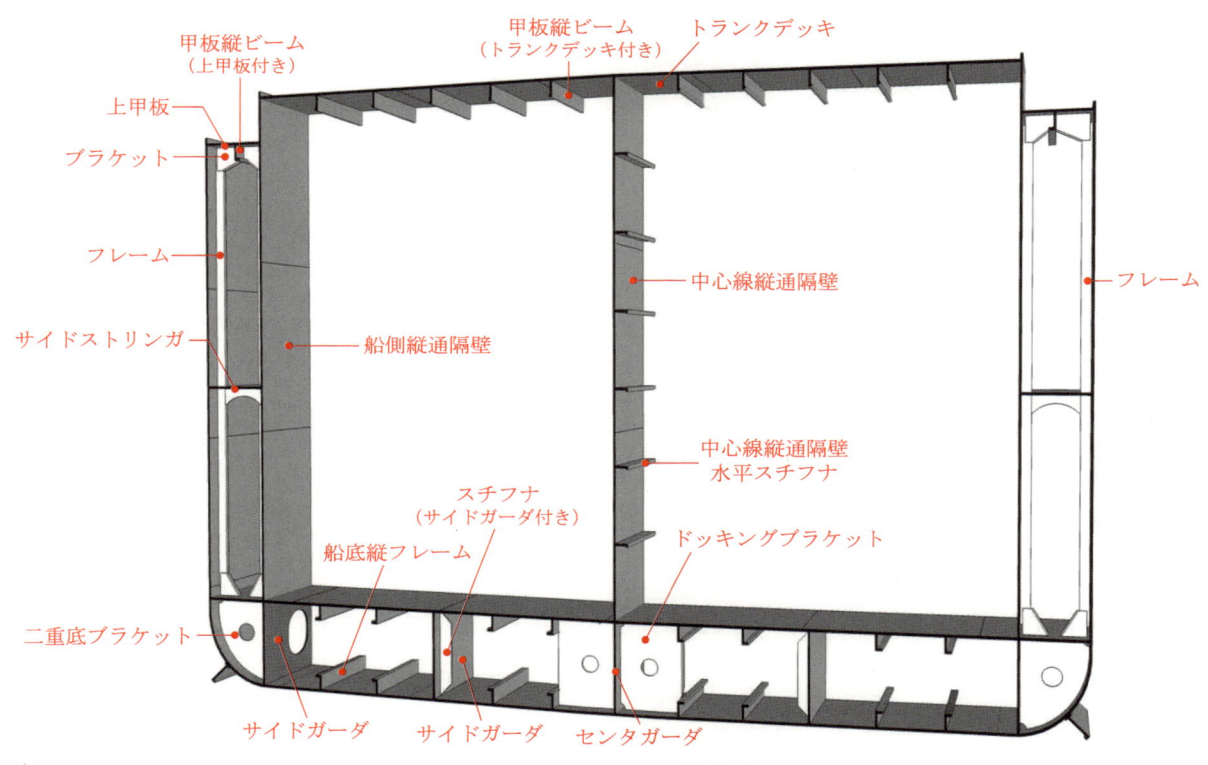

甲板縦ビーム
（上甲板付き）

甲板縦ビーム
（トランクデッキ付き）

トランクデッキ

上甲板

ブラケット

フレーム

中心線縦通隔壁

サイドストリンガ

船側縦通隔壁

フレーム

中心線縦通隔壁
水平スチフナ

スチフナ
（サイドガーダ付き）

船底縦フレーム

ドッキングブラケット

二重底ブラケット

サイドガーダ　　サイドガーダ　　センタガーダ

図 2.40　ordinary section の構造（船尾側）

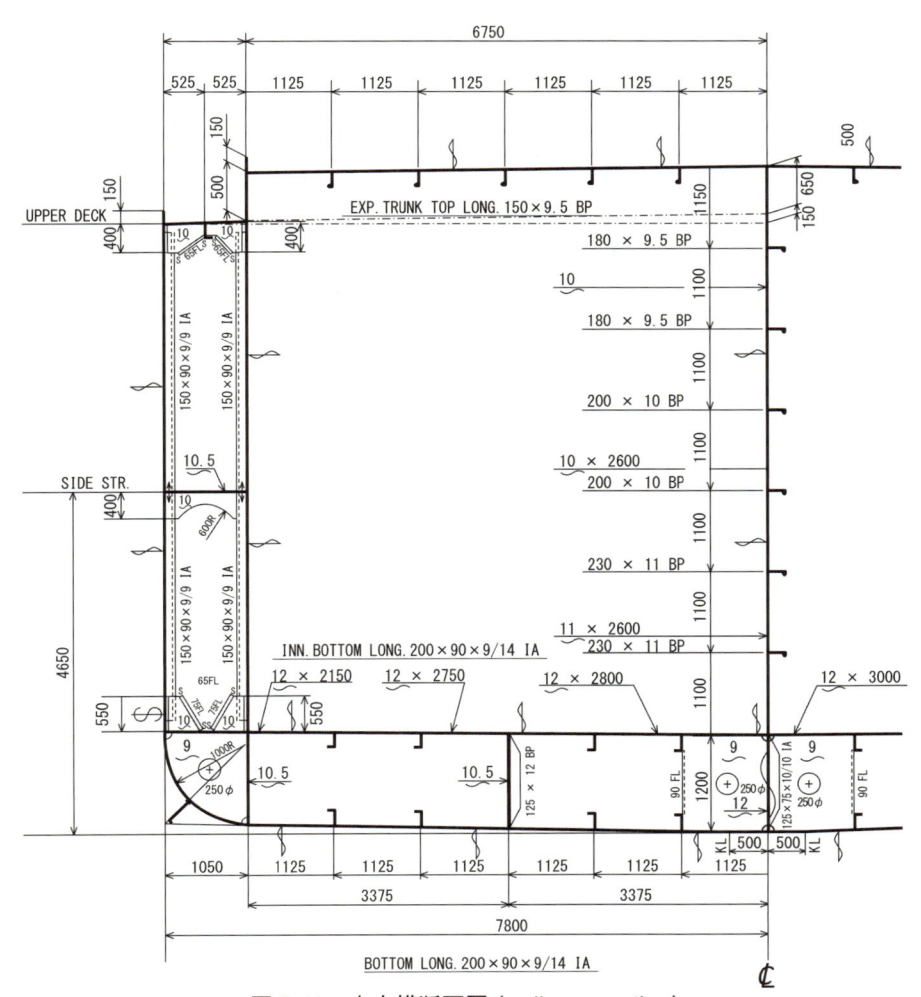

図 2.41　中央横断面図（ordinary section）

28

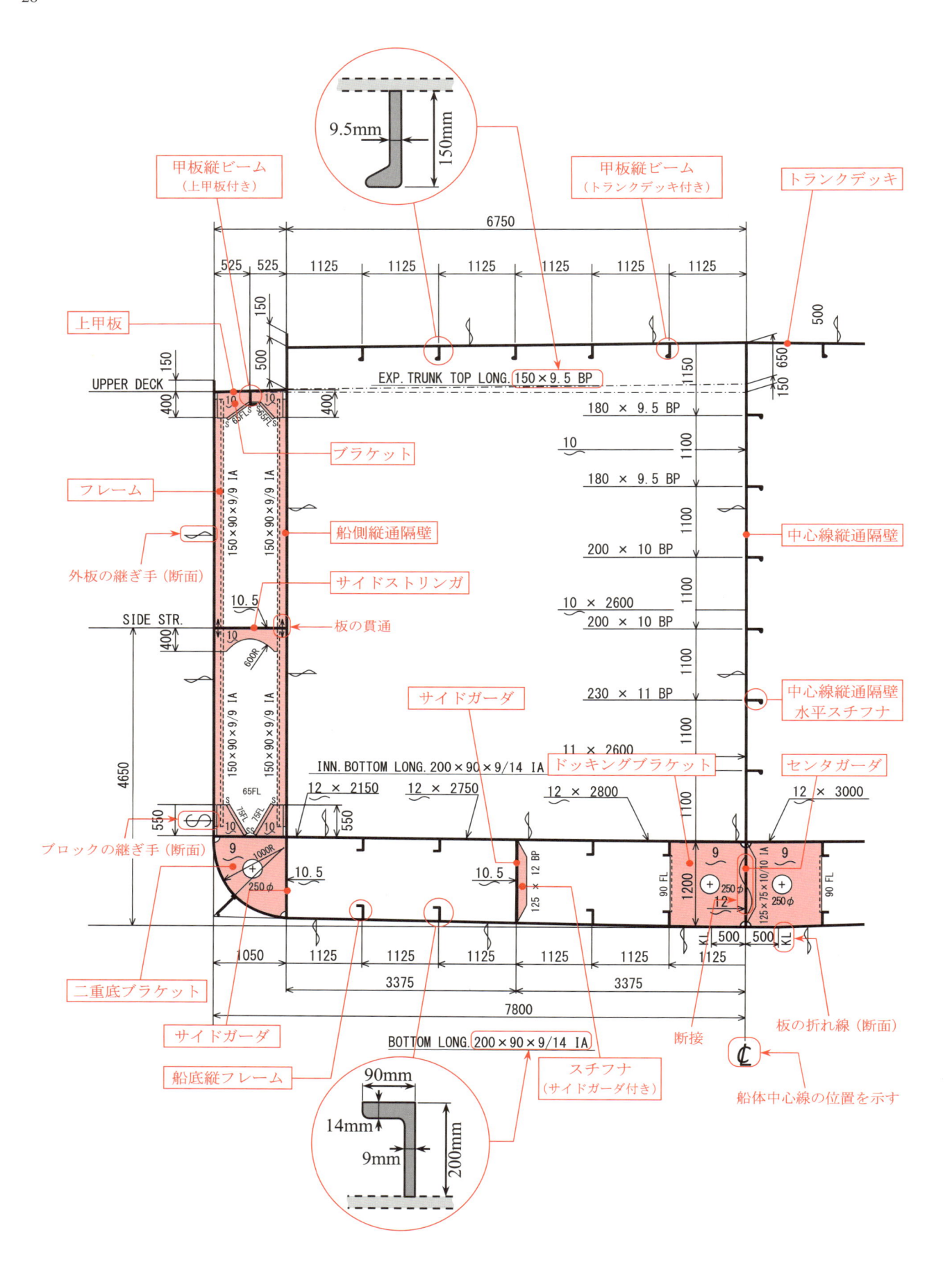

図 2.42　中央横断面図（ordinary section）における記号などの表示例

2.4　鋼材配置図（construction profile and deck plan）

2.4.1　概要

　この図面は，船体中心線における縦断面図と各甲板の水平面図によって船体構造を示している。中央横断面図のみでは船体の前後方向の構造を示すことはできないので，船首尾を通して船体の長さ方向における鋼板や骨材の配置を示した図面である。水平面図は，左舷側のみを示している場合が多く，また船体中心線以外の場所に縦隔壁が配置されている場合にはその構造も示す。なお大型船においては，船首および船尾部の構造図をこれらとは別に備える場合がある。図からは，概ね以下の内容を知ることができる。

（1）縦断面図（construction profile）
　　　　a. 横隔壁，フロア，バーチカルウェブなどの横強度材の前後方向の配置
　　　　b. 縦隔壁付きスチフナなどの縦強度材の配置
　　　　c. 縦隔壁の継手（シームおよびバット）の位置
　　　　d. ピラーの配置
　　　　e. ガーダの構造

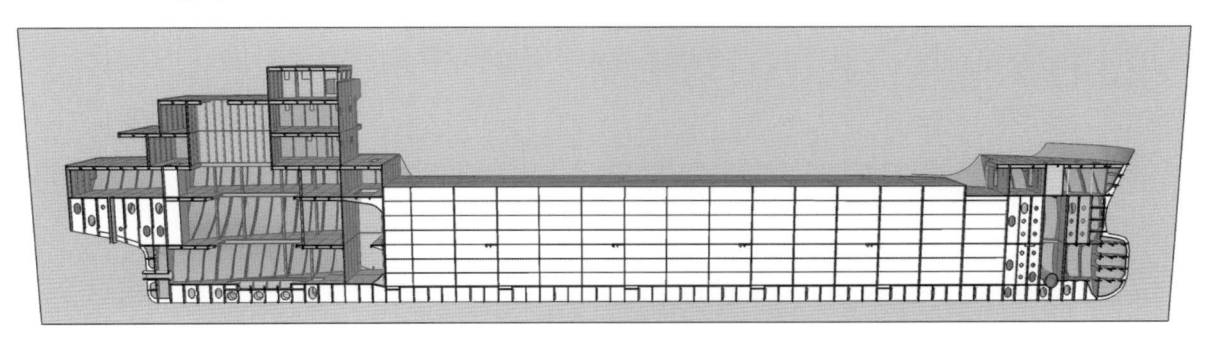

図 2.43　縦断面図のイメージ

（2）水平面図（deck plan）

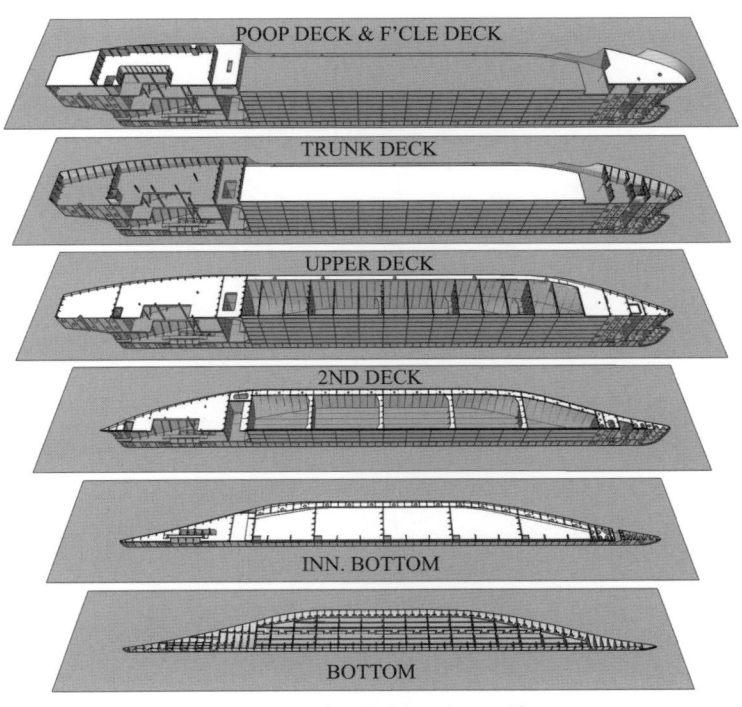

図 2.44　水平面図のイメージ

30

a. 横隔壁，フレーム，ビーム，フロアなどの横強度材の前後方向の配置

b. 縦隔壁，ガーダ，甲板縦ビームなどの縦強度材の配置

c. 甲板および内底板の継手（シームおよびバット）の位置

d. ピラーの配置

e. 甲板，内底板，サイドストリンガなどの水平に配置された板の構造

2.4.2　鋼材配置図の実際

以下に鋼材配置図と各図に対応する船体構造を示す。

図 2.45　縦断面図（船体中心線）　→　折り込み

図 2.46　縦断面図（船体中心線）における記号などの表示例　→　折り込み

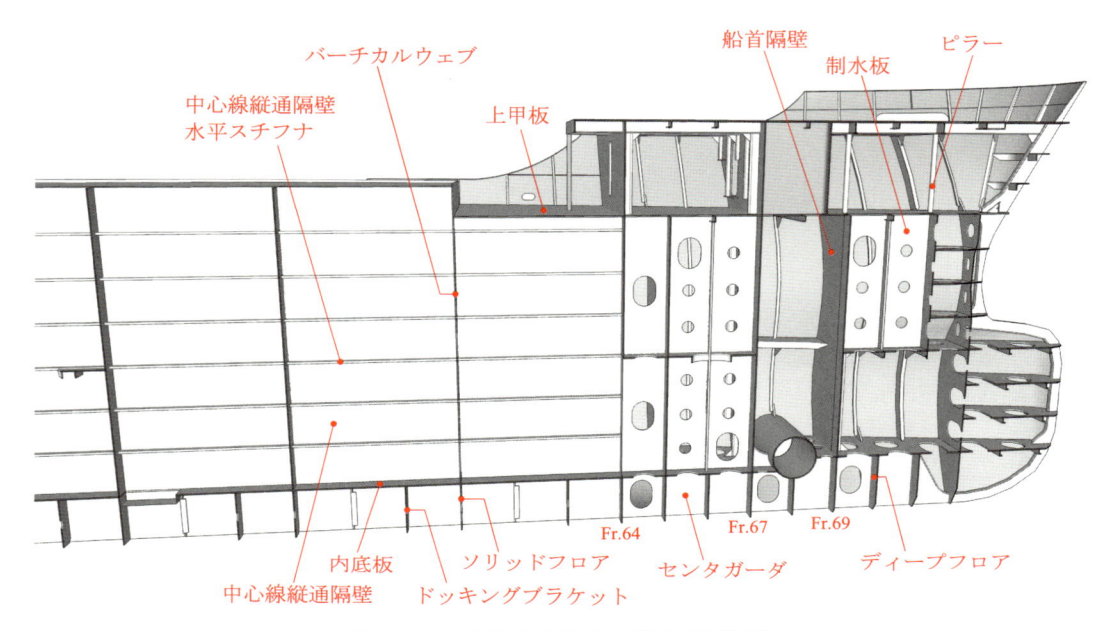

図 2.47-a　船体中心線上の構造（船首部）

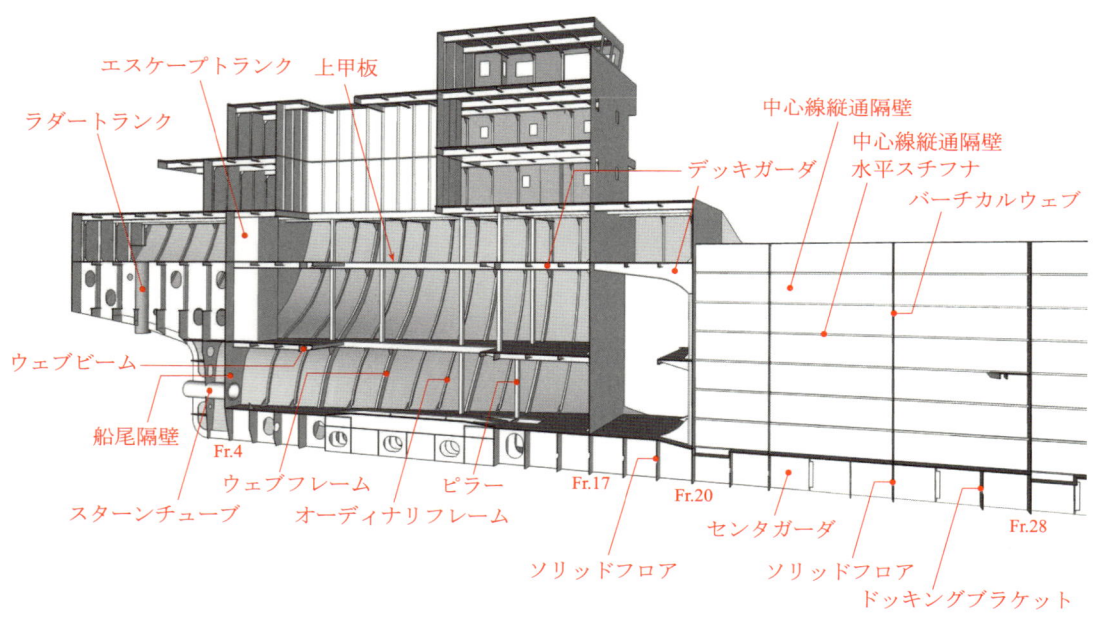

図 2.47-b　船体中心線上の構造（船尾部）

図 2.48　　水平面図（上甲板）　　→　折り込み

図 2.49　　水平面図（上甲板）における記号などの表示例　　→　折り込み

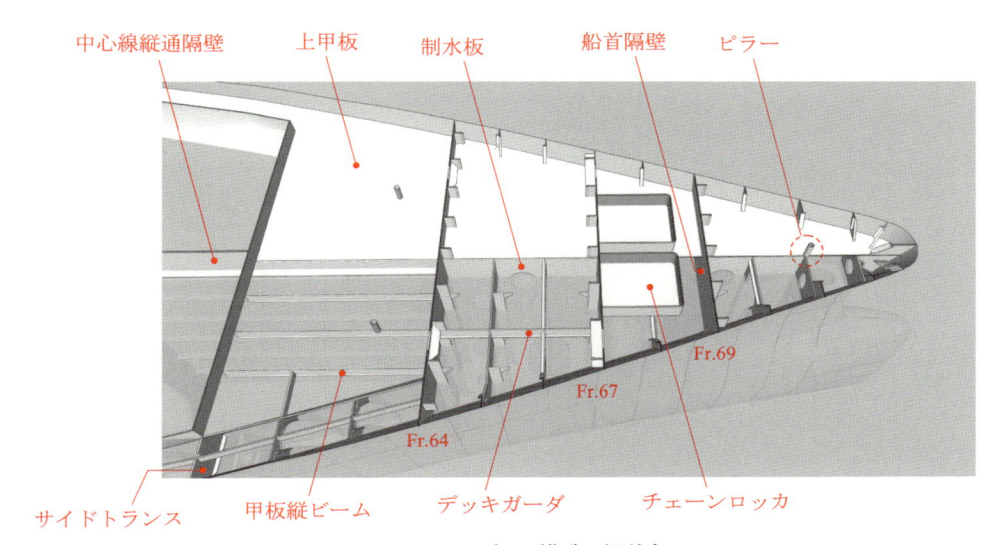

図 2.50-a　上甲板の構造（船首部）

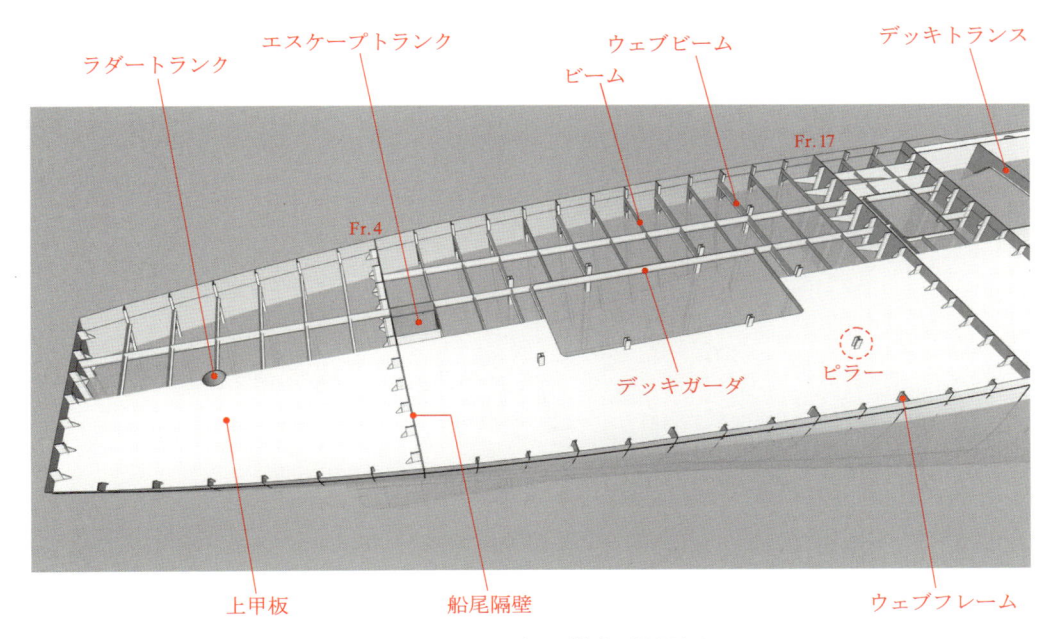

図 2.50-b　上甲板の構造（船尾部）

図 2.51　　水平面図（内底および船底）　　→　折り込み

図 2.52　　水平面図（内底および船底）における記号などの表示例　　→　折り込み

2.5 外板展開図（shell expansion plan）

2.5.1 概要

　曲面である外板とそれに接する骨材の配置などを平面に展開して示した図面である。図面の横方向に船の長さ方向の寸法およびフレーム間隔を示し，縦（上下）方向には，船の横断面における周長（girth）を示す。左舷または右舷内面のいずれか一方の内面が描かれており，左右いずれかの舷にしかないものは，図面にその旨が記されている。図からは，概ね以下の内容を知ることができる。

　　a. 外板および船体ブロックの継手

　　b. 外板に接するタンクなどの区画

　　c. フレーム，ガーダ，マージンプレート，サイドストリンガなどの外板に接する骨材や板材

　　d. 舷窓およびシーチェストなどの開口部の位置

　　e. 船体湾曲部の位置

　　f. 鋼材のグレードや寸法

　なお，図面の上下と左右で尺度が異なる場合があるので注意が必要である。

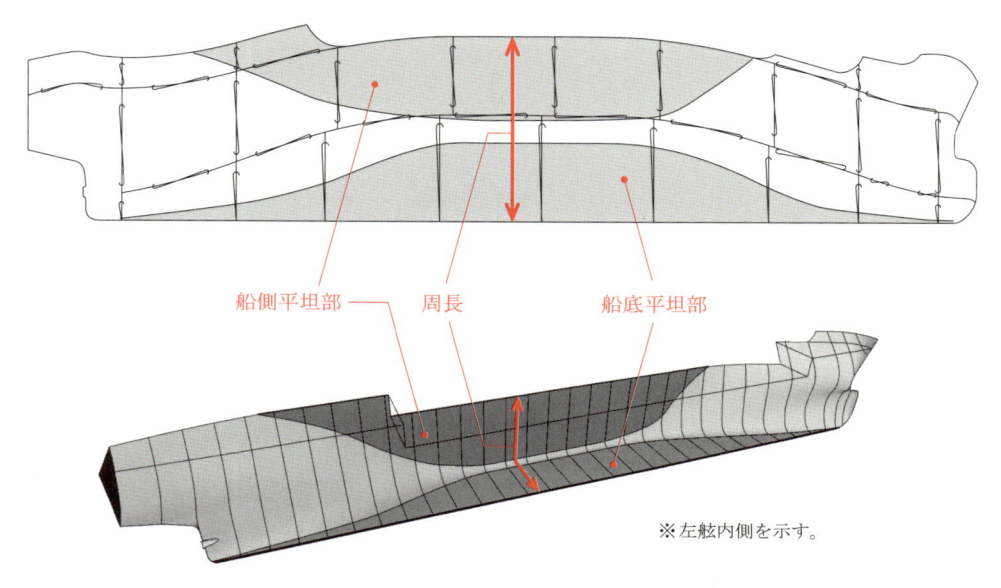

図 2.53　外板展開図のイメージ

　注）　JIS では，「外板展開図は左舷内面を描く。」と定められている。
　　　　周長：船の胴回りの長さのことで，船体中心線からフレームに沿って測った長さ。

2.5.2 外板展開図の実際

　以下に外板展開図と，図から得られる主な内容について示す。

図 2.54　外板展開図　→　折り込み

図 2.55　外板に接する区画　→　折り込み

図 2.56　船体ブロックの継手　→　折り込み

図 2.57　外板展開図における記号などの表示例　→　折り込み

〔第 2 章の付録〕モデル船「芦屋丸」の船体構造

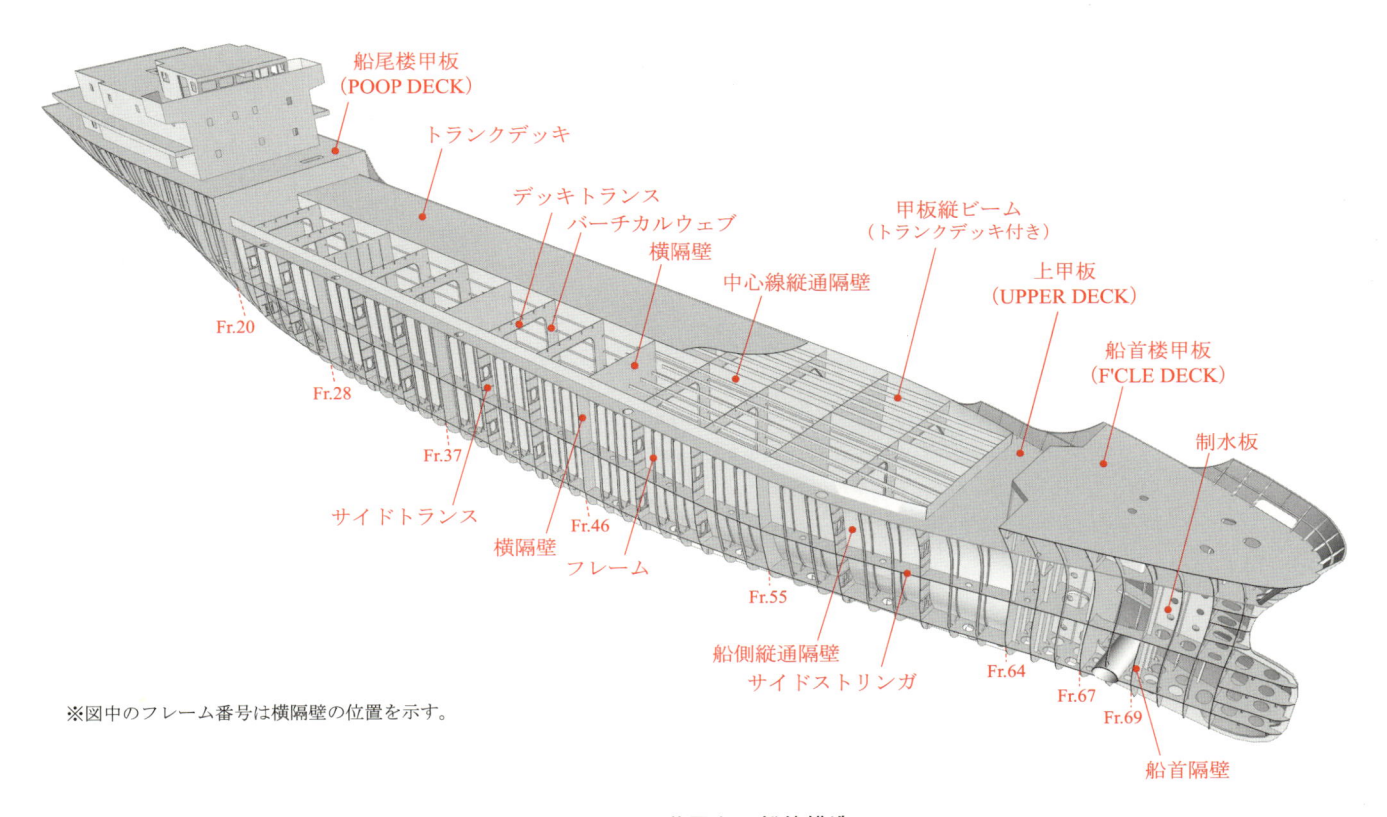

※図中のフレーム番号は横隔壁の位置を示す。

図 2.58　芦屋丸の船体構造

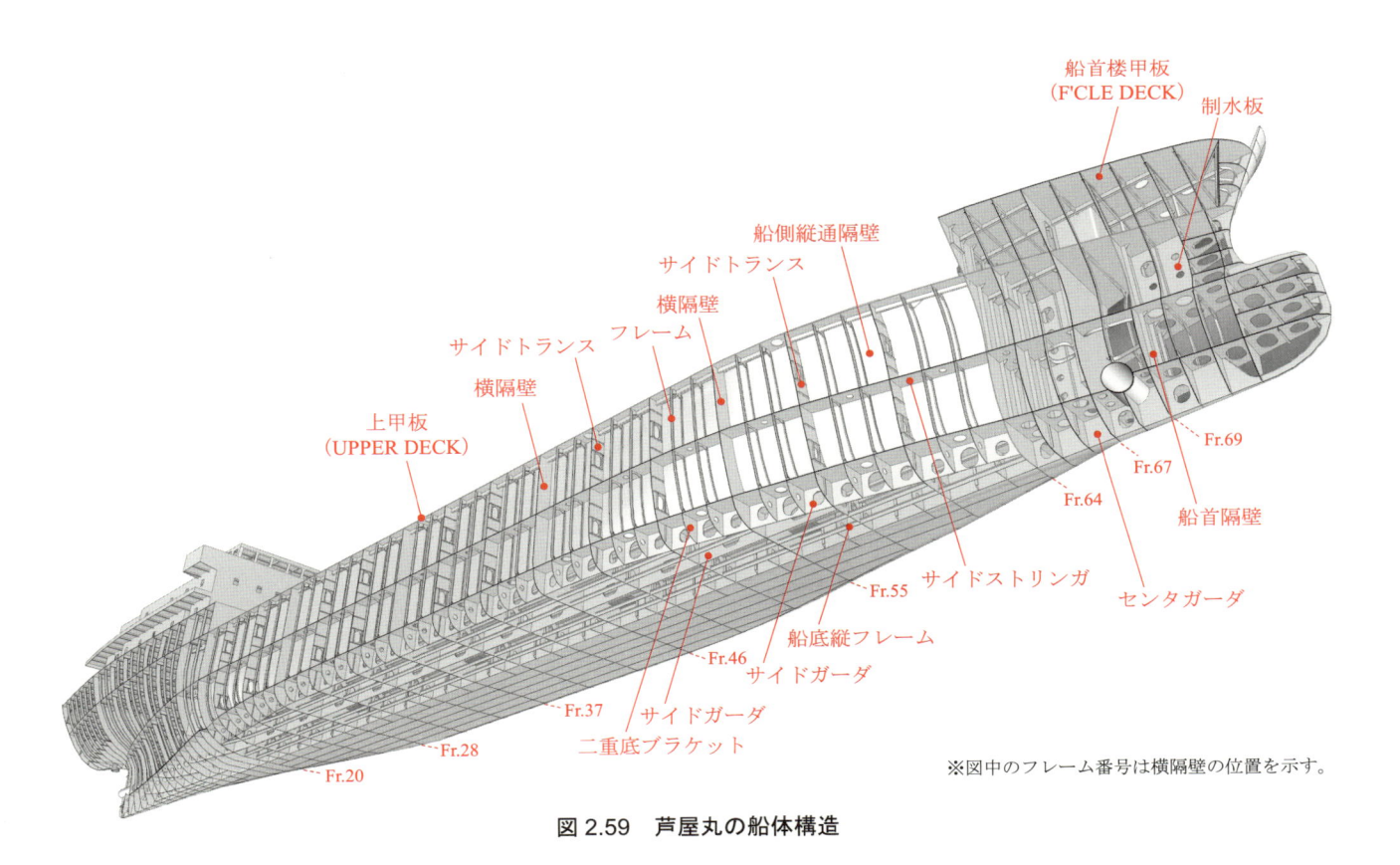

※図中のフレーム番号は横隔壁の位置を示す。

図 2.59　芦屋丸の船体構造

34

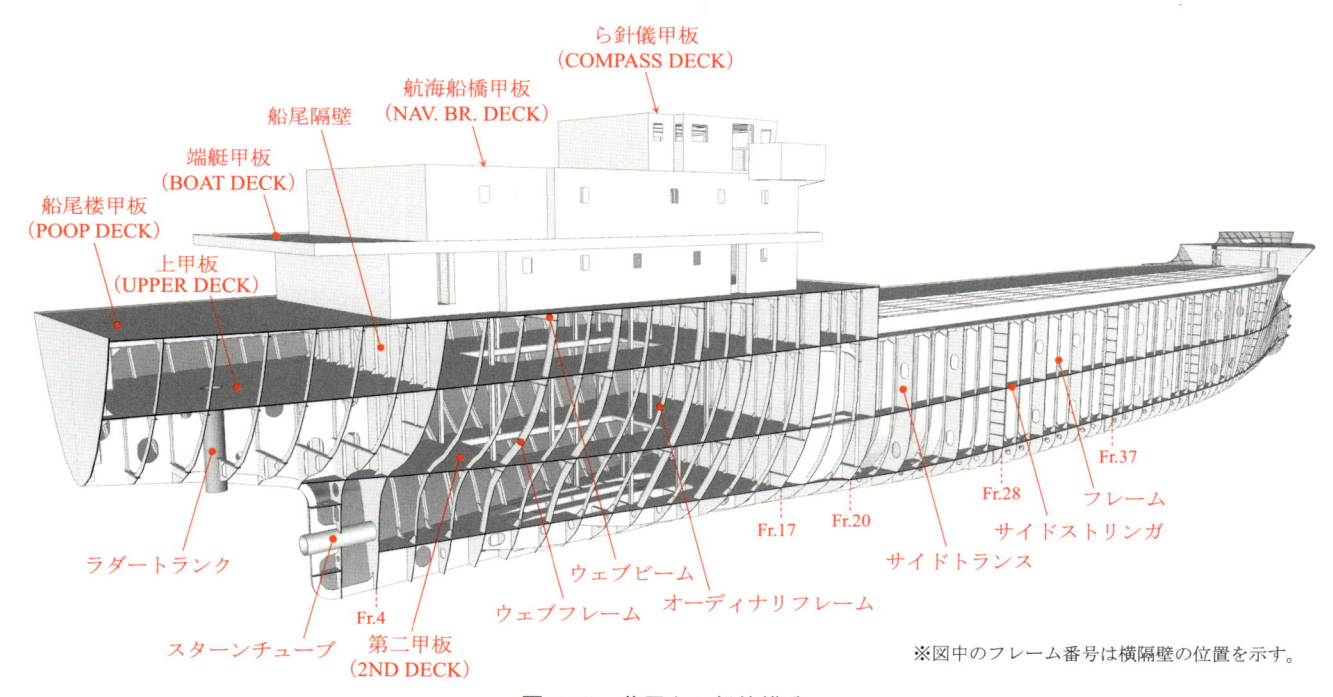

ら針儀甲板
（COMPASS DECK）

航海船橋甲板
（NAV. BR. DECK）

船尾隔壁

端艇甲板
（BOAT DECK）

船尾楼甲板
（POOP DECK）

上甲板
（UPPER DECK）

ラダートランク

スターンチューブ

Fr.4

第二甲板
（2ND DECK）

ウェブフレーム

ウェブビーム

オーディナリフレーム

Fr.17

Fr.20

サイドトランス

Fr.28

サイドストリンガ

Fr.37

フレーム

※図中のフレーム番号は横隔壁の位置を示す。

図 2.60　芦屋丸の船体構造

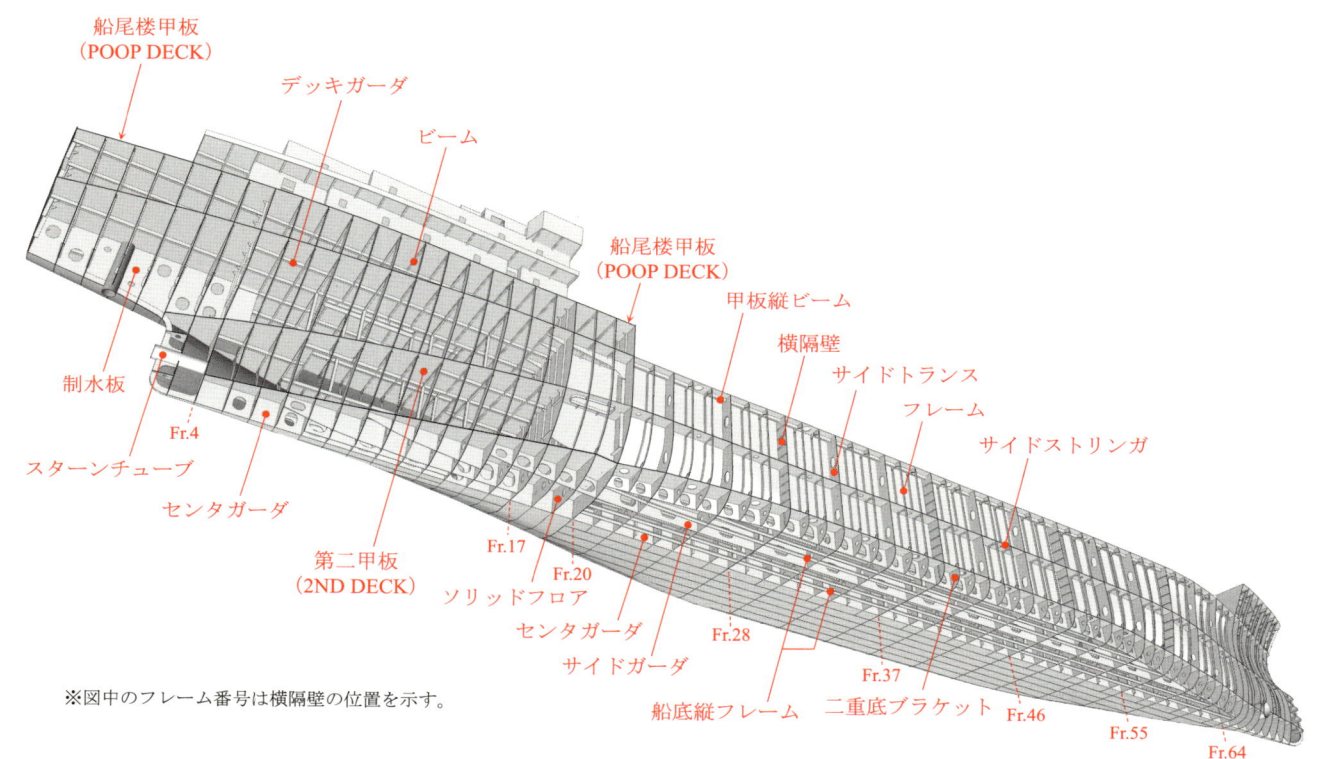

船尾楼甲板
（POOP DECK）

デッキガーダ

ビーム

船尾楼甲板
（POOP DECK）

甲板縦ビーム

横隔壁

サイドトランス

フレーム

サイドストリンガ

制水板

スターンチューブ

Fr.4

センタガーダ

第二甲板
（2ND DECK）

Fr.17

ソリッドフロア

センタガーダ

Fr.20

サイドガーダ

Fr.28

船底縦フレーム

二重底ブラケット

Fr.37

Fr.46

Fr.55

Fr.64

※図中のフレーム番号は横隔壁の位置を示す。

図 2.61　芦屋丸の船体構造

第3章

復原性資料の利用

3.1 復原性資料の概要

3.1.1 復原性に関する主な資料

船舶安全法施行規則第 51 条は，船舶において十分な復原性を保持するために必要な資料の備え付けを規定している。多くの場合，復原性の計算およびその把握に必要な数種類の図表類が，「船長のための復原性資料」や「復原性マニュアル（stability manual）」などの名称で一冊の冊子に綴じられており，主として以下のものが含まれる。

（1）船舶の基本事項に関する資料

 1）要目表（principal particulars）

 2）載貨重量計算書（deadweight calculation）

 3）載貨重量トン数表（deadweight table）

 4）コンスタント計算書（details of ship's constant）

 5）海水流入角曲線図（curves of inflow angle）

（2）復原性の計算および確認に関する資料

 1）傾斜試験成績書（results of inclining experiment）

 2）環動半径書式（radius of gyration）

 3）排水量等曲線図（hydrostatic curves）

 4）排水量等数値表（hydrostatic table）

 5）タンクテーブル（tank table）

 6）G_0M および喫水計算表（重量重心計算表）（calculation table of trim and stability）

 7）喫水別静復原力曲線図（statical stability curves by draft）

 8）復原てこ数値表（righting lever table）

 9）復原力交差曲線図（stability cross curves）

 10）動揺周期曲線図（rolling period curves）

 11）所要横メタセンタ高さ曲線（allowable G_0M curves）

（3）喫水計算に関する資料

 1）タンクテーブル（tank table）

 2）トリミングテーブル（trimming table）

 3）トリミング曲線（trimming diagram）

 4）排水量等数値表（hydrostatic table）

 5）排水量等曲線図（hydrostatic curves）

 6）G_0M および喫水計算表（重量重心計算表）（calculation table of trim and stability）

（4）排水量計算に関する資料

 1）船首尾喫水修正表（stem and stern correction table, draft correction table）

2）トリムに対する排水量修正表（trim correction table）

3）船体のたわみに対する排水量修正表（deflection correction table）

4）排水量等数値表（hydrostatic table）

5）排水量等曲線図（hydrostatic curves）

6）排水量計算表（calculation table of displacement）

注） 復原性資料は，上述のとおり複数の関連する図表類が一冊にまとめて綴じられている場合と，1.1.2 に示したものがそれぞれ個別の資料として備えられている場合がある。個別の場合の「復原性マニュアル」とは，一般的に上記（1）および（2）の一部の資料をまとめたものとなる。

3.1.2 復原性資料利用の流れ

図 3.1 に，復原性資料利用の流れを示す。最終目的は「①復原性の判定」であり，種々の計算などを行い得られたデータが「②船舶復原性規則」に定める要件を満たしていることを確認する。それには，「④任意の状態における復原力曲線」を作成し，「③最大復原てこ（GZ_{max}）や復原力曲線によって囲まれた面積など」を求める必要がある。復原力曲線は「⑤復原力交差曲線図」を用いて作成できるが，基礎データとして「⑦-a 排水量」と「⑥ KG_0 および G_0M」が必要である。このとき，積荷やバラスト，燃料などの船内の「⑨重量配置」が明らかな場合は，重心高さ（KG_0）や横メタセンタ高さ（G_0M），喫水および排水量は計算により求めることができる。この計算を行うために，復原性資料には「⑦ G_0M および喫水計算表」が添付されており，基本的にはその書式に従って計算すれば容易に結果が得られるようにできている。「⑧排水量等数値表」はこれらの計算を行うための必需資料であり，「⑪排水量計算」においても使用する。

実務においては，計算結果の妥当性を別の方法により検証する，いわゆるクロスチェックが必要である。そのひとつの方法として排水量を用いる。排水量は船の総重量であるから，船の軽荷重量と積載重量の総和から求まる。これが「⑦-a 排水量計算」である。一方，船が所定の積み付け状態で浮かんでいる場合の「⑪排水量」は，そのときの「⑫喫水」を読み取り，それを基に「⑧排水量等数値表」を用いて計算できる。この場合の船首および船尾喫水は，それぞれ前部垂線上および後部垂線上の喫水に換算する必要があるため，「⑬喫水修正表」が必要である。⑪および⑦-a の 2 通りの方法によって得られる排水量は，本来同一のものであるため，両者を比較することで⑦をチェックできる。

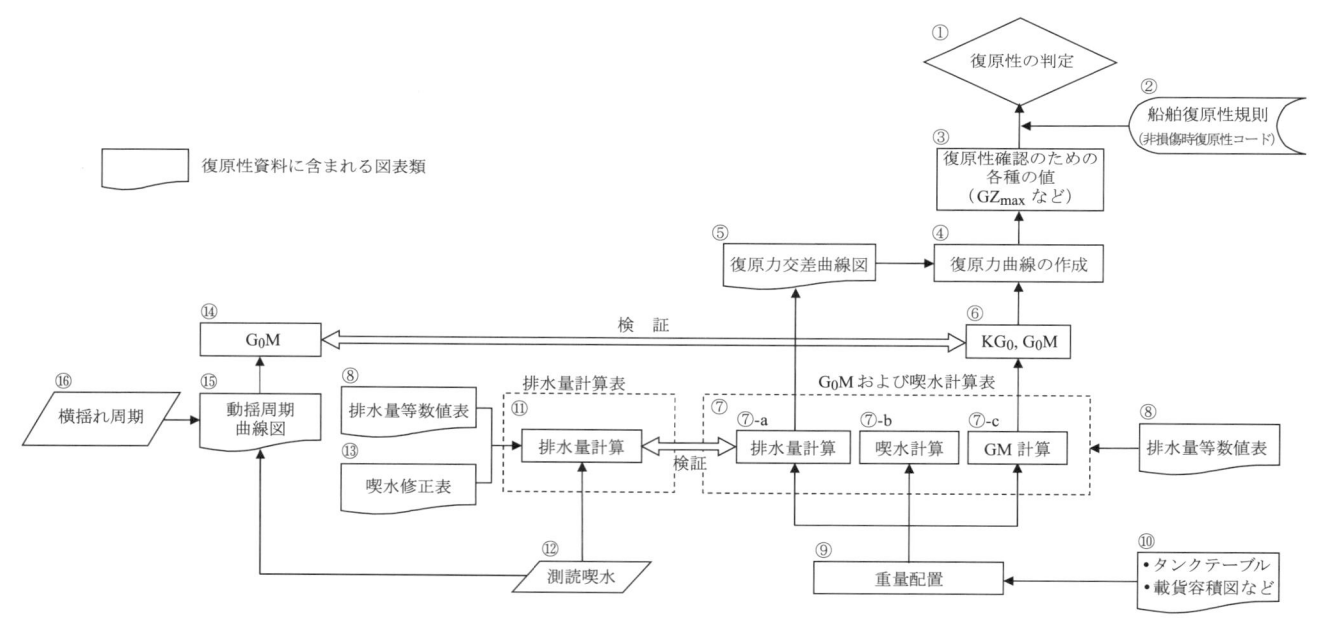

注）図中の①〜⑯の番号は，説明上の整理番号であり，計算の順序を示したものではない。

図 3.1　復原性資料利用の流れ

　船上の重量配置を正確に求めることができない場合でも，船の「⑯横揺れ周期」を計測し「⑮動揺周期曲線図」を用いることで「⑭ G_0M」を求めることができる。これと⑥とを比較することで得られた G_0M の信ぴょう性を検証できる。

3.2　復原性と喫水変化に関する基礎知識

3.2.1　船が静止して浮かぶための条件

　船が任意の喫水で水面に浮かぶのは，図 3.2 のように船体に鉛直下向きに働く重力と，鉛直上向きに働く浮力とが，大きさが等しく釣り合っているからである。浮力の大きさは，アルキメデスの原理により船体によって排除された水の重量に等しいので，船が浮かぶための条件は次式で表される。

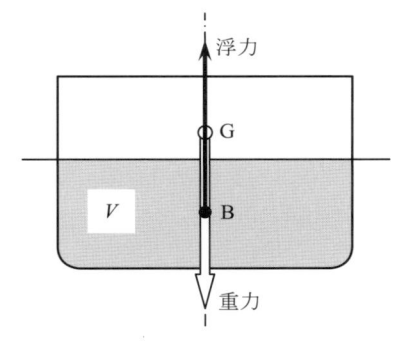

図3.2　船が浮かぶための釣り合い

$$W = \gamma V \tag{3.1}$$

　　W：排水量（船の全重量），船体に働く重力

　　γ：水の比重量（単位体積当たりの重量），V：排水容積（浸水部の容積）

　重力の作用点のことを"重心"といい，"Gravity「重力」"の頭文字をとって"G"で表し，浮力の作用点を"浮心"と呼び，"Buoyancy「浮力」"の頭文字をとって"B"で表す。G は船の全重量が一箇所に集中した点と考えられるので，船上の重量配分が変わらない限りその位置が移動することはない。ところが B は浸水部（船体の水面下に没している部分で，図中アミ掛けを施した部分）の中心であるため，船が傾斜したり，沈下または浮上したりしてこの形状が変わるとその位置も移動する。船体は左右対称なので，直立状態では B は船体中心線上に位置することになる。よって船が直立状態を維持するためには，G も船体中心線上に位置し，重力の作用線と浮力の作用線が同一の鉛直線上を通る必要がある。

3.2.2　横メタセンタ（transverse metacenter：M）

　静かな水面に直立状態で浮かんでいる船が，風や波などの外力の影響により傾斜した場合，浸水部の形状が変化するので，浮心は傾斜した方向へ移動する。小角度傾斜において，移動後の新浮心 B_1，B_2 より鉛直上方に延びる浮力の作用線と，直立時における浮力の作用線（通常は船体中心線）とが交わる点 M を横メタセンタという。水線面の形状が極端に変化しない小角度傾斜（15° 程度まで）の範囲においては，浮力の作用線は傾斜角に関係なく，喫水ごとに一定点となる M を通る。

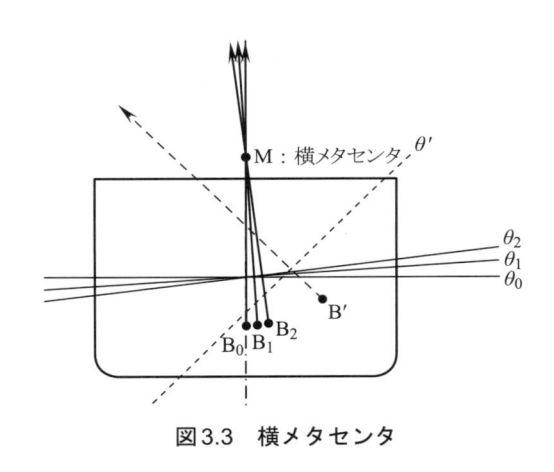

図3.3　横メタセンタ

3.2.3　復原力（stability）

（1）静復原力（statical stability）

　　　船が外力で横傾斜したとき，重力と浮力の双方の作用で元の直立状態に戻す強さを"復原力"と呼んでいる。ただし，船が傾斜したり元の直立状態に戻ったりするのは，船体の回転運動であるから，復原力は，正確には"力"ではなく"モーメント"といわれるものである。つまり復原力（静復原力）とは，「船が外力を受けて傾斜した場合に元に戻るのに必要なモーメント」である。復原力の大きさは，次式で表すことができる。

$$復原力 = W \cdot GZ \tag{3.2}$$

　ここで GZ は，重力と浮力の両作用線間の距離で，「復原てこ（righting lever）」と呼ばれる。船の傾斜にともない浮心の位置が変化するため GZ も変化し，よって復原力も変化する。

（2）初期復原力（initial stability）と GM

　横傾斜角 θ が小さい場合は，浮力の作用線は傾斜角度に関係なく，つねに横メタセンタ M を通るから，GZ は次式で表すことができる。

$$GZ = GM \cdot \sin\theta$$

この範囲における復原力は，初期復原力と呼ばれ，上式を式 (3.2) に代入した次式で表される。

$$初期復原力 = W \cdot GM \cdot \sin\theta \tag{3.3}$$

　ここで GM は，重心 G と横メタセンタ M との距離で「横メタセンタ高さ（metacentric height）」と呼ばれる。GM が大きいほうが初期復原力も大きいため，GM は復原力の大小を表す指標のひとつとして用いられる。

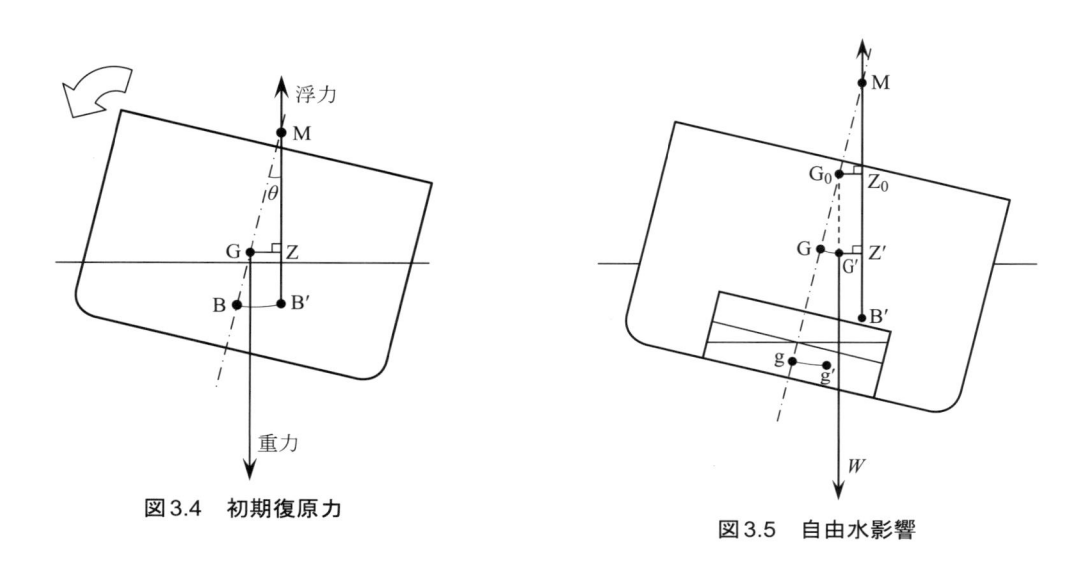

図3.4　初期復原力

図3.5　自由水影響

（3）自由水影響（free water effect）

　自由水とは，自由に移動できる表面を有する液体のことをいい，これが船内にある場合，船体が傾斜するとそれにともない液体も傾斜した舷へ移動するので，船体は一層傾斜するようになる。つまり，液体の移動分だけ復原力を減少させることになる。

　船体が傾斜すると，タンク内の液体が移動し，その重心が g から g′ に移動する。液体が gg′ だけ移動すると，船体重心 G も G′ へ移動するので，復原てこも GZ から G′Z′ に減少する。

　いま，液体が移動する前の重力の作用線と，移動後の重力の作用線との交点を G_0 とすると，$G_0Z_0 = G′Z′$ であるので，船体重心が G′ ではなく G_0 に移ったと考えても，復原力に及ぼす効果は変わらないと見なすことができる。そこで，自由水の移動により，実際には G′ に移った重心を，見かけ上 G_0 に上昇したと考え，その上昇量 GG_0 を「自由水影響に関する修正量」として GM より減じ，復原力の減少を加味する。

　すなわち，初期復原力の範囲内においては，復原力は GM の大小に置き換えて考えることができるので，自由水の影響により，横メタセンタ高さが，GM から見かけ上 G_0M になり，復原力が減少したと見なすのである。自由水影響を加味した場合の横メタセンタ高さ G_0M は

$$G_0M = GM - GG_0 \tag{3.4}$$

から求まる。

3.2.4　喫水とトリムの変化

（1）トリムとトリムの変化量

トリム t は船の縦傾斜の程度を表し，船尾喫水 d_a と船首喫水 d_f との差で示す。一方，トリムの変化量 Δt とは，船内の重量を移動するなどして船のトリムが変わった場合に，その変化の程度を表すもので，変化後のトリム t_2 と変化前のトリム t_1 との差で示す。すなわち

$$トリム：t = d_a - d_f \tag{3.5}$$
$$トリムの変化量：\Delta t = t_2 - t_1 \tag{3.6}$$

であり，両者を明確に区別する必要がある。

【例題 3.1】

船首喫水は 4.52 m，船尾喫水は 4.84 m で浮かんでいる船において，バラストを後方のタンクへ移動したところ，船首喫水が 4.30 m，船尾喫水が 5.06 m になった。この場合のトリムの変化量はいくらか。

［解答および解説］

バラストの移動前後のトリムを，それぞれ t_1，t_2 とすると

$$バラストの移動前のトリム：t_1 = 4.84 - 4.52 = 0.32 \,（m）$$
$$バラストの移動後のトリム：t_2 = 5.06 - 4.30 = 0.76 \,（m）$$
$$トリムの変化量：\Delta t = t_2 - t_1 = 0.76 - 0.32 = 0.44 \,（m）$$

答　0.44 m

（2）重心移動にともなうトリムの変化

図 3.6 (a) のように等喫水で浮かんでいる船において，重量 w を距離 l だけ後方へ移動したとすると，船内の重量配分が変わるため，船体重心は G から G′ に移動する。その結果，同図 (b) に示すとおり，重心 G′ と浮心 B は同一の鉛直線上からずれるため，重力と浮力によるモーメントが，船体を後方へ傾斜させるように働く。船が傾斜し始めると，浸水部分の形状が変化するため，浮心は B から後方へ移動する。そして同図 (c) のように，浮心が重心 G′ の直下 B′ まで移動したとき傾斜は止まり，船体はその状態で安定するので，船尾トリムを維持する。

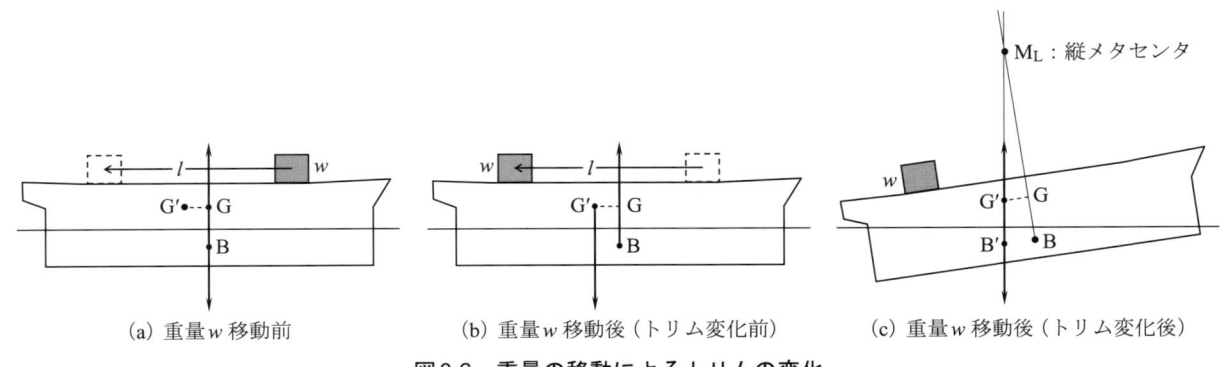

(a) 重量 w 移動前　　(b) 重量 w 移動後（トリム変化前）　　(c) 重量 w 移動後（トリム変化後）

図3.6　重量の移動によるトリムの変化

（3）縦メタセンタ（longitudinal metacenter：M_L）

等喫水で浮かんでいるときの浮力の作用線と，わずかに縦傾斜したときの浮力の作用線との交点を縦メタセンタ M_L，重心 G と M_L との距離 GM_L を縦メタセンタ高さ（longitudinal metacentric height）という。GM_L の大きさは船の長さ程度あり，トリム変化に関する主要な要素である。

（4）トリミングモーメント

船のトリムが変化するのは，図 3.6 (b) に示すように，重力と浮力による偶力のモーメントが作用するためで，

そのモーメントをトリミングモーメント（trimming moment）という。

$$トリミングモーメント = W \cdot BG \tag{3.7}$$

BG：新船体重心と浮心との前後水平距離

（5）浮面心（center of floatation：F）

　水線面の中心を浮面心といい，船の中央付近にある。トリム変化が小さい場合，元の水線面と新しい水線面の浮面心はほぼ一致する。このことから，船をシーソーにたとえれば，浮面心はその支点と見なすことができる。したがって，浮面心を通る鉛直線上において，重量物の積みまたは卸しを行ってもトリムは変わらず，船は平行に沈下または浮上する。

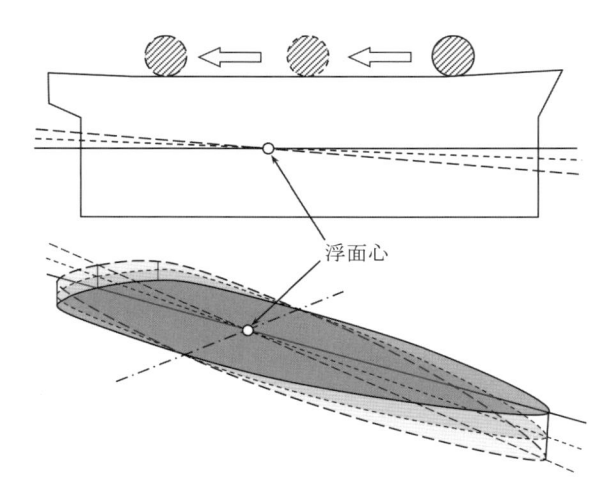

浮面心

図3.7　重量を移動した場合の水線および水線面の変化

（6）毎センチ排水トン数（tons per centimeter immersion：TPC）

　船の喫水を 1 cm 変化させるのに必要な重量を毎センチ排水トン数という。重量 w (t) を積載または除去した場合の平均喫水の変化量 Δd は，次式から求めることができる。

$$\Delta d = \frac{w}{TPC} \ (cm) \tag{3.8}$$

よって，喫水に Δd だけ差がある場合の船の排水量の差 ΔW は，次式から得られる。

$$\Delta W = \Delta d \cdot TPC \ (t) \tag{3.8'}$$

（7）毎センチトリムモーメント（moment to change trim 1 cm：MTC）

　船のトリムを 1 cm 変化させるのに必要なモーメントを毎センチトリムモーメントという。トリムの変化量 Δt は，次式から求まる。

$$\Delta t = \frac{トリミングモーメント}{MTC} \tag{3.9}$$

3.3　排水量等曲線図と排水量等数値表

　排水量計算，復原力計算および喫水計算などの荷役計算に必要なデータのうち，排水量をはじめとして，喫水の増減にともない変化する種々の値が記載されている。各データをグラフ形式で表したものが排水量等曲線図，数値表としてまとめたものが排水量等数値表で，前者は「ハイドロカーブ」，後者は「ハイドロテーブル」などと呼ばれる。なお，本書では両者を合わせ「排水量等数値表等」と呼ぶことにする。

3.3.1　排水量等曲線図（hydrostatic curves）

　縦軸に喫水をとり横軸には距離目盛りを示したグラフ上に，種々の曲線が描かれている。喫水ごとに数値を読み取れることは排水量等数値表と同じであるが，各値が喫水の増減によりどのように変化するかといった傾向も概観できる。各曲線には図の横軸に対する換算係数が記されており，横軸目盛りで読み取った値に換算係数を掛けることで，必要な値が求められる。図 3.8 に排水量等曲線図の例を，表 3.1 に，喫水が 4.00 m の場合に同図から求まる各値を示す。

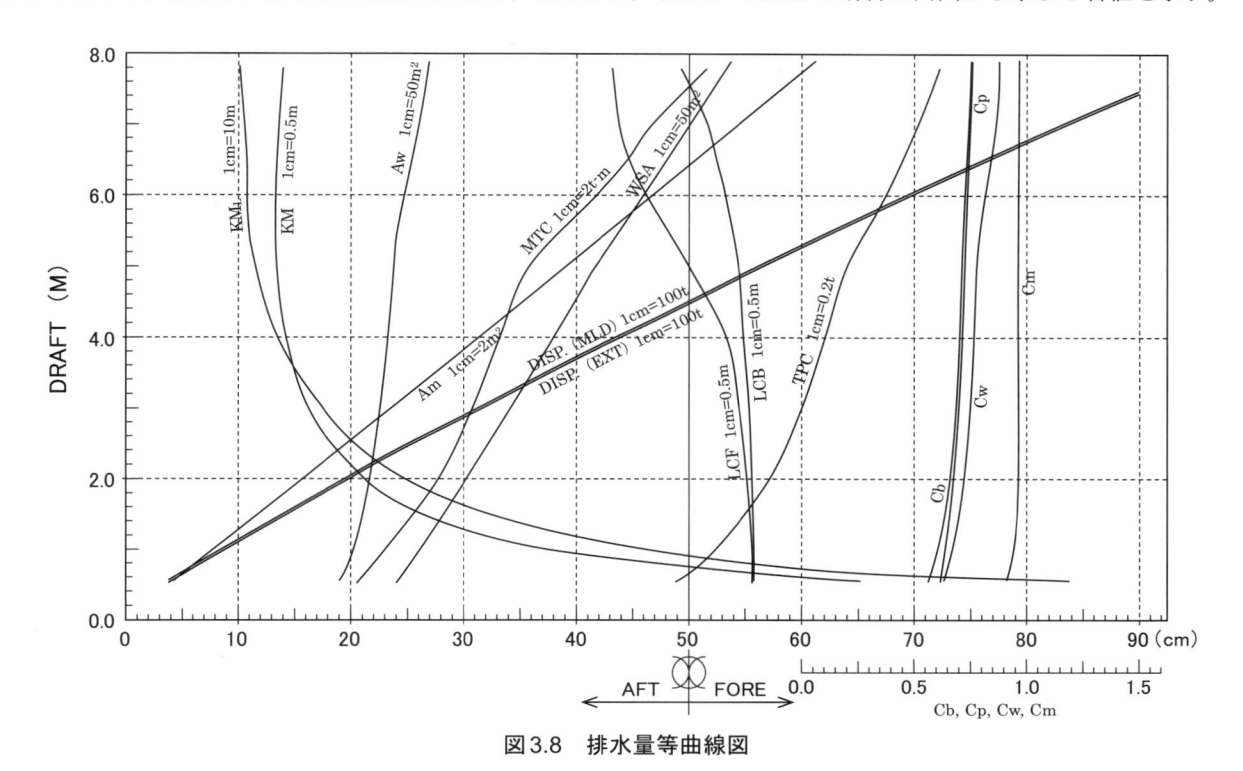

図3.8　排水量等曲線図

表 3.1　排水量等曲線図からの数値の読み取り（喫水：4.00 m）

項目	意味	換算係数 ①	読み取り値 ②	実際の値 ①×②
DISP.（EXT）	排水量	1 cm = 100 t	43.9 cm	4,390 t
DISP.（MLD）	型排水量	1 cm = 100 t	43.5 cm	4,350 t
KM_L	キール上縦メタセンタ高さ	1 cm = 10 m	13.6 cm	136 m
KM	キール上横メタセンタ高さ	1 cm = 0.5 m	14.3 cm	7.15 m
A_w	水線面積	1 cm = 50 m²	23.2 cm	1,160 m²
MTC	毎センチトリムモーメント	1 cm = 2 t·m	33.2 cm	66.4 t·m
WSA	浸水面積	1 cm = 50 m²	38.0 cm	1,900 m²
A_m	中央横断面積	1 cm = 2 m²	31.3 cm	62.6 m²
TPC	毎センチ排水トン数	1 cm = 0.2 t	62.1 cm	12.42 t
LCF	⊗から浮面心までの距離（⊗F）	1 cm = 0.5 m	3.3 cm [※1]	1.65 m
LCB	⊗から浮心までの距離（⊗B）	1 cm = 0.5 m	4.9 cm [※1]	2.45 m
C_b	方形係数	—	0.70 [※2]	0.70
C_p	柱形係数	—	0.72 [※2]	0.72
C_w	水線面積係数	—	0.77 [※2]	0.77
C_m	中央横断面係数	—	0.96 [※2]	0.96

　　※1　LCF および LCB は，⊗からの長さを示す。
　　※2　C_b，C_p，C_w，C_m の値は，右下の目盛りで読み取る。

表 3.2　排水量等数値表

喫水 — 排水量 — 毎センチ排水トン数 — 毎センチトリムモーメント — 浮心の前後位置：⊗B — 浮面心の前後位置：⊗F — 基線上横メタセンタまでの高さ

HYDROSTATIC TABLE

DRAFT (M)	DISP. (MT)	TPC (MT)	MTC (MT-M)	LCB (M)		LCF (M)		TKM (M)
6.00	6973.56	13.51	83.57	F	1.61	A	1.86	6.67
6.01	6987.07	13.51	83.71	F	1.60	A	1.88	6.67
6.02	7000.58	13.51	83.84	F	1.60	A	1.90	6.67
6.03	7014.09	13.53	83.96	F	1.59	A	1.92	6.67
6.04	7027.62	13.53	84.07	F	1.58	A	1.94	6.68
6.05	7041.15	13.53	84.19	F	1.57	A	1.96	6.68
6.06	7054.68	13.55	84.30	F	1.57	A	1.97	6.68
6.07	7068.23	13.55	84.42	F	1.56	A	1.99	6.68
6.08	7081.78	13.56	84.53	F	1.56	A	2.01	6.68
6.09	7095.34	13.56	84.64	F	1.55	A	2.02	6.68
6.10	7108.90	13.57	84.76	F	1.54	A	2.04	6.68
6.11	7122.47	13.57	84.87	F	1.54	A	2.06	6.68
6.12	7136.04	13.59	84.98	F	1.53	A	2.07	6.68
6.13	7149.63	13.59	85.09	F	1.52	A	2.09	6.68
6.14	7163.22	13.59	85.20	F	1.52	A	2.11	6.68
6.15	7176.81	13.60	85.31	F	1.51	A	2.12	6.68
6.16	7190.41	13.61	85.41	F	1.50	A	2.14	6.68
6.17	7204.02	13.62	85.52	F	1.50	A	2.15	6.69
6.18	7217.64	13.62	85.63	F	1.49	A	2.17	6.69
6.19	7231.26	13.63	85.73	F	1.48	A	2.18	6.69
6.20	7244.89	13.63	85.84	F	1.48	A	2.20	6.69
6.21	7258.52	13.64	85.94	F	1.47	A	2.21	6.69
6.22	7272.16	13.65	86.05	F	1.46	A	2.22	6.69
6.23	7285.81	13.66	86.15	F	1.45	A	2.24	6.69
6.24	7299.47	13.66	86.25	F	1.45	A	2.25	6.69
6.25	7313.13	13.66	86.35	F	1.44	A	2.27	6.69
6.26	7326.79	13.68	86.46	F	1.43	A	2.28	6.69
6.27	7340.47	13.68	86.56	F	1.43	A	2.29	6.69
6.28	7354.15	13.68	86.68	F	1.42	A	2.31	6.70
6.29	7367.83	13.69	86.79	F	1.41	A	2.33	6.70
6.30	7381.52	13.70	86.90	F	1.41	A	2.34	6.70
6.31	7395.22	13.70	87.01	F	1.40	A	2.36	6.70
6.32	7408.92	13.71	87.12	F	1.39	A	2.38	6.70
6.33	7422.63	13.71	87.23	F	1.38	A	2.39	6.70
6.34	7436.34	13.72	87.34	F	1.38	A	2.41	6.70
6.35	7450.06	13.73	87.45	F	1.37	A	2.43	6.70
6.36	7463.79	13.73	87.56	F	1.36	A	2.44	6.71
6.37	7477.52	13.74	87.67	F	1.36	A	2.46	6.71
6.38	7491.26	13.74	87.77	F	1.35	A	2.47	6.71
6.39	7505.00	13.75	87.88	F	1.34	A	2.49	6.71

3.3.2　排水量等数値表（hydrostatic table）

　表3.2（左ページ）のように，喫水とそれに対応する各種の値が示されている。一般的に，使用頻度の高い，DISP.，KM，MTC，TPC，LCF（⊗F），LCB（⊗B）が同一ページに記載され，その他は別の表にまとめられている場合が多い。先の排水量等曲線図よりも正確な値が求められるとともに，小冊子として綴じられているため利便性に優れていることから，計算にはこの数値表が用いられる。

3.3.3　資料を利用する上での留意点

（1）数値の前提条件

　　　排水量等数値表等に記載されている諸データは，すべて表3.3に示す前提条件の下に算出されており，同図表を使用する場合は，つねにそれらを念頭に置き，必要な場合は適切に修正を施さないと，誤った計算結果を求めることになる。

表 3.3　排水量等数値表等の前提条件

a. 標準海水比重（1.025）の海域に浮かんでいる。 b. 船体にはたわみがない。 c. 船は基線に平行な水線で浮かんでいる。 d. 横傾斜がない。

a. 標準海水比重（1.025）の海域に浮かんでいる。

　　このことは，各図表から喫水を基にして重量に関するデータ（たとえば排水量）を読み取る場合，あるいは，重量を基に容積に関するデータを読み取る場合に，とくに重要な意味を持つ。船が標準海水比重の海域に浮かんでいる場合には，任意の排水量に対する喫水，あるいはその逆は，図表に記載の値をそのまま利用できるが，それ以外の水域にある場合には，後述するように当該比重に対して値を修正する必要がある。

　注）　比重と混同されやすいものとして，密度および比重量がある。これらの詳細については，6.4を参照されたい。

b. 船体には，ホギング，サギングなどのたわみがない。

　　一見まっすぐな状態で浮かんでいるように見える船でも，たわんでいる場合がある。しかし排水量等数値表等において，この点は加味されていない。

c. 船は基線に平行な水線で浮かんでいる。

　　排水量等数値表等には，図3.9に示すように，船が基線に平行な水線で浮かんでいる場合の値が記載されている。したがってトリムがある場合には，図表より得られた値をそのまま用いることはできない。

　注）　「基線（base line）」とは，主として設計または建造時に，高さの基準となる線のことをいう。大型船の場合は図3.9(a)に示すように，船の船首尾にわたってキール上面と一致するが，小型船の場合は同図(b)のように，計画トリムがつく場合が多く，長さの中央（図中⊗の位置）でキール上面を通る水平線を基線とする。

d. 横傾斜はなく直立状態で浮かんでいる。

　　船体が横傾斜している場合は喫水が左右で異なるが，この点についても排水量等数値表等では加味されていない。

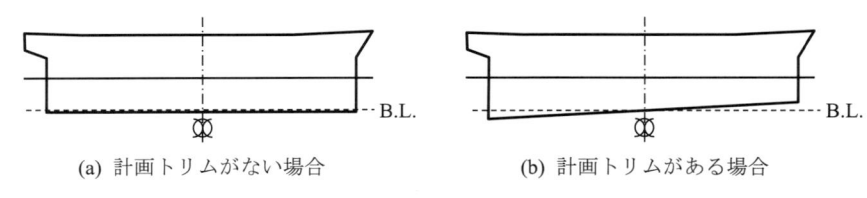

(a) 計画トリムがない場合　　　　(b) 計画トリムがある場合

図 3.9　排水量等数値表等における基線と水線の関係

（2）異比重水面にある場合の諸データの扱い方

排水量等数値表等に記載されている各値には，MTC のように排水量の増減により変化するもの（以下，「重量ベースのデータ」という）と，KM，$\overline{BM}$B および$\overline{BM}$F のように喫水の変化とともにその値が変わるもの（以下，「喫水ベースのデータ」という）の 2 種類がある。

排水量を基準に MTC を求めたり，喫水を基に KM を求めたりするなど，同一ベースのデータ間で数値を求める場合は，標準海水比重以外の水域に浮かぶ場合であっても，図表に示された値を読み取るだけでよいが，喫水を基に排水量を求めるなど，異なるベース間で数値を求める場合には，読み取った値を修正する必要がある。具体的には以下の手順で求めることができる。

1）実際の排水量 W を基に，比重 ρ の水域における喫水を求める場合

① 式 (3.10) より，見かけの排水量 W_{HS} を求める。

$$W_{HS} = \frac{1.025}{\rho} W \tag{3.10}$$

② 排水量等数値表より W_{HS} に対応した喫水 d を求める。d は実際の比重に対する喫水となる。

よって，KM，$\overline{BM}$B および$\overline{BM}$F などの喫水ベースのデータは，d を基に排水量等数値表から求まる。

注）式 (3.10) は，以下のようにして導かれる。

喫水 d における排水容積を V とすると

実際の釣り合い：$W = \gamma V$

よって $V = \dfrac{W}{\gamma}$ $\tag{3a}$

排水量等数値表等における見かけ上の釣り合い：$W_{HS} = \gamma_0 V$ $\tag{3b}$

式 (3a) を式 (3b) に代入すると

$$W_{HS} = \gamma_0 \frac{W}{\gamma} = \frac{\gamma_0}{\gamma} W = \frac{\rho_0}{\rho} W = \frac{1.025}{\rho} W$$

γ：比重 ρ の水の比重量，γ_0：比重 ρ_0（1.025）の水の比重量（1.025 t/m³）

2）比重 ρ の水域における喫水 d を基に，実際の排水量 W を求める場合

① 喫水 d を基に，排水量等数値表より見かけの排水量 W_{HS} を求める。

② 式 (3.11) より，実際の排水量 W が求まる。

$$W = \frac{\rho}{1.025} W_{HS} \tag{3.11}$$

よって，重量ベースのデータである MTC は，W を基に排水量等数値表から求まる。

注）式 (3.11) は，以下のようにして導かれる。

喫水 d における排水容積を V とすると

実際の釣り合い：$W = \gamma V$ $\tag{3c}$

排水量等数値表における見かけ上の釣り合い：$W_{HS} = \gamma_0 V$

よって $V = \dfrac{W_{HS}}{\gamma_0}$ $\tag{3d}$

式 (3d) を式 (3c) に代入すると

$$W = \gamma \frac{W_{HS}}{\gamma_0} = \frac{\gamma}{\gamma_0} W_{HS} = \frac{\rho}{\rho_0} W_{HS} = \frac{\rho}{1.025} W_{HS}$$

3.4 タンクテーブル（tank table, sounding table, ullage table）

カーゴタンクや燃料油タンク，清水タンク，バラストタンクなどの各種タンクに積載されている油や水の量およびそれらの重心位置などを求めたい場合，表 3.4 に示すタンクテーブルを利用する。液面高さを基準に，液体の容量

（VOLUME），液体重心の高さ（KG）および船体中央からの距離（LCG），自由表面の慣性モーメント（INERTIA）が記載されている。液面の高さを表す方法には図 3.10 に示すように，SOUNDING（測深値）と ULLAGE（隙尺）の 2 種類があるが，大型原油タンカーのカーゴタンク以外は，SOUNDING で示されるのが一般的である。

表 3.4　タンクテーブル

NO.1 C.O.T. ［P］

SOUND DEPTH (m)	VOLUME (m3) TRIM (m)									LCG (m)	KG (m)	INERTIA (m4)
	-1.0	-0.5	0.0	0.5	1.0	1.5	2.0	2.5	3.0			
5.00	251.10	248.10	245.10	242.10	239.10	236.10	233.10	231.10	228.10	-32.53	4.01	149.9
5.01	251.67	248.67	245.67	242.67	239.67	236.67	233.67	231.67	228.67	-32.53	4.01	150.1
5.02	252.24	249.24	246.24	243.24	240.24	237.24	234.24	232.24	229.24	-32.53	4.02	150.4
5.03	252.81	249.81	246.81	243.81	240.81	237.81	234.81	232.81	229.81	-32.53	4.02	150.6
5.04	253.39	250.39	247.39	244.39	241.39	238.39	235.39	233.39	230.39	-32.53	4.03	150.8
5.05	253.96	250.96	247.96	244.96	241.96	238.96	235.96	233.96	230.96	-32.53	4.03	151.0
5.06	254.53	251.53	248.53	245.53	242.53	239.53	236.53	234.53	231.53	-32.53	4.04	151.2
5.07	255.10	252.10	249.10	246.10	243.10	240.10	237.10	235.10	232.10	-32.53	4.04	151.4
5.08	255.67	252.67	249.67	246.67	243.67	240.67	237.67	235.67	232.67	-32.53	4.05	151.6
5.09	256.25	253.25	250.25	247.25	244.25	241.25	238.25	236.25	233.25	-32.53	4.05	151.8
5.10	256.82	253.82	250.82	247.82	244.82	241.82	238.82	235.82	232.82	-32.53	4.06	152.1
5.11	257.39	254.39	251.39	248.39	245.39	242.39	239.39	236.39	233.39	-32.53	4.06	152.3
5.12	257.96	254.96	251.96	248.96	245.96	242.96	239.96	236.96	233.96	-32.53	4.07	152.5
5.13	258.53	255.53	252.53	249.53	246.53	243.53	240.53	237.53	234.53	-32.53	4.08	152.7
5.14	259.11	256.11	253.11	250.11	247.11	244.11	241.11	238.11	235.11	-32.53	4.08	152.9
5.15	259.68	256.68	253.68	250.68	247.68	244.68	241.68	238.68	235.68	-32.53	4.09	153.1
5.16	260.25	257.25	254.25	251.25	248.25	245.25	242.25	239.25	236.25	-32.53	4.09	153.3
5.17	260.82	257.82	254.82	251.82	248.82	245.82	242.82	239.82	236.82	-32.53	4.10	153.6
5.18	261.39	258.39	255.39	252.39	249.39	246.39	243.39	240.39	237.39	-32.53	4.10	153.8
5.19	261.97	258.97	255.97	252.97	249.97	246.97	243.97	240.97	237.97	-32.53	4.11	154.0
5.20	262.54	259.54	256.54	253.54	250.54	247.54	244.54	241.54	238.54	-32.53	4.11	154.2
5.21	263.11	260.11	257.11	254.11	251.11	248.11	245.11	242.11	239.11	-32.53	4.12	154.4
5.22	263.68	260.68	257.68	254.68	251.68	248.68	245.68	242.68	239.68	-32.53	4.12	154.6
5.23	264.25	261.25	258.25	255.25	252.25	249.25	246.25	243.25	240.25	-32.53	4.13	154.8
5.24	264.83	261.83	258.83	255.83	252.83	249.83	246.83	243.83	240.83	-32.53	4.14	155.0
5.25	265.40	262.40	259.40	256.40	253.40	250.40	247.40	244.40	241.40	-32.53	4.14	155.3
5.26	265.97	262.97	259.97	256.97	253.97	250.97	247.97	244.97	241.97	-32.53	4.15	155.5
5.27	266.54	263.54	260.54	257.54	254.54	251.54	248.54	245.54	242.54	-32.53	4.15	155.7
5.28	267.11	264.11	261.11	258.11	255.11	252.11	249.11	246.11	243.11	-32.53	4.16	155.9
5.29	267.69	264.69	261.69	258.69	255.69	252.69	249.69	246.69	243.69	-32.53	4.16	156.1

測深値 / 容量 / 自由表面の慣性モーメント / 液体の重心の前後位置 / 液体の重心高さ

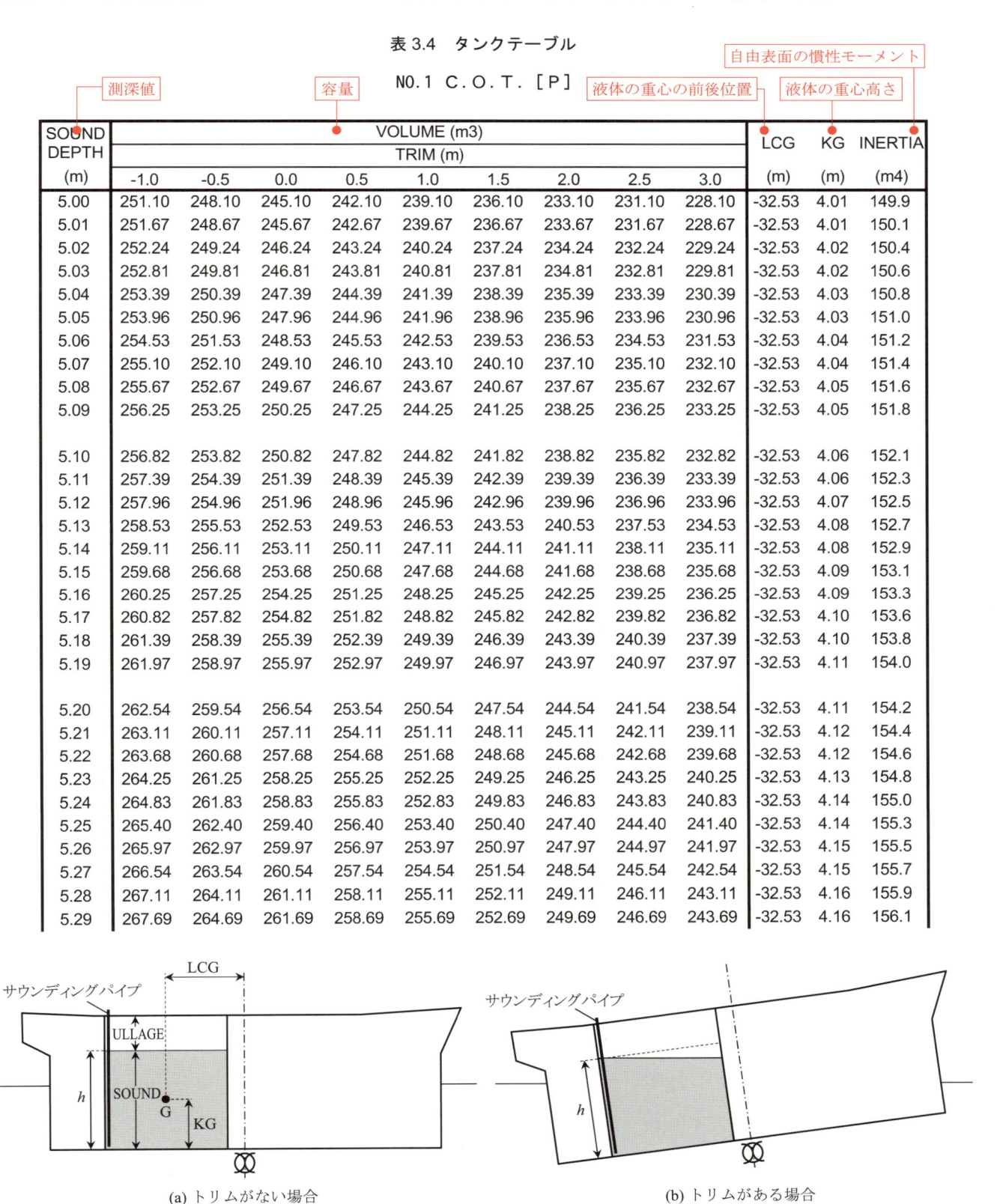

(a) トリムがない場合　　(b) トリムがある場合

計測値 h は同じでも，(a) と (b) とでは容量が異なる。

図 3.10　タンクテーブル記載の諸データ

注） 自由表面の慣性モーメント：液面の広がりの程度を示す量で，形状や面積によって変化する。自由水影響に関する修正量 GG_0 を求める場合に用いる（3.5.5 参照）。

液面高さの計測に用いるサウンディングパイプやフロートゲージなどの設置位置が，液面の中心と一致しない場合，船が傾斜している状態では，たとえ計測された液面高さは同じでも，傾斜の程度により液体の容量は異なる。そこで表3.4 に示すように，トリム別に容量が示されている。なお別の方法として，傾斜がない状態の容量が基準値として与えられ，傾斜がある場合はそれを修正する方法もある。また，タンク容量が大きい場合は，ヒールについても同様の修正を行う。

【例題 3.2】

芦屋丸が 1.00 m の船尾トリムで浮かんでいるとき，No.1 C.O.T.（P）を測深したところ 5.19 m であった。タンク内に積載されている貨物油の容量はいくらか。表 3.4 を用いて求めよ。

［解答および解説］

表 3.4 より，SOUNDING DEPTH 5.19 m に対する容量を，"VOLUME" 欄の TRIM が 1.0 m の列より読み取ると，249.97 m³ が得られる。

3.5 復原力計算

3.5.1 GM の算出

図 3.4 および図 3.11 から明らかなように，GM は次式で求まる。

$$GM = KM - KG \tag{3.12}$$

ここで，KM および KG は，キール上面（K 点）から G 点および M 点までの距離である。KM は喫水がわかれば排水量等数値表から容易に求められるが，KG については，船内にある貨物や燃料，水などの重量およびそれらの積載位置を基にして，やや繁雑な計算（以下，「重量重心計算」という）をする必要がある。

3.5.2 船体重心位置の求め方（重量重心計算の方法）

GM 計算で直接使用するのは，船体重心の上下位置である KG であるが，重心の前後位置を表す ⊠G も，後ほど説明するトリム計算において使用するため，通常は一緒に計算しておく。ちなみに ⊠G は，図 3.11 に示すように，垂線間長の中央（⊠ で表し，ミジップと読む）から G までの前後水平距離のことで，次に述べるモーメント計算の都合上，一般的には，⊠ より G が後方にある場合を（+），前方にある場合を（−）として扱う。

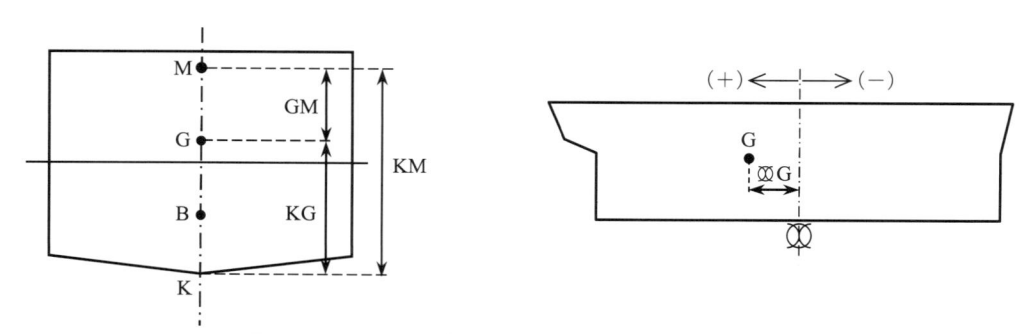

図 3.11　GM の計算要素と重心の前後位置の表し方

KG および ⊗G は，式 (3.13) および (3.14) で求められる。

$$KG = \frac{K \text{ 点まわりのモーメントの総和}}{\text{全重量}}$$
$$= \frac{W_L \cdot KG_L + (W_1 \cdot KG_1 + W_2 \cdot KG_2 + \cdots + W_n \cdot KG_n)}{W_L + (W_1 + W_2 + \cdots + W_n)} \tag{3.13}$$

$$⊗G = \frac{⊗ \text{ まわりのモーメントの総和}}{\text{全重量}}$$
$$= \frac{W_L \cdot ⊗G_L + \left(W_1 \cdot ⊗G_1 + W_2 \cdot ⊗G_2 + \cdots + W_n \cdot ⊗G_n\right)}{W_L + (W_1 + W_2 + \cdots + W_n)} \tag{3.14}$$

W_L：船の軽荷重量，$KG_L, ⊗G_L$：軽荷状態における船体重心位置，$W_1, W_2, \cdots W_n$ は貨物などの積載重量

$KG_1, KG_2, \cdots KG_n$，および $⊗G_1, ⊗G_2, \cdots ⊗G_n$ は，貨物などの積載位置

【例題 3.3】

　軽荷重量が 2,300 t，重心位置は，キール上 2.70 m，⊗ より後方 5.00 m の船に，下記のように重量を積載した場合の新重心位置を求めよ。

- 重量 200 t の貨物を，キール上 3.80 m，⊗ より前方 28.00 m の位置に積載。
- 重量 230 t の貨物を，キール上 4.50 m，⊗ より前方 2.00 m の位置に積載。
- 重量 115 t の貨物を，キール上 2.00 m，⊗ より後方 23.00 m の位置に積載。

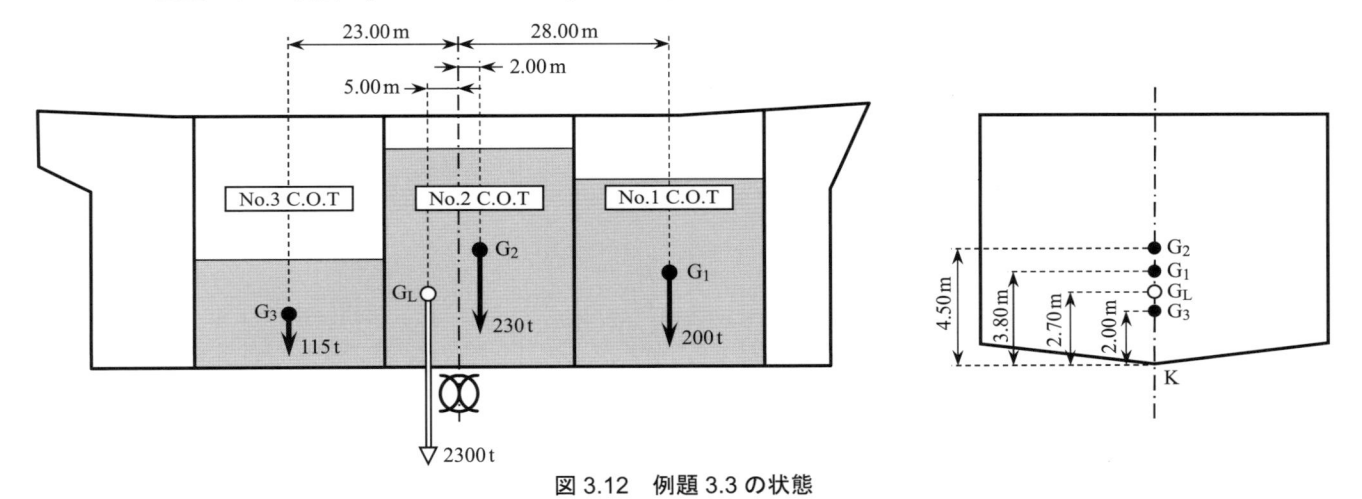

図 3.12　例題 3.3 の状態

［解答および解説］

　式 (3.13) および (3.14) の各記号に，与えられた数値を対応させると，以下のようになる。

$$
\begin{array}{lll}
W_L = 2{,}300 \text{ t}, & KG_L = 2.70 \text{ m}, & ⊗G_L = 5.00 \text{ m} \\
W_1 = \phantom{2{,}3}200 \text{ t}, & KG_1 = 3.80 \text{ m}, & ⊗G_1 = -28.00 \text{ m} \\
W_2 = \phantom{2{,}3}230 \text{ t}, & KG_2 = 4.50 \text{ m}, & ⊗G_2 = {-}2.00 \text{ m} \\
W_3 = \phantom{2{,}3}115 \text{ t}, & KG_3 = 2.00 \text{ m}, & ⊗G_3 = 23.00 \text{ m}
\end{array}
$$

（$⊗G_1$ および $⊗G_2$ は，G_1，G_2 の位置が ⊗ よりも前方にあるので（−）の符号が付くことに注意）

よって，これらを各式に代入すると

$$KG = \frac{2{,}300 \times 2.70 + 200 \times 3.80 + 230 \times 4.50 + 115 \times 2.00}{2{,}300 + 200 + 230 + 115} = \frac{8{,}235}{2{,}845} = 2.89 \text{ (m)}$$

$$⊗G = \frac{2{,}300 \times 5.00 + 200 \times (-28.00) + 230 \times (-2.00) + 115 \times 23.00}{2{,}300 + 200 + 230 + 115} = \frac{8{,}085}{2{,}845} = 2.84 \text{ (m)}$$

答　新重心位置はキール上 2.89 m，⊗ より後方 2.84 m の所

3.5.3 重量重心計算表の利用法

実船においては，船倉やタンクなどの重量の積載区画（compartment）の数が多いため，式 (3.13) および (3.14) に値を直接代入した計算は繁雑であり，計算間違いの原因となるおそれがある。そこで機械的に計算ができるよう，計算表（重量重心計算表）が利用される。一般的に重量重心計算表は，次節で述べるように喫水も計算できるよう配慮されており，図 3.1 における⑦の計算表がこれに相当する。以下に計算表の使用方法を説明する。

表 3.5 は，重量重心計算表の一例である。表中"ITEMS"の欄には LIGHT WEIGHT，C.O.T. などのように，重量の種類または配置されている区画を示す項目が記載されている。

表 3.5 重量重心計算表

TRIM AND STABILITY CALCULATION SHEET

ITEMS		WEIGHT (t)	⊠G (m)	L-MOMENT (t-m)	KG (m)	V-MOMENT (t-m)	ρi
LIGHT WEIGHT		2335.54	7.44	17376.42	6.17	14410.28	–
CONSTANT		47.05	27.29	1283.99	7.78	366.05	0.00
PROVISIONS		0.30	44.20	13.26	11.50	3.45	0.00
F.O.T.	No.1 F.O.T.(P)	11.45	24.51	280.64	2.72	31.14	5.10
	No.1 F.O.T.(S)	11.45	24.51	280.64	2.72	31.14	5.10
	No.2 F.O.T.(P)	8.68	25.64	222.56	0.23	2.00	89.76
	No.2 F.O.T.(S)	8.68	25.64	222.56	0.23	2.00	89.68
C.O.T.	No.1 C.O.T.(P)	356.96	−30.64	−10937.25	5.54	1977.56	83.75
	No.1 C.O.T.(S)	356.96	−30.64	−10937.25	5.54	1977.56	83.75
	No.2 C.O.T.(P)	475.37	−18.86	−8965.48	5.36	2547.98	130.75
	No.2 C.O.T.(S)	475.37	−18.86	−8965.48	5.36	2547.98	130.75
	No.3 C.O.T.(P)	503.11	−7.50	−3773.33	5.28	2656.42	136.35
	No.3 C.O.T.(S)	503.11	−7.50	−3773.33	5.28	2656.42	136.35
	No.4 C.O.T.(P)	490.72	5.55	2723.50	5.28	2591.00	130.82
	No.4 C.O.T.(S)	490.72	5.55	2723.50	5.28	2591.00	130.82
	No.5 C.O.T.(P)	430.33	16.75	7208.03	5.32	2289.36	134.23
	No.5 C.O.T.(S)	430.33	16.75	7208.03	5.32	2289.36	134.23
FWT	A.P.T.	105.02	47.31	4968.50	5.84	613.32	172.70
	F.W.T.						
W.B.T.	F.P.T.						
	No.1 W.B.T.(P&S)						
	No.2 W.B.T.(P&S)						
	No.3 W.B.T.(P&S)						
	No.4 W.B.T.(P&S)						
	No.5 W.B.T.(P&S)						
DEAD WEIGHT		4705.61					
GRAND TOTAL		7041.15	−0.40	−2840.49	5.62	39584.02	1594.14

DISP.	(t)	7041.15	⊠F	(m)	1.96
DRAFT EQ :dc	(m)	6.05	BG	(m)	1.17
KM	(m)	6.68	TRIM MOMENT (W·BG)	(t·m)	8238.15
KG	(m)	5.62	M.T.C.	(t·m)	84.19
GM	(m)	1.06	TRIM : T=W·BG／100MTC	(m)	0.98
GGo	(m)	0.23	DRAFT AT F.P. : dF	(m)	5.54
GoM	(m)	0.83	DRAFT AT A.P. : dA	(m)	6.52
⊠G	(m)	−0.40	MEAN DRAFT : dM	(m)	6.03
⊠B	(m)	−1.57			

$$dF = dc − (Lpp/2 + \text{⊠}F)\,T/Lpp \qquad Lpp = 97.3\ (m)$$
$$= 6.05 − (48.65 + 1.96) × 0.98／97.3 = 5.54\ (m)$$

FREE SURFACE EFFECTS :
$$GGo = Σ(ρ×i)／DISPLACEMENT = 1594.14／7041.15 = 0.23\ (m)$$

"WEIGHT"欄には各項目に対応する重量を記入し，"⊠G"欄，"KG"欄には各重量の重心位置（積載位置）を，さらに"L-MOMENT"欄，"V-MOMENT"欄には，それぞれ⊠まわりのモーメント，K 点まわりのモーメントを記入する。

例題 3.3 を，計算表を用いて解くと表 3.6 のようになる。

1）"WEIGHT"，"⊗G"，"KG" の各欄に，対応する値を記入する。

2）"WEIGHT" 欄の値に，それぞれ対応する "⊗G" 欄の値を掛け，⊗ まわりのモーメントを求めて（すなわち，$W_L \cdot \text{⊗}G_L$，$W_1 \cdot \text{⊗}G_1$，$W_2 \cdot \text{⊗}G_2$，$W_3 \cdot \text{⊗}G_3$ をそれぞれ計算し），各 "L-MOMENT" 欄に記入する。

3）"WEIGHT" 欄の値に，それぞれ対応する "KG" 欄の値を掛け，K 点まわりのモーメントを求めて（すなわち，$W_L \cdot KG_L$，$W_1 \cdot KG_1$，$W_2 \cdot KG_2$，$W_3 \cdot KG_3$ をそれぞれ計算し），各 "V-MOMENT" 欄に記入する。

4）"WEIGHT" 欄の値を縦方向に足し合わせ（すなわち，$W_L + W_1 + W_2 + W_3$ を計算し），船の総重量（排水量）を求めて "TOTAL" 欄に記入する。

5）"L-MOMENT" 欄の値を縦方向に足し合わせ（すなわち，$W_L \cdot \text{⊗}G_L + W_1 \cdot \text{⊗}G_1 + W_2 \cdot \text{⊗}G_2 + W_3 \cdot \text{⊗}G_3$ を計算し），⊗ まわりのモーメントの総和を求めて "TOTAL" 欄に記入する。

6）5）で求めた値を，"WEIGHT" 欄の TOTAL 値（すなわち，排水量）で割ることにより，その積み付け状態における ⊗G が求まる。

7）6）で求めた値の符号が，（−）であれば G は ⊗ より前方に位置し，（+）であれば後方に位置していることを意味する。

8）"V-MOMENT" 欄の値を足し合わせ（すなわち，$W_L \cdot KG_L + W_1 \cdot KG_1 + W_2 \cdot KG_2 + W_3 \cdot KG_3$ を計算し），K 点まわりのモーメントの総和を求めて "TOTAL" 欄に記入する。

9）8）で求めた値を，"WEIGHT" 欄の TOTAL 値で割ることにより，その積み付け状態における KG が求まる。

表 3.6　例題 3.3 の計算結果

ITEMS		WEIGHT (t)	⊗G (m)	L-MOMENT (t·m)	KG (m)	V-MOMENT (t·m)	ρi
LIGHT WEIGHT（W_L）		2,300	5.00	11,500	2.70	6,210	
CARGO	No.1 C.O.T.（W_1）	200	-28.00	-5,600	3.80	760	332
	No.2 C.O.T.（W_2）	230	-2.00	-460	4.50	1,035	319
	No.3 C.O.T.（W_3）	115	23.00	2,645	2.00	230	335
TOTAL		2,845	2.84	8,085	2.89	8,235	986

注）⊗G の代わりに "LCG"，KG の代わりに "VCG" と表記されている場合がある。

3.5.4　横メタセンタ位置（KM）の求め方

前述のとおり，横メタセンタの位置（KM）は喫水がわかれば排水量等数値表等から求めることができる。GM 計算においては，軽荷重量と積載重量の総和から求めた排水量より喫水が得られるため，容易に KM が求まる。

【例題 3.4】

　　重量重心計算の結果，排水量は 7,041.15 t，KG が 5.62 m であった。この場合の GM はいくらか。表 3.2（p.42）を用いて求めよ。ただし，船は標準海水比重の水域にあるものとする。

［解答および解説］

　　まず表 3.2 より KM を求める。"DISP." 欄に挙げられた排水量 7,041.15 t に対応する喫水を，"DRAFT" 欄より読み取ると，6.05 m が得られる。よってこのときの KM は，同喫水に対する "TKM" 欄より 6.68 m となるので，式 (3.12) より

$$GM = KM - KG$$
$$= 6.68 - 5.62 = 1.06$$

答　<u>1.06 m</u>

3.5.5 自由水影響を加味した横メタセンタ高さ（G_0M）の求め方

自由水影響に関する GM の修正量（重心の見かけの上昇量）GG_0 は，次式で求められる。

$$GG_0 = \frac{\gamma_0 \cdot i}{W} \tag{3.15}$$

ここで，W は船の排水量，γ_0 は自由水の比重量である。i は自由表面の慣性モーメントで，表 3.4 に示したタンクテーブルより求めることができる。ただし，燃料や水などの消費にともない航海中にも変化するため，各タンクとも最大値を用いて計算する場合が多い。

【例題 3.5】
　芦屋丸は No.1 C.O.T.（P）に比重 0.758 の貨物油を積載している。同タンクを測深したところ，SOUNDING DEPTH は 5.10 m であった。このタンクについての自由水影響に関する GM の修正量はいくらか。なお同船は排水量 7,041.15 t で，等喫水で浮かんでいる。表 3.4（p.45）を用いて計算せよ。
［解答および解説］
　表 3.4 より，SOUNDING DEPTH 5.10 m に対する i を"INERTIA"欄より読み取ると $i = 152.1\,\mathrm{m}^4$ が得られる。また $W = 7{,}041.15\,\mathrm{t}$，$\gamma_0 = 0.758\,\mathrm{t/m}^3$ であるから，各値を式 (3.15) に代入すると

$$GG_0 = \frac{0.758 \times 152.1}{7{,}041.18} \fallingdotseq 0.016$$

答　0.016 m

本問においては，1 タンクのみが対象であるため，その影響はわずかであるが，実船においては，表 3.5 に示したように自由表面を有するタンクが数箇所に及ぶ。その場合の全体の重心上昇量は，各タンク内の自由水の影響による上昇量の和として算出することになり，次式から求める。

$$\begin{aligned}
GG_0 &= \frac{\gamma_1 \cdot i_1}{W} + \frac{\gamma_2 \cdot i_2}{W} + \cdots + \frac{\gamma_n \cdot i_n}{W} \\
&= \frac{1}{W} \times (\gamma_1 \cdot i_1 + \gamma_2 \cdot i_2 + \cdots + \gamma_n \cdot i_n)
\end{aligned} \tag{3.16}$$

表 3.5 および表 3.6 の右端の"ρi"欄は，上式の（　）内を計算したものであり，値が 0 または空欄の箇所は，満杯または空の状態であるため自由水影響はない。

3.6　喫水計算

船の喫水は，貨物，燃料，清水，バラスト水などの重量の変化や，それらの船内での移動にともない変化する。その場合の喫水は種々の方法で求めることができるが，ここでは GM 計算と同様に，各重量とそれらの配置を基に，表 3.5 の重量重心計算表を用いて計算する方法について説明する。

3.6.1　喫水計算の流れ

図 3.13 に喫水計算の流れを示す。

1）重量重心計算により排水量 W と船体重心の前後位置（$⊠G$）を求める。
2）得られた排水量 W を基に排水量等数値表を参照すると，イーブンキールの状態における喫水（d_c）と浮心の前後位置（$⊠B$）が得られる。
3）浮心 B と重心 G との前後水平距離（BG）を求め，トリミングモーメント（$W \times BG$）を計算する。
4）$W \times BG$ を MTC で割ることでトリム（t）が求まる。

5）得られたトリム t から船首喫水の変化量（Δd_f）を求める。

6）Δd_f を d_c に加減することで船首喫水（d_f）が求まる。

7）船尾喫水（d_a）は，d_f に t を加減することで求まる。

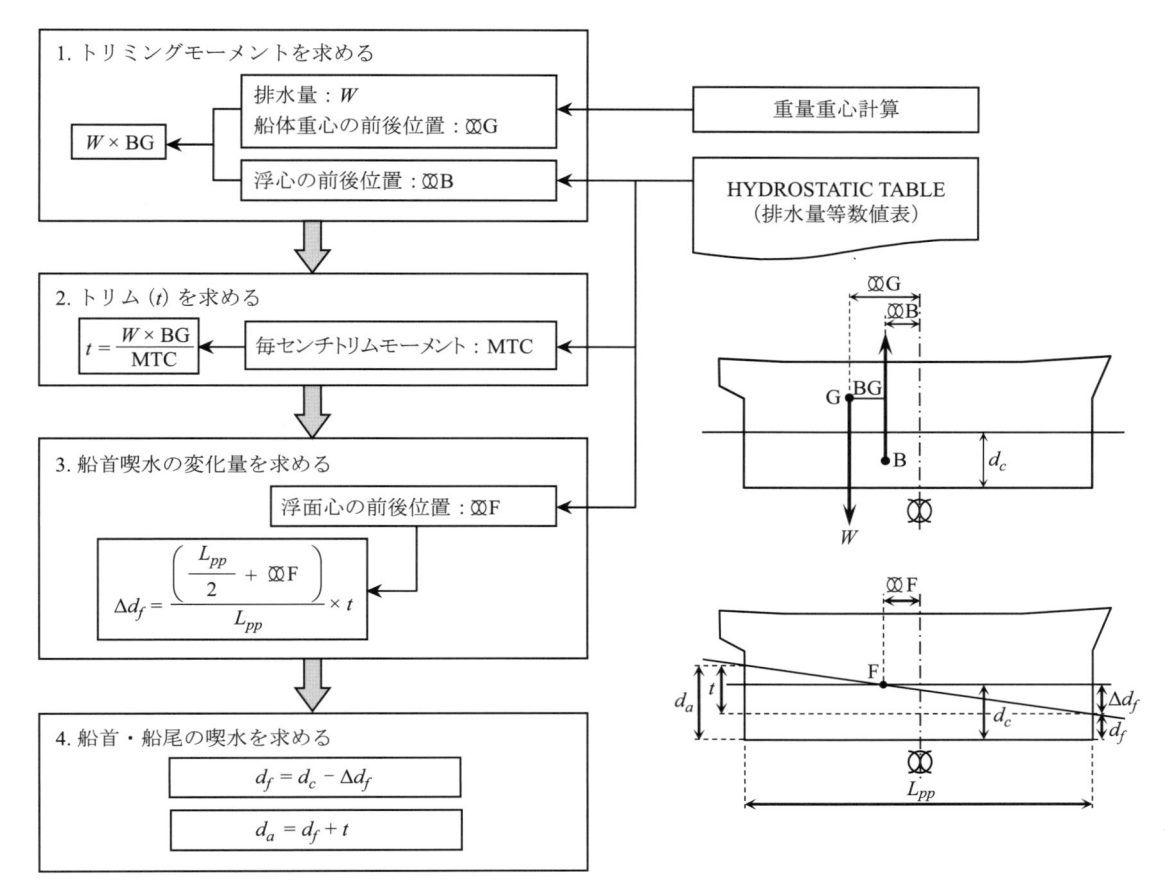

図 3.13　喫水計算の流れ

3.6.2　喫水計算の実際

（1）トリミングモーメントを求める

喫水計算は，トリム変化の原動力であるトリミングモーメントを，式 (3.7) により求めることから始める。同式において BG は，図 3.13 からわかるとおり，次式から得られる。

$$\mathrm{BG} = \text{⊠G} - \text{⊠B} \tag{3.17}$$

⊠G は先の重量重心計算より求めた値を用い，また船がイーブンキールで浮かんでいる場合の⊠B は，排水量等数値表より求めることができる。⊠B にも，浮心 B の前後位置を示すために，⊠G と同様に符号を付ける。具体的には B が⊠より後方にある場合を（＋），前方にある場合を（−）として表す。その結果，BG にも符号が付き，B が G より前方にある場合は（＋），後方にある場合は（−）となる。

【例題 3.6】

芦屋丸は，出港時に重量重心計算を行ったところ，排水量は 7,041.15 t，船体重心の前後位置は⊠より前方 0.40 m であった。この場合のトリミングモーメントはいくらか。表 3.2（p.42）を用いて求めよ。ただし，海水比重 1.025 の海域にあるものとする。

［解答および解説］

BG を求めるために，まず ⊗B を表 3.2 から求める。表中，右から 3 列目の "LCB" 欄の各値が ⊗B 値である。排水量 7,041.15 t に対応する喫水は 6.05 m であるから，このときの ⊗B を読み取ると，F 1.57 m となる。"F" は "Fore" の頭文字であり，B 点が ⊗ より前方にあることを示している。よって，⊗B の値は（－）1.57 m となり，式 (3.17) より

$$BG = ⊗G - ⊗B$$
$$= (-0.40) - (-1.57) = 1.17$$

ゆえに，式 (3.7) より

$$トリミングモーメント = W \cdot BG$$
$$= 7,041.15 \times 1.17 = 8,238.15 \qquad 答 \quad 8,238.15 \, t \cdot m$$

（2）トリム変化量の求め方

重心 G と浮心 B の前後位置が同一鉛直線上にない場合，船のトリムが変化する。その場合のトリム変化量 Δt は，式 (3.18) で求めることができる。

$$\Delta t = \frac{トリミングモーメント}{MTC} = \frac{W \cdot BG}{MTC} \tag{3.18}$$

BG の算出時に用いる ⊗B の値は排水量等数値表より求めるが，同表にはイーブンキールにおける値が記載されている。したがって，式 (3.18) から求まる Δt は，最終的な船のトリム t に等しい。すなわち，トリム t は次式から求まる。

$$t = \frac{W \cdot BG}{MTC} \tag{3.19}$$

【例題 3.7】

例題 3.6 の場合，芦屋丸のトリムはいくらか。表 3.2（p.42）を用いて求めよ。

［解答および解説］

式 (3.19) でトリム t を算出するに当たり，表 3.2 から MTC を求める。喫水 6.05 m に対応する値を同表の "MTC" 欄より読み取ると 84.19 t·m が得られる。よってトリム t は

$$t = \frac{8,238.15}{84.19} \fallingdotseq 98 \, (cm) = 0.98 \, (m) \qquad 答 \quad 0.98 \, m$$

（3）船尾トリムまたは船首トリムの判別

図 3.14 はイーブンキールの状態から，船尾または船首のどちらにトリムが変化するのかを示している。(a) は船尾トリムになる場合，(b) は船首トリムになる場合で，重心 G と浮心 B との前後位置が異なることがわかる。B と G の前後位置関係は，BG の符号で知ることができるので，それによると BG が（＋）のときは船尾トリム，（－）のときは船首トリムと判断できる。例題 3.6 では，BG が（＋）である（すなわち，B が G より前方にある）ため，図 3.14 (a) の場合に当たり，船尾トリムとなる。

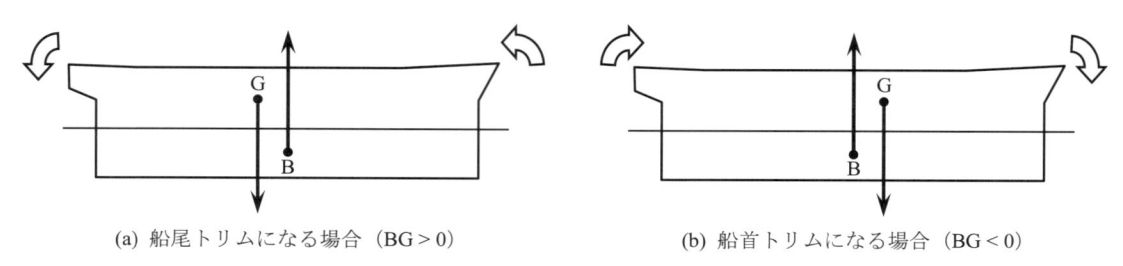

(a) 船尾トリムになる場合（BG > 0）　　(b) 船首トリムになる場合（BG < 0）

図 3.14　G，B の前後位置とトリムの判別

（4）船首尾喫水の求め方

図 3.15 は，等喫水で浮かんでいる船が，排水量を変えることなく，トリムが変化した場合の，喫水線の変化を示したものである。同図より船首尾喫水の変化量を求めると以下のようになる。

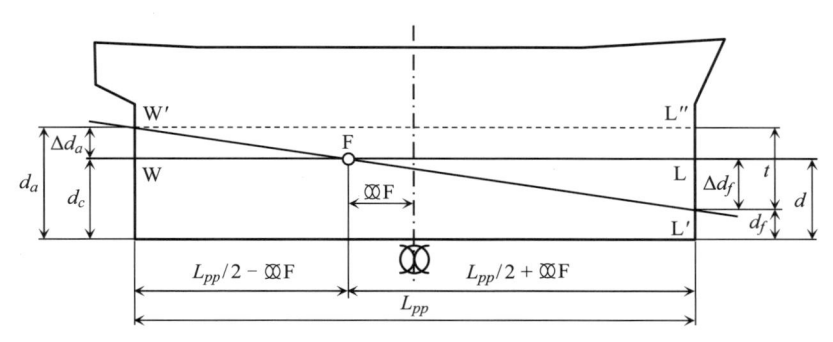

図 3.15　トリム変化にともなう喫水の変化

$\triangle$FLL′ および $\triangle$W′L″L′ は相似形であるから，相対する辺の比は等しくなり次式が成立する。

$$\frac{\text{LL}'}{\text{FL}} = \frac{\text{L}''\text{L}'}{\text{W}'\text{L}''}$$

ここで，LL′ $= \Delta d_f$（船首喫水の変化量），FL $= L_{pp}/2 + $⊠F，L″L′ $= t$（トリム），W′L″ $= L_{pp}$（垂線間長）を上式に代入すると

$$\frac{\Delta d_f}{L_{pp}/2 + ⊠\text{F}} = \frac{t}{L_{pp}}$$

よって

$$\Delta d_f = (L_{pp}/2 + ⊠\text{F})\,\frac{t}{L_{pp}} \tag{3.20}$$

以上より船首喫水 d_f および船尾喫水 d_a を求めると，式 (3.21) および (3.22) のようになる。

$$d_f = d_c - \Delta d_f \tag{3.21}$$
$$d_a = d_f + t \tag{3.22}$$

ここで，d_c は等喫水状態における喫水を表すが，これは図 3.15 から明らかなように，トリム変化後においては，浮面心位置における喫水に相当する。

【例題 3.8】

例題 3.6 および 3.7 の状態において，芦屋丸の船首喫水および船尾喫水はいくらか。ただし，L_{pp} は 97.3 m である。

［解答および解説］

まず表 3.2（p.42）から浮面心位置⊠F を求める。喫水 6.05 m に対応する値を同表の "LCF" 欄より読み取ると A 1.96 m が得られる。ここで "A" は "Aft" の頭文字で，F 点が⊠ より後方にあることを示している。よって芦屋丸の状態を図示すると，図 3.16 のようになる。

式 (3.20) より Δd_f を求めると

$$\Delta d_f = (L_{pp}/2 + ⊠\text{F})\,\frac{t}{L_{pp}}$$
$$= (97.3/2 + 1.96) \times \frac{0.98}{97.3} \fallingdotseq 0.51 \ (\text{m})$$

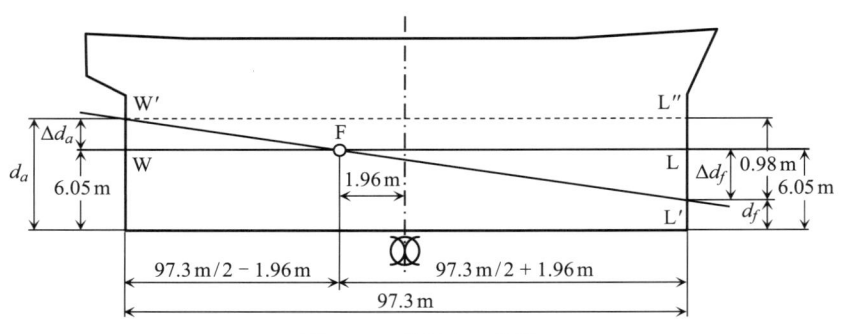

図 3.16　芦屋丸の状態

よって，船首喫水 d_f および船尾喫水 d_a は，式 (3.21) および (3.22) より，また図 3.16 から明らかなように

$$d_f = d_c - \Delta d_f = 6.05 - 0.51 = 5.54 \text{ (m)}$$
$$d_a = d_f + t = 5.54 + 0.98 = 6.52 \text{ (m)}$$

答　船首喫水：5.54 m，船尾喫水：6.52 m

3.7　重量重心計算表の利用による G_0M および喫水の計算

重量重心計算表の下部には，G_0M および喫水計算を行う欄が設けられており，前節までで説明した計算が行える。ここでは表 3.7 を例に計算の手順を説明する。なお，計算条件は，例題 3.6 から 3.8 におけるものと同じである。

1) ①から⑤は，3.5.3 で説明したとおりである。

2) ⑦には，①と同じ値を転記する。

3) ⑧に，⑦の排水量を基に排水量等数値表から得られる喫水を記入する。

4) ⑨に，⑧の喫水を基に排水量等数値表から得られる KM を記入する。

5) ⑩には，④で求めた KG の値を転記する。

6) ⑨ − ⑩より GM を求め，⑪に記入する。（例題 3.4 参照）

7) 計算表の最下欄に記載の (e) の式（式 (3.16) と同じ）から GG_0 を計算し，結果を⑫に記入する。このときの "$\sum(\rho \times i)$" および "DISPLACEMENT" は，それぞれ⑥および①の値を用いる。

8) ⑪ − ⑫より G_0M を求め⑬に記入する。

以上で，GM 計算が終了する。⑭以降は喫水計算の欄である。

9) ⑭には，②で求めた Ⓜ G の値を転記する。

10) ⑮に，⑧の喫水を基に排水量等数値表の LCB 欄（Ⓜ B）から得られる値を記入する。

11) ⑯に，⑧の喫水を基に排水量等数値表の LCF 欄（Ⓜ F）から得られる値を記入する。

12) ⑭ − ⑮より BG を求め⑰に記入する。

13) ⑦ × ⑰よりトリミングモーメント（$W \cdot BG$）を求め⑱に記入する。

14) ⑲に，⑦の排水量を基に排水量等数値表の "MTC" 欄から得られる値を記入する。

15) ⑱/(100 × ⑲) よりトリムを求め⑳に記入する。この計算は式 (3.19) と同じであるが，計算結果の単位を m にするため，分母を 100 倍している。

16) 計算表の欄外に記載の (d) の式から船首喫水 "dF" を計算し，結果を㉑に記入する。この式は式 (3.21) に式 (3.20) を代入したもので，計算に当たっては，"dc" に⑧の値を，"Ⓜ F" には⑯を，"T" には⑳の値を用いる。

17) トリムは船尾喫水 "dA" と船首喫水 "dF" との差であるから，船首喫水とトリム t が既知の場合は，"dA = dF + t" となる。よって，㉒は㉑ + ⑳より求まる。

18) ㉓は平均喫水であるから，(㉑ + ㉒)/2 で求まる。

表 3.7　重量重心計算表の使用方法

TRIM AND STABILITY CALCULATION SHEET

ITEMS		WEIGHT (t)	⊠G (m)	L-MOMENT (t-m)	KG (m)	V-MOMENT (t-m)	ρi
LIGHT WEIGHT		(a) 2335.54	(b) 7.44	17376.42	(c) 6.17	14410.28	–
CONSTANT		47.05	27.29	1283.99	7.78	366.05	0.00
PROVISIONS		0.30	44.20	13.26	11.50	3.45	0.00
F.O.T.	No.1 F.O.T.(P)	11.45	24.51	280.64	2.72	31.14	5.10
	No.1 F.O.T.(S)	11.45	24.51	280.64	2.72	31.14	5.10
	No.2 F.O.T.(P)	8.68	25.64	222.56	0.23	2.00	89.76
	No.2 F.O.T.(S)	8.68	25.64	222.56	0.23	2.00	89.68
C.O.T.	No.1 C.O.T.(P)	356.96	−30.64	−10937.25	5.54	1977.56	83.75
	No.1 C.O.T.(S)	356.96	−30.64	−10937.25	5.54	1977.56	83.75
	No.2 C.O.T.(P)	475.37	−18.86	−8965.48	5.36	2547.98	130.75
	No.2 C.O.T.(S)	475.37	−18.86	−8965.48	5.36	2547.98	130.75
	No.3 C.O.T.(P)	503.11	−7.50	−3773.33	5.28	2656.42	136.35
	No.3 C.O.T.(S)	503.11	−7.50	−3773.33	5.28	2656.42	136.35
	No.4 C.O.T.(P)	490.72	5.55	2723.50	5.28	2591.00	130.82
	No.4 C.O.T.(S)	490.72	5.55	2723.50	5.28	2591.00	130.82
	No.5 C.O.T.(P)	430.33	16.75	7208.03	5.32	2289.36	134.23
	No.5 C.O.T.(S)	430.33	16.75	7208.03	5.32	2289.36	134.23
FWT	A.P.T.	105.02	47.31	4968.50	5.84	613.32	172.70
	F.W.T.						
	F.P.T.						
W.B.T.	No.1 W.B.T.(P&S)						
	No.2 W.B.T.(P&S)	合計		合計		合計	合計
	No.3 W.B.T.(P&S)						
	No.4 W.B.T.(P&S)		③÷①		⑤÷①		
	No.5 W.B.T.(P&S)						
DEAD WEIGHT		4705.61					
GRAND TOTAL		① 7041.15	② −0.40	③ −2840.49	④ 5.62	⑤ 39584.02	⑥ 1594.14

(a)×(b) ／ (a)×(c)

DISP.	(t)	⑦ 7041.15	⊠F　排水量等数値表より		⑯	1.96
DRAFT EQ :dc	(m)	⑧ 6.05 排水量等数値表より	BG　⑭−⑮		⑰	1.17
KM	(m)	⑨ 6.68	TRIM MOMENT (W·BG)　⑦×⑰		⑱	8238.15
KG	(m)	⑩ 5.62	M.T.C.　排水量等数値表より		⑲	84.19
GM	⑨−⑩ (m)	⑪ 1.06	TRIM : T=W·BG／100M　⑱/(100×⑲)		⑳	0.98
GGo	(m)	⑫ 0.23	DRAFT AT F.P. : dF　(m)		㉑	5.54
GoM	⑪−⑫ (m)	⑬ 0.83	DRAFT AT A.P. : dA　㉑+⑳		㉒	6.52
⊠G	(m)	⑭ −0.40	MEAN DRAFT : dM　(㉑+㉒)/2		㉓	6.03
⊠B	排水量等数値表より (m)	⑮ −1.57				

(d)　$dF = dc − (Lpp/2 + ⊠F) T／Lpp$　　　　Lpp ＝　97.3　(m)

$$= 6.05 − (48.65 + 1.96) × 0.98／97.3 = 5.54 (m)$$

FREE SURFACE EFFECTS :

(e) $GGo = \Sigma(\rho×i)／DISPLACEMENT = 1594.14／7041.15 = 0.23 (m)$

3.8　トリミング曲線およびトリミングテーブルの利用

　船の長さ方向の任意の位置において，一定重量を積載した場合の船首および船尾喫水の変化量を示した図表である。グラフ形式で表したものが「トリミング曲線」，数値表としたものが「トリミングテーブル」である。

　注）　前提条件としての積載重量は船により異なるが，図表上に明記されている。

3.8.1　トリミング曲線（trimming diagram）

　図 3.17 にトリミング曲線を示す。100 t の重量を任意の位置に積載した場合について示している。横軸は船の長さと同じ距離尺をとり，縦軸が喫水の変化量を示す。右上から左下に描かれた線が船首喫水の変化を，左上から右下に至る

線が船尾喫水の変化を表す。重量積載前の喫水が異なれば，積載重量が同じでも喫水の変化量は異なるため，船首および船尾とも平均喫水別に複数の線が描かれている。示された値は 100 t の重量変化に対するものであるから，たとえば積載重量が 200 t の場合は，図より得られた値を 2 倍する必要がある。また，重量を除去する場合には，図から得られた値の +- の符号を反転させればよい。

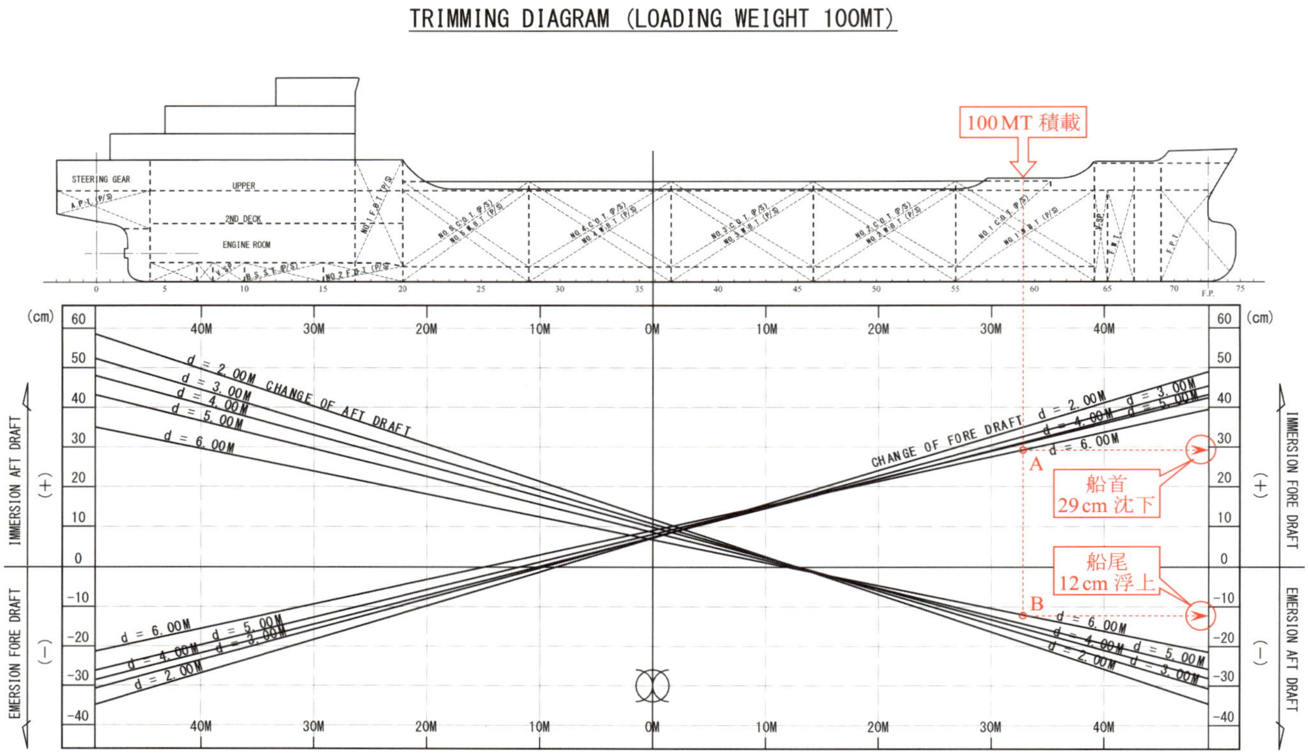

TRIMMING DIAGRAM (LOADING WEIGHT 100MT)

図 3.17　トリミング曲線

【例題 3.9】

芦屋丸は，船首喫水 5.85 m，船尾喫水 6.15 m で浮かんでいる。いま，No.1 C.O.T. に 100 t 積載した場合，船首および船尾喫水はいくらになるか。図 3.17 のトリミング曲線を用いて求めよ。

［解答および解説］

平均喫水は 6.00 m であるから，図 3.17 において $d = 6.00$ m の曲線上の A 点および B 点の値を縦軸で読み取る。

A 点：船首 29 cm 沈下（immersion），B 点：船尾 12 cm 浮上（emersion）

よって，船首および船尾の喫水は次のようになる。

$$船首喫水：d_f' = d_f + \Delta d_f = 5.85 + 0.29 = \underline{6.14}\ (\text{m})$$
$$船尾喫水：d_a' = d_a + \Delta d_a = 6.15 + (-0.12) = \underline{6.03}\ (\text{m})$$

3.8.2　トリミングテーブル（trimming table）

表 3.8 にトリミングテーブルを示す。カーゴタンク，バラストタンク，燃料タンク，清水タンクなどに，100 t の重量を積載した場合の値を示している。利用方法はトリミング曲線と同じである。

表 3.8　トリミングテーブル

TRIMMING TABLE
(LOADING WEIGHT = 100 MT)

DRAFT (m)			2.00	3.00	4.00	5.00	6.00
DISP.(MT)			1999.2	314.9	4397.6	5658.6	6973.6
MID.F (m)			-2.59	-2.27	-1.62	-0.39	1.86
TPC (MT)			10.88	11.42	11.80	12.17	12.83
MTC(MT-m)			55.6	61.7	66.4	71.5	83.6
	MID.G (m)						
No.1 FOT	23.78	da	0.341	0.308	0.282	0.253	0.204
		df	-0.133	-0.114	-0.101	-0.085	-0.059
No.2 FOT	27.35	da	0.375	0.338	0.310	0.278	0.224
		df	-0.163	-0.142	-0.127	-0.110	-0.081
F.W.T.	41.40	da	0.508	0.458	0.419	0.377	0.306
		df	-0.283	-0.250	-0.229	-0.208	-0.167
A.P.T.(S)	47.31	da	0.564	0.507	0.465	0.419	0.340
		df	-0.333	-0.296	-0.272	-0.249	-0.205
F.P.T.	-47.41	da	-0.332	-0.295	-0.271	-0.249	-0.206
		df	0.474	0.437	0.418	0.408	0.384
No.1 W.B.T.	-32.90	da	-0.195	-0.172	-0.158	-0.147	-0.122
		df	0.350	0.324	0.312	0.308	0.294
No.2 W.B.T.	-21.59	da	-0.088	-0.076	-0.071	-0.067	-0.057
		df	0.254	0.237	0.230	0.229	0.224
No.3 W.B.T.	-9.53	da	0.026	0.026	0.023	0.018	0.012
		df	0.151	0.144	0.142	0.146	0.149
No.4 W.B.T.	2.58	da	0.141	0.129	0.117	0.103	0.082
		df	0.048	0.050	0.054	0.062	0.074
No.5 W.B.T.	15.36	da	0.262	0.237	0.217	0.193	0.156
		df	-0.061	-0.049	-0.039	-0.027	-0.006
No.1 C.O.T.	-32.48	da	-0.191	-0.168	-0.155	-0.144	-0.120
		df	0.346	0.321	0.309	0.305	0.291
No.2 C.O.T.	-21.61	da	-0.088	-0.076	-0.071	-0.068	-0.058
		df	0.254	0.237	0.230	0.230	0.224
No.3 C.O.T.	-9.55	da	0.026	0.026	0.023	0.018	0.012
		df	0.151	0.144	0.142	0.146	0.149
No.4 C.O.T.	2.60	da	0.141	0.129	0.118	0.103	0.082
		df	0.048	0.050	0.054	0.061	0.073
No.5 C.O.T.	14.72	da	0.256	0.231	0.211	0.189	0.152
		df	-0.056	-0.044	-0.034	-0.023	-0.002

喫水 5.00 m のとき，No.4 W.B.T. に 100 t 積載した場合，船尾喫水が 0.103 m，船首喫水が 0.062 m 増加する。

【例題 3.10】

　芦屋丸は，船首喫水 4.87 m，船尾喫水 5.13 m で浮かんでいる。いま，No.4 W.B.T. から 70 t のバラストを排出した場合，船首および船尾喫水はいくらになるか。表 3.8 のトリミングテーブルを用いて求めよ。

［解答および解説］

　平均喫水は 5.00 m であるから，表 3.8 において DRAFT = 5.00 m，No.4 W.B.T. の交差部の値を読み取ると，$\Delta d_a = 0.103$ (m)，$\Delta d_f = 0.062$ (m) が得られる（表中の記号は，それぞれ，"da" および "df"）。すなわち 100 t 積載した場合，船尾喫水は 0.103 m，船首喫水は 0.062 m 増加する。ただし，いまはバラストを排出するため両喫水とも減少する。さらに排出量は 70 t であるから，喫水の変化量は 70/100 倍する必要がある。よって，バラスト排出後の喫水は次のようになる。

$$\text{船首喫水：} d_f{}' = d_f + \Delta d_f = 4.87 - 0.062 \times (70/100) = \underline{4.83} \text{ (m)}$$
$$\text{船尾喫水：} d_a{}' = d_a + \Delta d_a = 5.13 - 0.103 \times (70/100) = \underline{5.06} \text{ (m)}$$

3.9 排水量計算

船の排水量は，読み取った喫水を基にして排水量等数値表を参照することで求めることができる。同表に記載されている値は，表 3.3 に示した前提条件の下に算出されており，それ以外の条件下で船が浮かぶ場合には，以下の手順を踏んだ修正が必要となる。船にはそれらの修正に必要な諸データを記載した図表と，一定の書式に沿って求めることができる計算表が備えられている。

3.9.1 船首尾喫水修正（stem and stern correction）

喫水計算や排水量計算における船首および船尾喫水は，それぞれ前部垂線（F.P.）および後部垂線（A.P.）上における値である。したがって喫水標が各垂線上にない場合，喫水標より読み取った喫水（測読喫水）をそのまま排水量計算に用いることができず，F.P. 上の喫水 $d_f{'}$ および A.P. 上の喫水 $d_a{'}$ に換算しなければならない。

図 3.18 に示すとおり，$d_f{'}$ および $d_a{'}$ は，測読喫水 d_f および d_a にそれぞれ修正量 C_{df} および C_{da} を加減して求める。すなわち

$$d_f{'} = d_f - C_{df} \tag{3.23 a}$$
$$d_a{'} = d_a + C_{da} \tag{3.23 b}$$

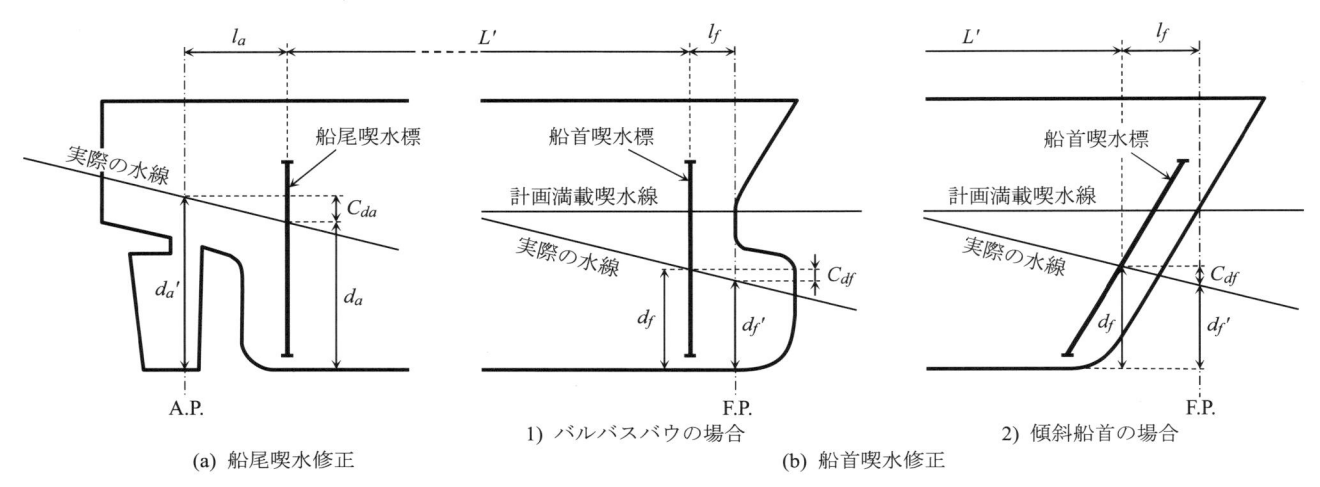

(a) 船尾喫水修正 　　1）バルバスバウの場合　(b) 船首喫水修正　　2）傾斜船首の場合

図 3.18　船首尾喫水修正

C_{df} および C_{da} は船首尾喫水修正表（stem and stern correction table，draft correction table）または式 (3.24 a) および (3.24 b) で与えられる。

$$C_{df} = \frac{l_f}{L'} t \tag{3.24 a}$$

$$C_{da} = \frac{l_a}{L'} t \tag{3.24 b}$$

$$t = d_a - d_f$$

L'：船首喫水標と船尾喫水標との前後距離

l_f：船首喫水標と F.P. との前後距離

l_a：船尾喫水標と A.P. との前後距離

表 3.9　船首尾喫水修正表

DRAFT CORRECTION TABLE

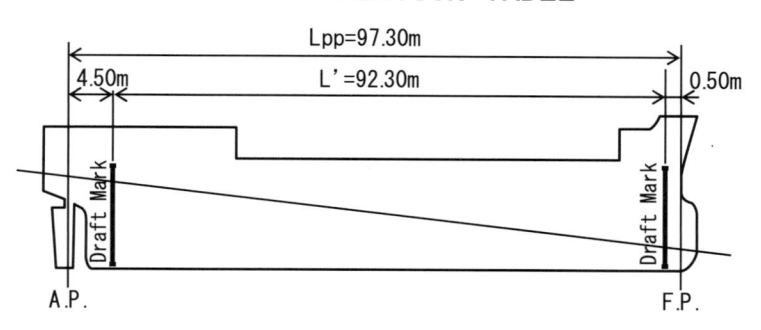

STEM CORRECTION (Unit : mm)

FORE DRAFT (m)	TRIM(m)								
	−1.0	−0.5	0.0	0.5	1.0	1.5	2.0	2.5	3.0
2.0−8.5m	−5	−3	0	3	5	8	11	14	16

STERN CORRECTION (Unit : mm)

AFT DRAFT (m)	TRIM(m)								
	−1.0	−0.5	0.0	0.5	1.0	1.5	2.0	2.5	3.0
2.0−8.5m	−49	−24	0	24	49	73	98	122	146

【例題 3.11】

　芦屋丸において喫水を読み取ったところ，船首喫水は 5.95 m，船尾喫水は 6.55 m であった。表 3.9 を用いて F.P. および A.P. 上における喫水に換算せよ。

［解答および解説］

　表 3.9 から修正値 C_{df} および C_{da} を求める準備として，まずトリム t を計算する。

$$t = d_a - d_f = 6.55 - 5.95 = 0.60 \text{ (m)}$$

　次に，表 3.9 からトリムが 0.60 m のときの修正値 C_{df} および C_{da} を求める（表値の単位が mm である点に注意）。

$$C_{df} = 3 + \frac{0.6 - 0.5}{1.0 - 0.5} \times (5 - 3) = 3 + \frac{0.1}{0.5} \times 2 = 3.4 \text{ (mm)} \fallingdotseq 0.003 \text{ (m)}$$

$$C_{da} = 24 + \frac{0.6 - 0.5}{1.0 - 0.5} \times (49 - 24) = 24 + \frac{0.1}{0.5} \times 25 = 29 \text{ (mm)} = 0.029 \text{ (m)}$$

　また，C_{df} および C_{da} は，式 (3.24 a) および (3.24 b) からも得られる。

$$C_{df} = \frac{l_f}{L'} t = \frac{0.50}{92.30} \times 0.60 = 0.003 \text{ (m)}$$

$$C_{da} = \frac{l_a}{L'} t = \frac{4.50}{92.30} \times 0.60 = 0.029 \text{ (m)}$$

　よって，F.P. 上の喫水 d_f' は式 (3.23 a) から

$$d_f' = d_f - C_{df} = 5.950 - 0.003 = 5.947 \text{ (m)}$$

　A.P. 上の喫水 d_a' は式 (3.23 b) から

$$d_a' = d_a + C_{da} = 6.550 + 0.029 = 6.579 \text{ (m)}$$

答　船首喫水 5.947 m，船尾喫水 6.579 m

注）　上記の C_{df} および C_{da} のように，表中に得たい値が記載されていない場合は，比例計算により求める。詳細については，6.5 を参照。

3.9.2 トリム修正（trim correction）

（1）トリムが小さい場合（トリム第 1 修正）

　排水量等曲線図等には，等喫水で船が浮かんでいるときの値が記載されているので，その条件に合う喫水を基にして排水量を求めなければならない。つまり船がトリムを有する場合には，図 3.19 で示した d_c を知る必要がある。

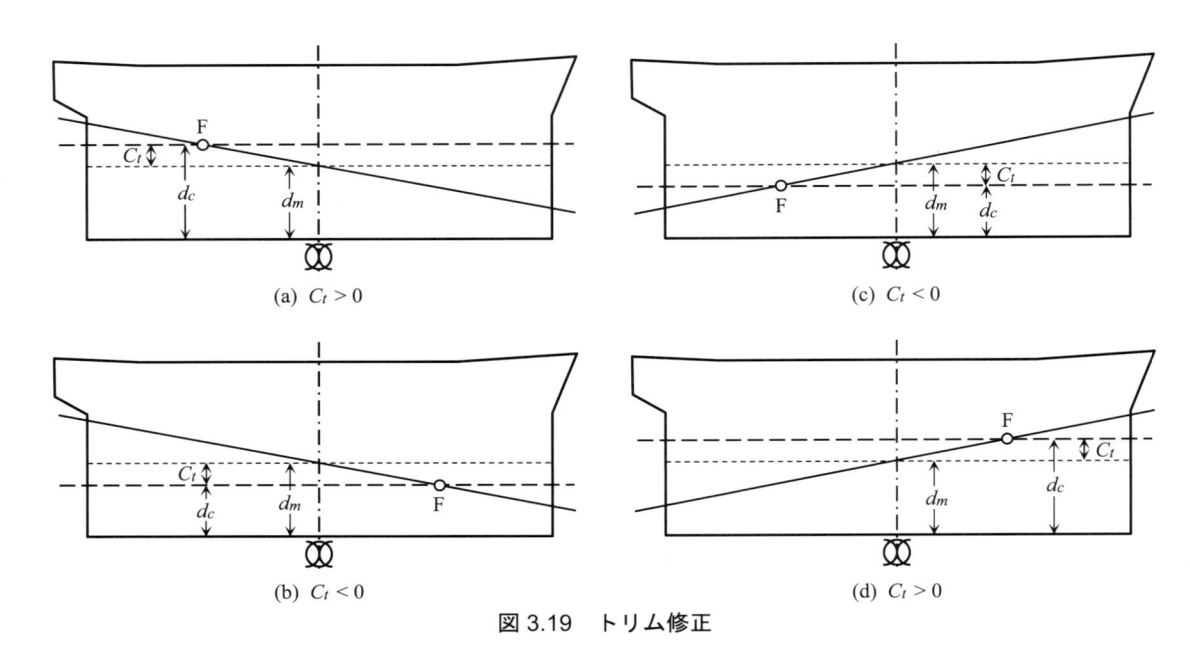

(a) $C_t > 0$　　　　　　　　　(c) $C_t < 0$

(b) $C_t < 0$　　　　　　　　　(d) $C_t > 0$

図 3.19　トリム修正

　浮面心は必ずしも船の長さの中央（⊗）にないため，平均喫水 d_m と d_c とは一致しない。したがって d_c に対する排水量 W_{c1} を求めるには，式 (3.25) に示すように，d_m に対する排水量 W_m に修正量 ΔW_{t1} を加減する必要がある。

$$W_{c1} = W_m + \Delta W_{t1} \tag{3.25}$$

　なお ΔW_{t1} は式 (3.26) から求めるが，その場合，図 3.19 に示したように，浮面心 F の位置が ⊗ より前方か後方か，あるいは船首トリムか船尾トリムかにより，C_t の +− の符号が異なる。そのため ΔW_{t1} の符号も変わるので注意が必要である。実際には，図 3.19 と一致させるため，以下に示すように，t および ⊗F に符号を付けて ΔW_{t1} を計算する。

$$\Delta W_{t1} = 100 \cdot \text{TPC} \cdot C_t = 100 \cdot \text{TPC} \cdot t' \cdot \frac{⊗\text{F}}{L_{pp}} \tag{3.26}$$

t'：トリム（$= d_a' - d_f'$）

　　船尾トリムの場合（+）

　　船首トリムの場合（−）

（d_f'：船首喫水修正後の船首喫水，d_a'：船尾喫水修正後の船尾喫水）

⊗F：⊗ から浮面心 F までの距離

　　F が ⊗ より船尾側にある場合（+）

　　F が ⊗ より船首側にある場合（−）

L_{pp}：船の垂線間長（F.P. と A.P. 間の距離）

TPC：毎センチ排水トン数

【例題 3.12】

　芦屋丸が下記の状態で浮かんでいるときの排水量を，表 3.2（p.42）を用いて求めよ。なお，同船は比重 1.025 の海水域にあり，L_{pp} は 97.30 m で船体にたわみはないものとする。

船首喫水（F.P. 上）：5.91 m，船尾喫水（A.P. 上）：6.51 m

［解答および解説］

　平均喫水 d_m を求めると

$$d_m = \frac{d_f' + d_a'}{2} = \frac{5.91 + 6.51}{2} = 6.21 \ (\text{m})$$

となる。次に，修正量 ΔW_{t1} を計算するために必要となる t' および ⊠F を求める。

$$t' = d_a' - d_f' = 6.51 - 5.91 = \underline{0.60 \ (\text{m})}$$

船尾トリムであるから，t' の符号は（＋）となる。次に，d_m を基に表 3.2 の "LCF" 欄より ⊠F を求める。

$$\text{LCF} = \text{A} \ 2.21 \ (\text{m})$$

したがって，上述のとおり ⊠F の符号は（＋）となるから

$$⊠\text{F} = \underline{2.21 \ (\text{m})}$$

また，同表より，TPC = 13.64 (t) であるから，式 (3.26) に各値を代入して ΔW_{t1} を計算すると

$$\Delta W_{t1} = 100 \cdot \text{TPC} \cdot t' \cdot \frac{⊠\text{F}}{L_{pp}} = 100 \times 13.64 \times 0.60 \times \frac{2.21}{97.30} ≒ 18.59 \ (\text{t})$$

式 (3.25) より W_{c1} を求めると

$$W_{c1} = W_m + \Delta W_{t1} = 7{,}258.52 + 18.59 = 7{,}277.11 \ (\text{t}) \qquad\qquad 答 \quad \underline{7{,}277.11 \ \text{t}}$$

　以上より，芦屋丸の状態を図示すると，図 3.20 のようになる。つまり図中の実線で示した水線で浮かんでいる同船を，排水量を変えることなくトリムのみを変化させ，イーブンキールの状態にすると，破線で示した水線で浮かぶ。

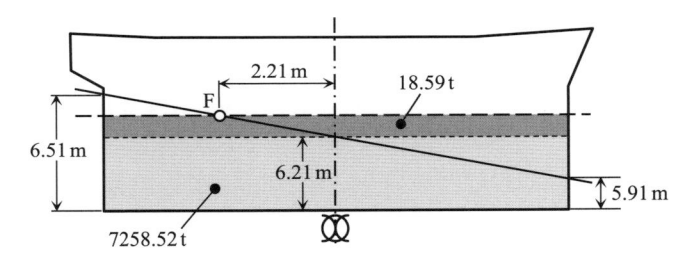

図 3.20　例題 3.12 における芦屋丸の状態

（2）トリムが大きい場合（トリム第 2 修正）

　トリム変化がさほど大きくない場合は，変化前後の浮面心位置は一致すると考えることができる。しかしトリム変化が大きい場合は，浮面心の移動を無視できず，さらなる修正が必要となる。

　トリムが変化したときの浮面心の軌跡は，図 3.21 に示すように，曲率中心を O，曲率半径を ϕ とする弧となる。したがって，図 3.22 に示すように，水線 WL で浮かぶ船の排水容積を変えることなくイーブンキールの状態にすると，そのときの水線は W_2L_2 になる。W_2L_2 における喫水は，トリム第 1 修正後の水線 W_1L_1 における喫水と比較して C_{t2} だけ深く，この差を修正するのがトリム第 2 修正である。C_{t2} に相当する排水量 ΔW_{t2} は，式 (3.27) より求めることができる。

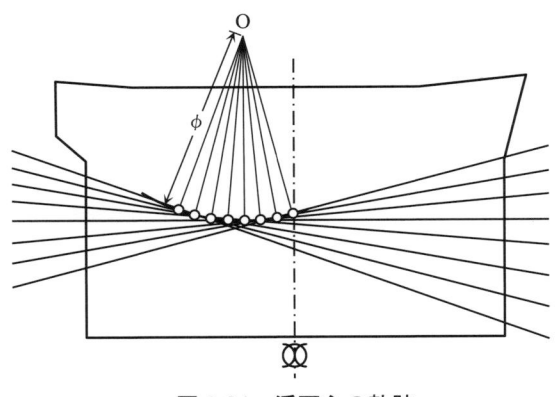

図 3.21　浮面心の軌跡

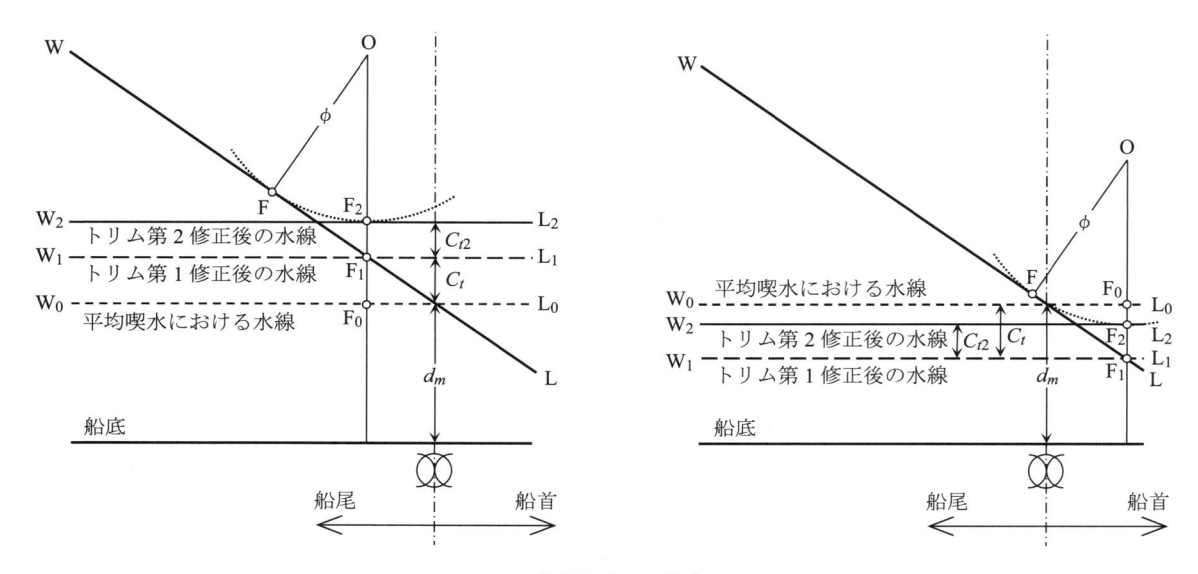

(a) 船尾トリムの場合

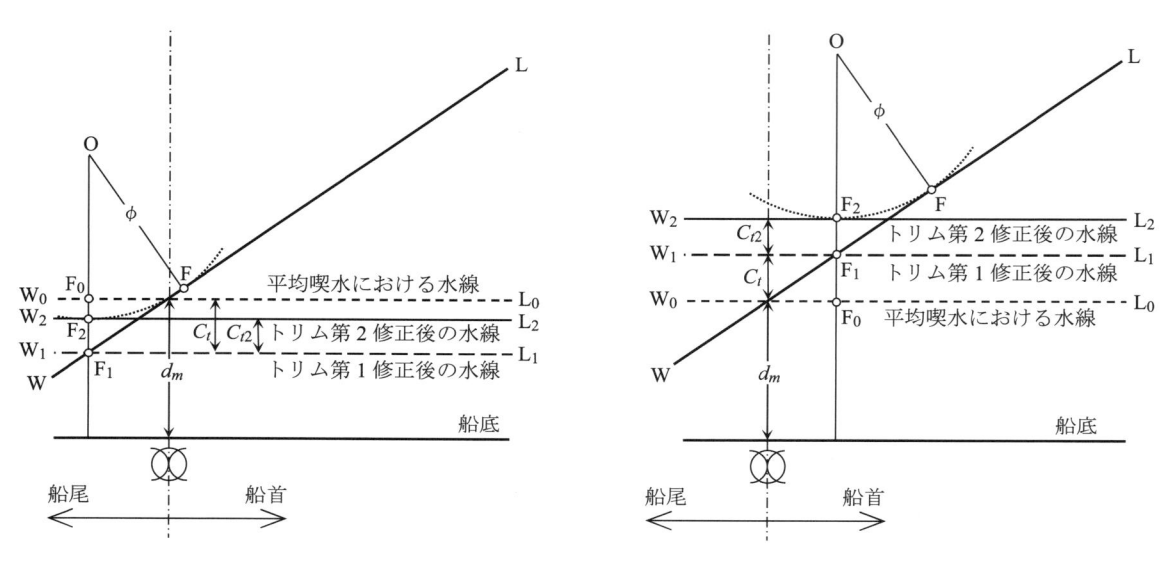

(b) 船首トリムの場合

F：水線 WL における浮面心，　F₀, F₁, F₂：それぞれ，水線 W₀L₀, W₁L₁, W₂L₂ における浮面心

図 3.22　トリム修正と各水線位置の関係

$$\Delta W_{t2} = 500 \cdot \Delta \mathrm{MTC} \cdot \frac{t'^2}{L_{pp}} \tag{3.27}$$

$\Delta \mathrm{MTC}$：喫水 $10\,\mathrm{cm}$ 毎の MTC の変化量

注） 水線 W_0L_0 で浮かぶときの排水容積と，水線 WL で浮かぶときのそれとの差 ΔV を数学的に直接求め，ΔV に比重量 γ をかけることで排水量の差 ΔW を求めると，次式が得られる。

$$\Delta W = 100 \cdot \mathrm{TPC} \cdot t' \frac{\overline{\boxtimes \mathrm{F}}}{L_{pp}} + 50 \frac{d\mathrm{MTC}}{dz} \frac{t'^2}{L_{pp}} + \cdots$$

　　トリム第 1 修正は上式の第 1 項に，同第 2 修正は第 2 項に対応するもので，理論的には第 3 項以降も続くが，それらは微小であるため実務的には無視される。

　　なお，第 2 項の $d\mathrm{MTC}/dz$ は，喫水の変化量（dz）に対する MTC の変化量（$d\mathrm{MTC}$）である。式 (3.27) の $\Delta \mathrm{MTC}$ は，$dz = 10\,\mathrm{cm} = 1/10\,\mathrm{m}$ としたときの $d\mathrm{MTC}/dz$ であるため，係数が 500 となっている。

【例題 3.13】

例題 3.12 においてトリム第 2 修正を行った場合，修正量 ΔW_{t2} はいくらか。

［解答および解説］

ΔMTC を求めるため，d_m の前後 5 cm の喫水における MTC を，表 3.2（p.42）の排水量等数値表より求める。

$$\text{喫水：6.26 m のときの MTC：MTC}_a = 86.46$$
$$\text{喫水：6.16 m のときの MTC：MTC}_b = 85.41$$
$$\Delta\text{MTC} = \text{MTC}_a - \text{MTC}_b = 86.46 - 85.41 = 1.05$$

式 (3.27) より

$$\Delta W_{t2} = 500 \cdot \Delta\text{MTC} \cdot \frac{t'^2}{L_{pp}} = 500 \times 1.05 \times \frac{0.60^2}{97.30} \fallingdotseq 1.94 \text{ (t)} \qquad\qquad \text{答}\quad \underline{1.94\,\text{t}}$$

3.9.3　ホグ・サグ修正（hog. or sag. correction, deflection correction）

船体がたわんでホギングまたはサギングの状態で浮かんでいる場合，中央部喫水 $d_{\boxtimes}$ と平均喫水 d_m との間に差が生じる。この差を加味し，船体のたわみがない状態での排水量を求めるための修正が，ホグ・サグ修正である。この修正には，次式に示すクォーター・ミーン・ドラフト（quarter mean draft）と呼ばれる喫水 d_q を用いる。

$$d_q = \frac{\dfrac{\dfrac{d_f' + d_a'}{2} + d_{\boxtimes}}{2} + d_{\boxtimes}}{2} \tag{3.28}$$

$$= d_m + \frac{3}{4}\delta \tag{3.29}$$

$$(\delta = d_{\boxtimes} - d_m) \tag{3.30}$$

ここで δ は，図 3.23 に示すとおり，たわみ量を表し

$$\text{サギングの場合，符号は（＋）}\qquad\text{ホギングの場合，符号は（－）}$$

となる。よって，d_q に対する排水量は，図 3.23 のアミかけを施した部分を対象としている。なお，δ に対する排水量 ΔW_d は，式 (3.31) より求まる。

$$\Delta W_d = 100 \times \text{TPC} \times \frac{3}{4}\delta \tag{3.31}$$

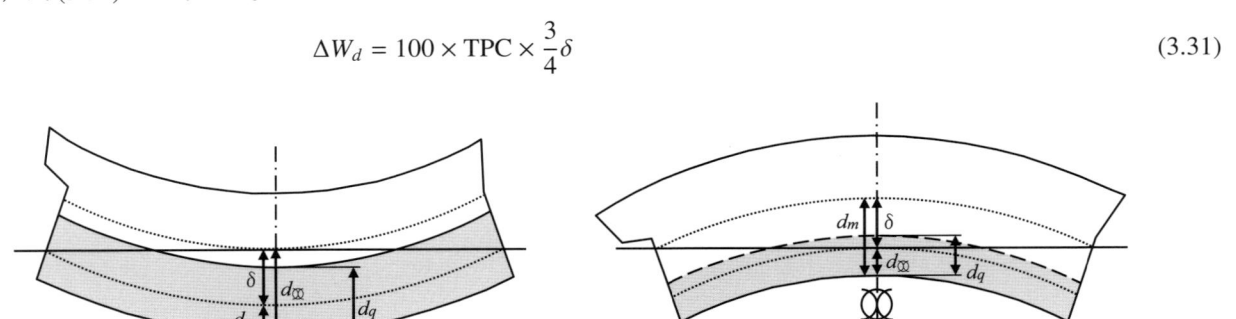

図 3.23　ホグ・サグ修正

【例題 3.14】

芦屋丸が海水比重 1.025 の海域にあるとき，喫水を以下のように測読した。表 3.2（p.42）を用いて次の（1）〜（3）に答えよ。

船首喫水（F.P. 上）：6.27 m，船尾喫水（A.P. 上）：6.27 m，中央部喫水：6.31 m

（1）たわみ量はいくらか。

（2）ホギング，サギングいずれの状態にあるか。

（3）排水量はいくらか。

［解答および解説］

（1）$d_f' = d_a'$ であるから，平均喫水 d_m は

$$d_m = d_f' = d_a' = 6.27 \ (\mathrm{m})$$

たわみ量 δ を求めると，式 (3.30) より

$$\delta = d_{⊗} - d_m = 6.31 - 6.27 = \underline{0.04} \ (\mathrm{m})$$

（2）δ の符号が（+）であるから，芦屋丸はサギングの状態である。

（3）δ に対する排水量 ΔW_d は，式 (3.31) より

$$\Delta W_d = 100 \times \mathrm{TPC} \times \frac{3}{4}\delta = 100 \times 13.68 \times \frac{3}{4} \times 0.04 = 41.04 \ (\mathrm{t})$$

また，d_m に対する排水量 W_m は 7,340.47 (t) であるから，ホグ・サグ修正後の排水量は次のとおり。

$$W_m + \Delta W_d = 7{,}340.47 + 41.04 = \underline{7{,}381.51} \ (\mathrm{t})$$

（本問の場合，トリムは 0 であるから，トリム修正は不要）

3.9.4　海水密度修正（density correction）

排水量等数値表には，船が海水比重 1.025 の海域に浮かんでいると仮定した場合の値が記載されているため，それ以外の水域に浮かんでいる場合は，同表より得られた値 W_{HS} を式 (3.11) により修正して，正確な排水量 W を求める。

$$W = \frac{\rho}{1.025} W_{HS} \qquad\qquad (3.11 \ 再掲)$$

ここでいう W_{HS} は，前述の修正をすべて施した値で，式 (3.32) から求まる。

$$W_{HS} = W_m + \Delta W_{t1} + \Delta W_{t2} + \Delta W_d \qquad\qquad (3.32)$$

W_m：平均喫水 d_m における排水量

ΔW_{t1}：トリム第 1 修正量，ΔW_{t2}：トリム第 2 修正量，ΔW_d：ホグ・サグ修正量

【例題 3.15】

例題 3.14 において，芦屋丸が比重 1.020 の海域にある場合，真の排水量はいくらか。

［解答および解説］

式 (3.11) に，$\rho = 1.020$，$W_{HS} = 7{,}381.51$ を代入すると

$$W = \frac{1.020}{1.025} \times 7{,}381.51 ≒ 7{,}345.50$$
　　　　　　　　　　　　　　　　　　　　　　　　　　　　　　答　$\underline{7{,}345.50 \, \mathrm{t}}$

3.9.5　排水量計算表の利用

実際の計算には，表 3.10 のような計算表が用いられる。計算手順が併記されているので，それに従えば熟練者でなくても比較的容易に排水量を求めることができる。次の例題で同表を用いた計算方法を説明する。

表 3.10　排水量計算表

排水量計算表

番号	項 目	計 算 手 順	船尾喫水	中央部喫水	船首喫水
①	測読喫水	左　舷	6.43 m	6.21 m	6.11 m
		右　舷	6.44 m	6.23 m	6.11 m
	見かけのトリム (＊1)-(＊3)＝ _0.325_ (m)	平　均	*1 6.435 m	*2 6.220 m	*3 6.110 m
②	トリムによる船首尾喫水修正量	船首尾喫水修正表より	*4 0.016 m		*5 0.002 m
③	F.P.における喫水	(＊3)-(＊5)			6.108 m
④	A.P.における喫水	(＊1)+(＊4)			6.451 m
⑤	平均喫水	(③+④)／2			6.280 m
⑥	たわみ　+ Sagging − Hogging	*2 - ⑤			-0.060 m
⑦	Trim　+ by the stern − by the head	④-③			0.343 m
⑧	平均喫水に対する排水量	排水量等表より			7354.15 t
⑨	平均喫水に対するTPC	排水量等表より			13.68 t
⑩	平均喫水に対する ⊠F	排水量等表より			2.31 m
⑪	たわみによる排水量の変化	100×⑨×⑥×3/4			-61.56 t
⑫	Trimによる排水量の変化	100×⑨×⑦×⑩/97.30			11.14 t
⑬	標準海水比重における排水量	⑧+⑪+⑫			7303.73 t
⑭	計測海水比重				1.020
⑮	実際の排水量	⑬×⑭／1.025			7268.10 t

【例題 3.16】

海水比重 1.020 の海域に浮かんでいる船の喫水を，図 3.24 のように測読した。表 3.2（p.42）および表 3.9（p.59）を用いて排水量を求めよ。なお，トリム第 2 修正は必要ない。

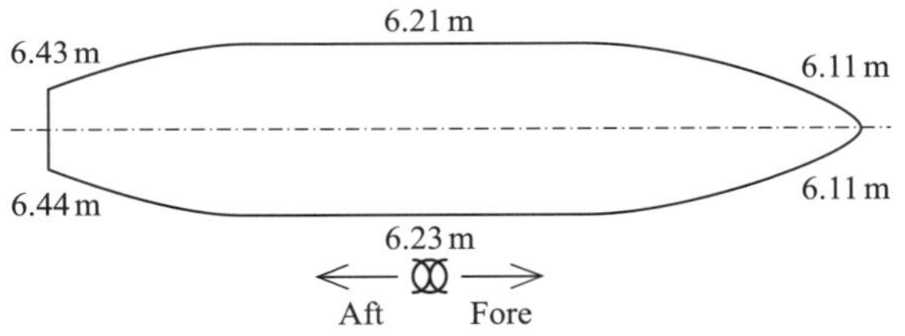

[解答および解説]

1）①の所定の欄に，測読喫水を記入する。

図 3.24　例題 3.16 の状態

2）船尾，中央部，船首それぞれ左右両舷の喫水の平均を求め，①の“平均”欄に記入する。

3）「船首尾喫水修正量（C_{df} および C_{da}）」を求めるための準備として，2）で求めた「船尾，船首の喫水」からトリムを計算し，①の“見かけのトリム”欄に記入する。

4）3）で得られたトリムを基に，「船首尾喫水修正表（表 3.9）」を参照し，C_{df} および C_{da} を求めて②の所定の欄に記入する。

5）①の *3 および *1 に②の値を加え，「F.P. における喫水（$d_f{}'$）」および「A.P. における喫水（$d_a{}'$）」を求め，それぞれ③および④に記入する。

6）③および④の値（$d_f{}'$ および $d_a{}'$）から「平均喫水（d_m）」を求め，⑤に記入する。

7）「ホグ・サグ修正」の準備として，*2 と⑤の値から「たわみ量（δ）」を求め，⑥に記入する。

8）「トリム修正」の準備として，③および④の値からトリムを計算し，⑦に記入する。

9）⑤の喫水（d_m）を基に「排水量等数値表（表 3.2）」から“DISP.”，“TPC”，“LCF”の値を読み取り，それ

それ，⑧，⑨，⑩の各欄に記入する。

10）式 (3.31) から ΔW_d を計算し，⑪に記入する。

11）式 (3.26) から ΔW_{t1} を計算し，⑫に記入する。

12）式 (3.32) から W_{HS} を計算し，⑬に記入する。

13）計測された海水比重を，⑭に記入する。

14）式 (3.11) から真の排水量（W）を求め，⑮に記入する。

3.10　復原性能の確認

3.10.1　復原力曲線

　復原力の大きさは，小角度傾斜においては G_0M（自由水影響を加味した横メタセンタ高さ）の大小で知ることができるが，大角度傾斜の場合には，復原力曲線を描き把握する必要がある。

　復原力曲線とは，図 3.25 に示すように，船の横傾斜にともなって復原力がどのように変化するかを示した図で，各傾斜角における GZ

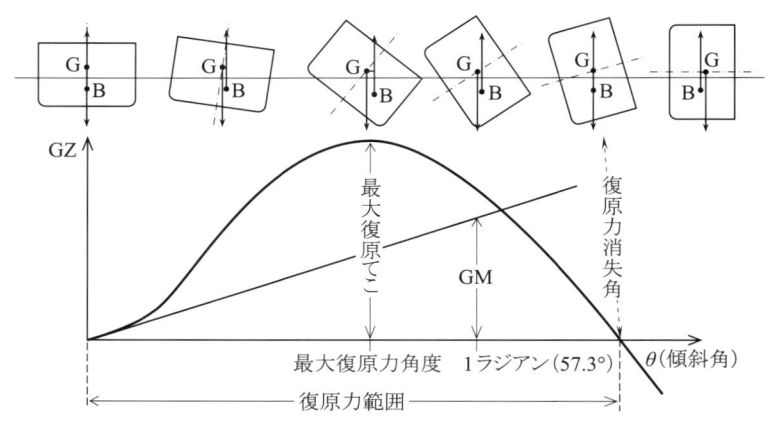

図 3.25　船体の横傾斜に伴う復原てこ（GZ）の変化

の大きさ，復原力が最大となる傾斜角やそのときの GZ の値，傾斜後 GZ が再びゼロになり復原力が消失する角度などを知ることができる。

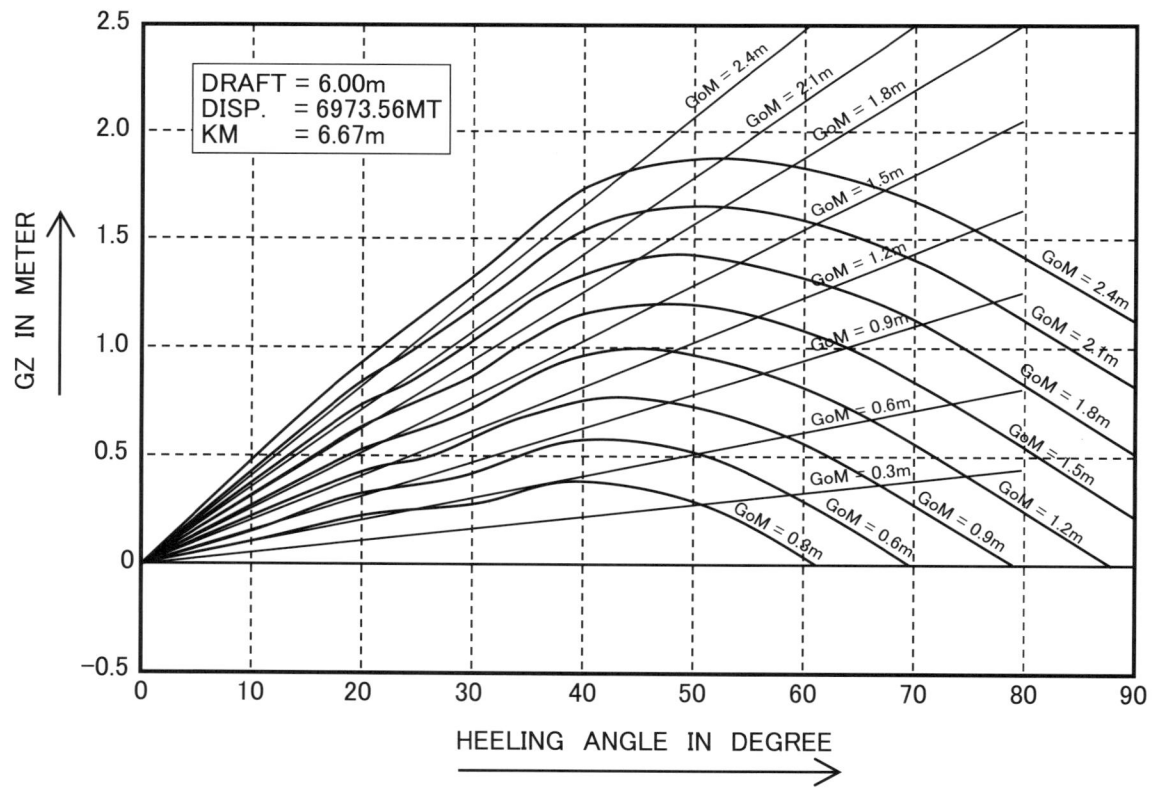

図 3.26　復原力曲線

　いま，原点において復原力曲線に接線を引き，その延長線と傾斜角が 57.3°（1 ラジアン）のところに立てた垂線との交点の値を縦軸で読み取ると，それは G_0M の大きさを示す。復原力曲線にはこの接線と G_0M が記載されている。

　曲線の形状は，船の喫水および重心の高さ G_0M で変化するため，復原性資料には図 3.26 に示すように，喫水別に複数の G_0M に対する復原力曲線が示されている。任意の喫水および G_0M における復原力曲線は，これらを元に内挿法により描くことができる。例題 3.17 でその方法について説明する。

【例題 3.17】

　芦屋丸において G_0M および喫水計算を行ったところ，G_0M が 1.40 m，喫水（d_c）が 6.20 m であった。この場合における復原力曲線を描け。

［解答および解説］

1）図 3.27 (a)（喫水 6.00 m の場合）において，G_0M が 1.2 m と 1.5 m の曲線の差を比例計算して，G_0M が 1.40 m のときの復原力曲線を描く。

2）図 3.27 (b)（喫水 6.50 m の場合）においても，1）と同様に，G_0M が 1.40 m のときの復原力曲線を描く。

3）図 3.27 (c) のように，上記 1）および 2）で得られた 2 本の曲線の差を比例計算して，喫水が 6.20 m のときの復原力曲線を描く。

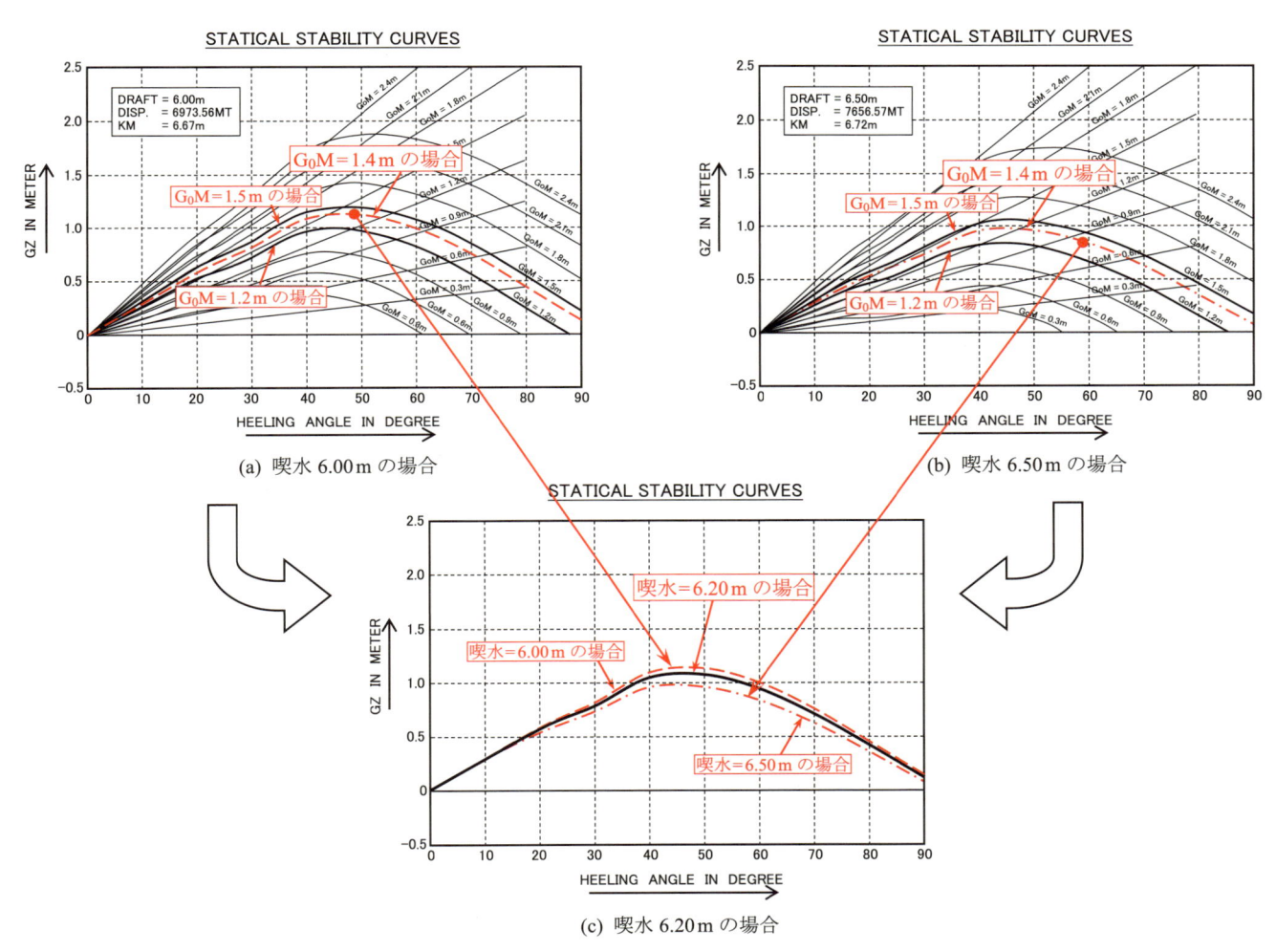

(a) 喫水 6.00 m の場合　(b) 喫水 6.50 m の場合　(c) 喫水 6.20 m の場合

図 3.27　任意の G_0M および喫水における復原力曲線の求め方

3.10.2 復原力交差曲線図の利用

復原力交差曲線図とは，図 3.28 に示すように，排水量が変化した場合の GZ の変化の様子を，傾斜角度別に示した図である。図 3.29 に示すように，復原力曲線とは直交した関係にあることからこのように呼ばれる。任意の排水量における復原力曲線は，これを用いることで描くことができる。

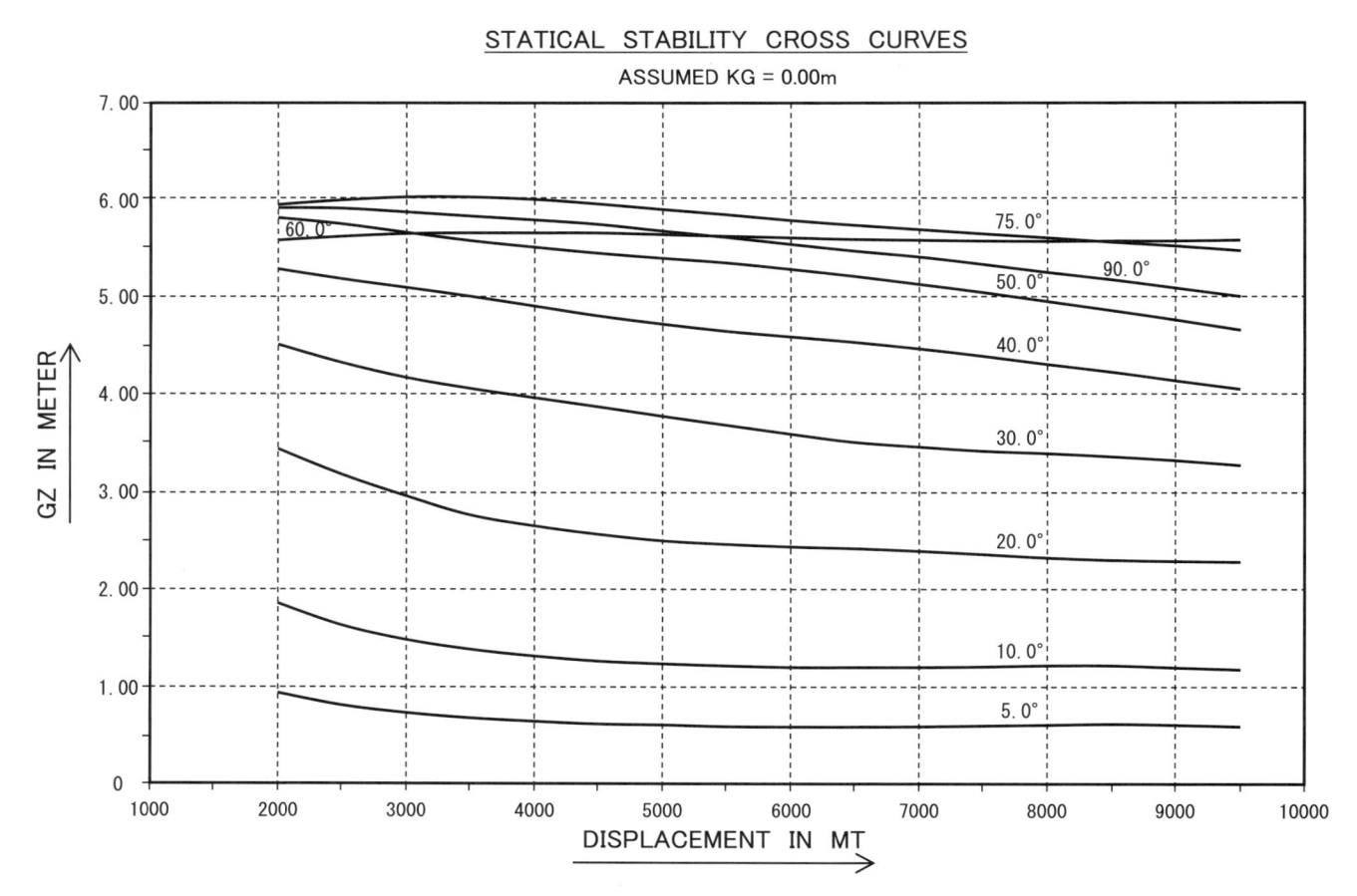

図 3.28　復原力交差曲線図

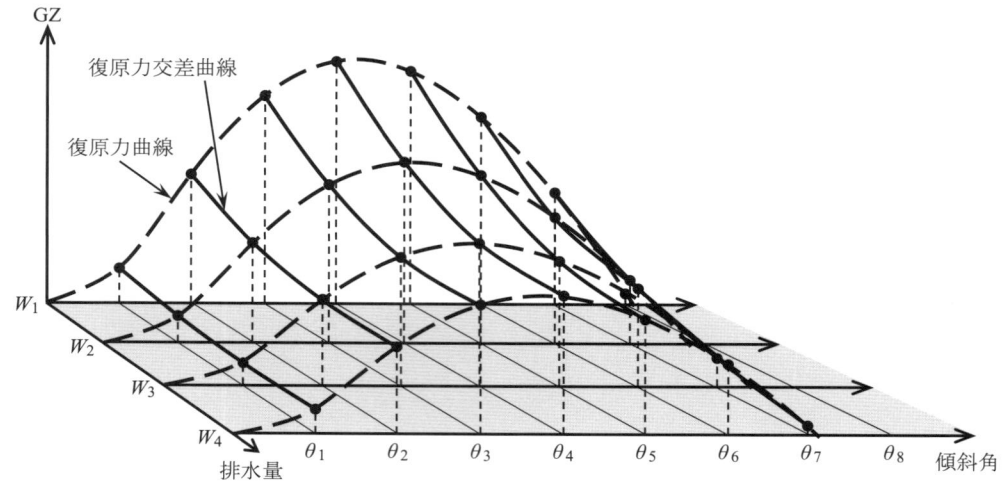

図 3.29　復原力曲線と復原力交差曲線の関係

復原力交差曲線図を用いる場合に注意すべき点は，前提条件としての重心高さ（KG）である。KG が異なれば，喫水および傾斜角度が同じでも，GZ の値は異なるため，図には仮定の重心高さ（assumed KG）が示されている。一般的には，KG = 0（すなわち，G がキール上面と一致）としている場合が多く，図示された GZ は，図 3.30 に示す KN の値である。したがって，任意の重心高さに対する GZ は，次式により修正する必要がある。

$$GZ = KN - KG \cdot \sin\theta \tag{3.33}$$

なお，復原性能を把握する場合は，3.2.3(3) で説明した自由水影響を加味しなければならず，復原力曲線も，船体重心は図 3.5 に示した G_0 に位置するものとして作図しなければならない。その場合の復原てこは G_0Z となるため，式 (3.33) と同様の式 (3.34) から求める。

$$G_0Z = KN - KG_0 \cdot \sin\theta \tag{3.34}$$

復原力交差曲線図を用いて，任意の排水量における復原力曲線を描く方法を，例題 3.18 で説明する。

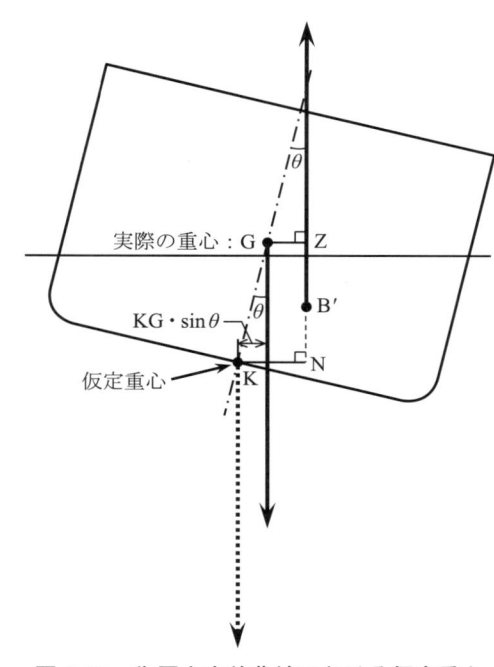

図 3.30　復原力交差曲線における仮定重心

【例題 3.18】

　芦屋丸において船体コンディションを計算したところ，表 3.5（p.48）のとおり排水量が 7,041.15 t，KG_0 が 5.85 m，G_0M が 0.83 m であった。この場合の復原力曲線を，図 3.28 を用いて描け。

［解答および解説］

　復原力交差曲線図から求まる KN を修正して，任意の重心高さにおける G_0Z を求めやすくするため，復原性資料には表 3.11 に示す計算表が用意されており，その空欄を埋めることで必要な値が計算できる。

1）図 3.28 から，排水量が 7,041.15 t のときの各傾斜角における GZ の値 (a)～(i) を読み取り，表 3.11 の KN 欄に記入する。

2）傾斜角度 θ に対する $KG_0 \cdot \sin\theta$ を計算し，表の該当欄に記入する。

3）1）で読み取った値から 2）の $KG_0 \cdot \sin\theta$ を引くことで，G_0Z の値が得られる。それらを表の該当する欄に記入する。

4）3）で得られた値をグラフ上にプロットし，各点をなめらかな曲線で結ぶ。このとき，原点付近においては，G_0M を示す直線と接するように描く。

表 3.11　復原力曲線作成のための計算表

KGo: 5.85 (m)

θ	0°	5°	10°	20°	30°	40°	50°	60°	75°	90°
KN	0	0.598	1.201	2.388	3.450	4.464	5.151	5.543	5.688	5.394
sinθ	0	0.0872	0.1736	0.3420	0.5000	0.6428	0.7660	0.8660	0.9659	1.0000
KGo·sinθ	0	0.510	1.016	2.001	2.925	3.760	4.481	5.066	5.651	5.850
GoZ	0	0.088	0.185	0.387	0.525	0.704	0.670	0.477	0.037	-0.456

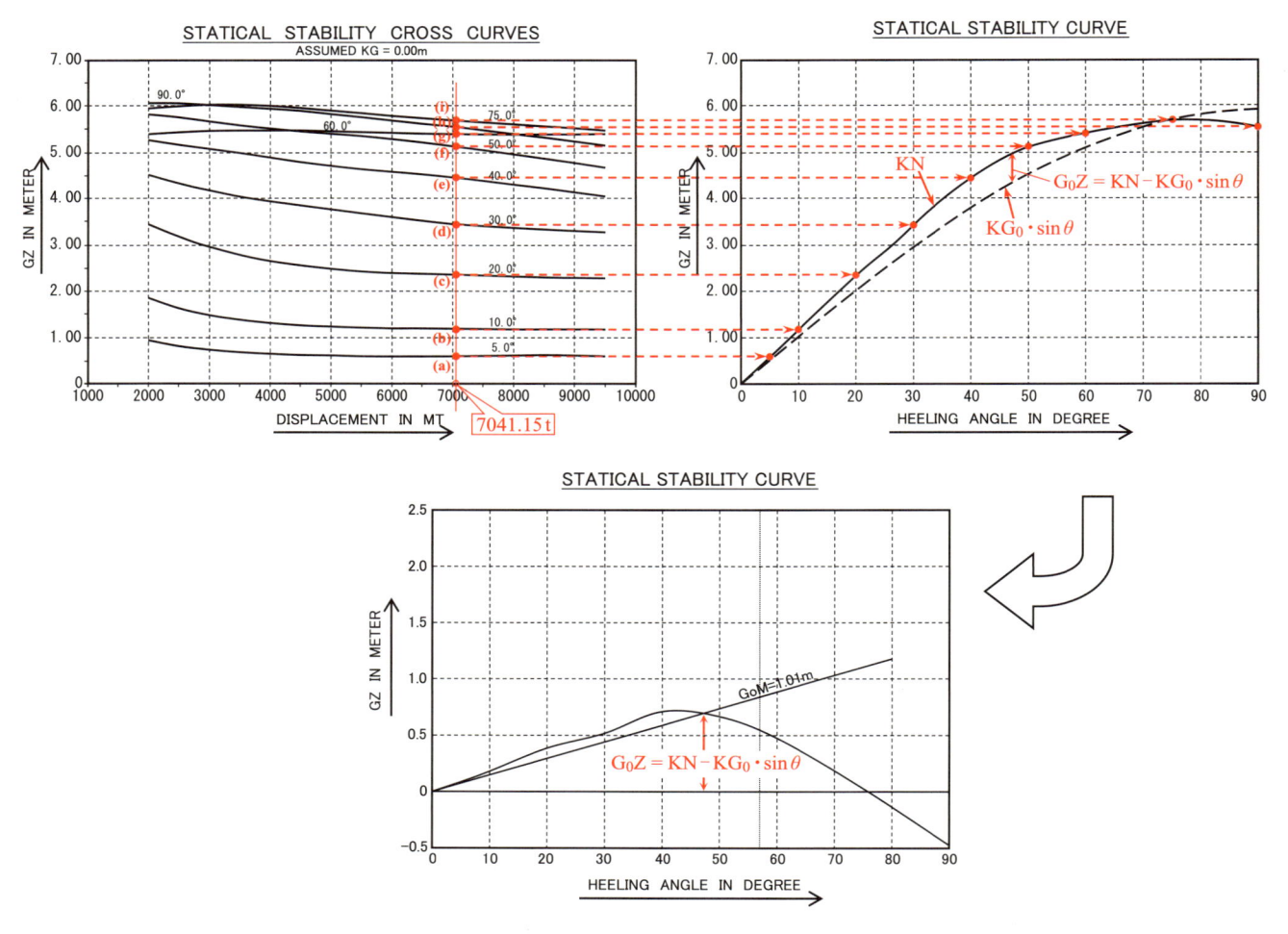

図 3.31　復原力交差曲線図による復原力曲線の作成

3.10.3　復原力曲線の利用

　船舶復原性規則においては，復原性の要件を具体的に数値化して規定しているが，そのなかには，復原力曲線によって囲まれた部分の面積に対する基準がある。よって，得られた曲線を基にそれらの面積を求め，要件を満たしていることを確認しなければならない。復原性資料には，その方法の説明と共に計算書式が備えられており，容易に計算および確認ができる。

　面積を求めるための手法は種々あるが，ここでは「シンプソンの第 1 法則」（6.6.2 参照）と呼ばれる近似計算方法を説明する。これは複雑な形状をした曲線を，二次曲線で近似できる程度のいくつかの部分に分割し，各部分の面積は，近似した曲線の方程式を積分することにより求めるものである。

　図 3.32 に示す復原力曲線において，横軸と復原力曲線に囲まれた部分の面積は，以下の手順で求めることができる。

注）「6.6　グラフ上の面積の求め方（求積近似法）」も参照されたい。

1）復原力曲線を，二次曲線で近似できる程度に分割する。図 3.32 では，$0 \sim \theta_4$ および $\theta_4 \sim \theta_6$ の範囲に 2 分割している。

2）個々の範囲を偶数等分する。図 3.32 では，$0 \sim \theta_4$ を 4 等分，$\theta_4 \sim \theta_6$ は 2 等分している。

3）$GZ_0 \sim GZ_6$ の値を読み取り，表 3.12 の該当欄に記入する。

4）各 GZ とそれぞれに対応するシンプソン乗数 s をかけ，"$GZ \times s$" の欄に記入する。

5）"$GZ \times s$" を合計し，"TOTAL" 欄に記入する。

6）5）で求めた $0 \sim \theta_4$ の合計（SUM_a）に $h_a/3$ をかけることで，面積 A が求まる。

7）5）で求めた $\theta_4 \sim \theta_6$ の合計（$\mathrm{SUM_b}$）に $h_b/3$ をかけることで，面積 B が求まる。

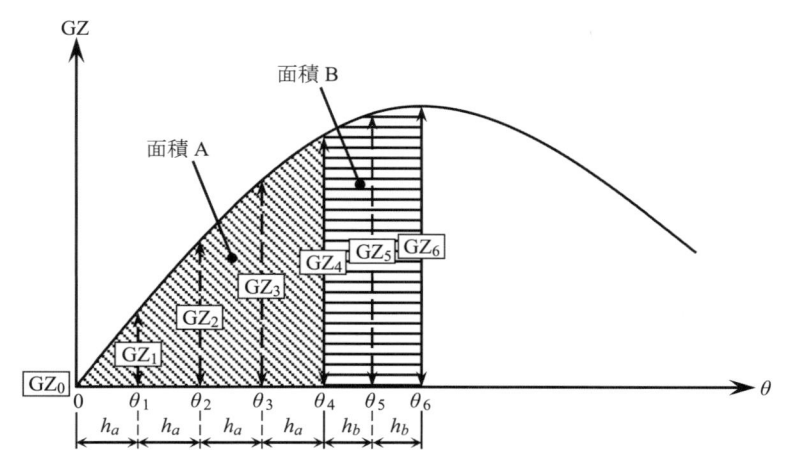

図 3.32　復原力曲線によって囲まれた部分の面積の求め方

表 3.12　復原力曲線の面積計算表

面積 A				面積 B			
横傾斜角	GZ	s	GZ×s	横傾斜角	GZ	s	GZ×s
0	GZ_0	1	GZ_0	θ_4	GZ_4	1	GZ_4
θ_1	GZ_1	4	$4GZ_1$	θ_5	GZ_5	4	$4GZ_5$
θ_2	GZ_2	2	$2GZ_2$	θ_6	GZ_6	1	GZ_6
θ_3	GZ_3	4	$4GZ_3$				
θ_4	GZ_4	1	GZ_0				
TOTAL			$SUMa$	TOTAL			SUM_b
TOTAL×h_a／3			A	TOTAL×h_b／3			B

【例題 3.19】

　　船舶復原性規則は，左下に示す事項を復原性の要件のひとつとして規定している。図 3.33 の復原力曲線は，要件を満足しているかどうかを判定せよ。

横軸と復原力曲線に囲まれた部分の面積が，下表の値を満足すること。

横傾斜角	面積（m・rad）
0°〜30° まで	0.055 以上
30°〜40° まで	0.030 以上
0°〜40° まで	0.090 以上

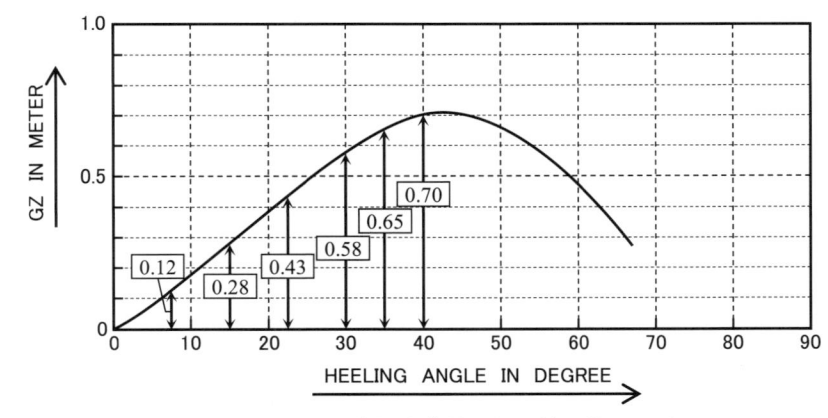

図 3.33　復原力曲線からの値の読み取り

［解答および解説］

　　図 3.33 の復原力曲線を，0〜30° および 30〜40° の範囲に分割して面積を求める。同図より読み取った値を計算表に当てはめると，次ページ左の表のようになる。なお，$h_a = 7.5° = 0.131\,\mathrm{rad}$，$h_b = 5° = 0.087\,\mathrm{rad}$ である。（1 rad（ラジアン）= 57.3°）

　　よって，横軸と復原力曲線に囲まれた部分の面積は次ページ右の表のとおりとなり，いずれも復原性の要件を

満足している。

面積 A（0〜30°）				面積 B（30〜40°）			
横傾斜角	GZ	s	GZ×s	横傾斜角	GZ	s	GZ×s
0	0	1	0	30°	0.58	1	0.58
7.5°	0.12	4	0.48	35°	0.65	4	2.60
15°	0.28	2	0.56	40°	0.70	1	0.70
22.5°	0.43	4	1.72				
30°	0.58	1	0.58				
TOTAL			3.34	TOTAL			3.88
TOTAL×h_a／3			0.146	TOTAL×h_b／3			0.113

横傾斜角	面積（m・rad）
0°〜30°まで	0.146
30°〜40°まで	0.113
0°〜40°まで	0.259

3.10.4　動揺周期曲線図による GM の把握

　船の横揺れ周期と G_0M には式 (3.35) の関係があり，横揺れ周期 T_S を計測することで G_0M を知ることができる。そのための資料として用いられるのが図 3.34 の動揺周期曲線図で，喫水と横揺れ周期から容易に G_0M が求まる。

$$T_S = \frac{2.01K}{\sqrt{G_0M}}（秒）$$　　　　　(3.35)

K：環動半径

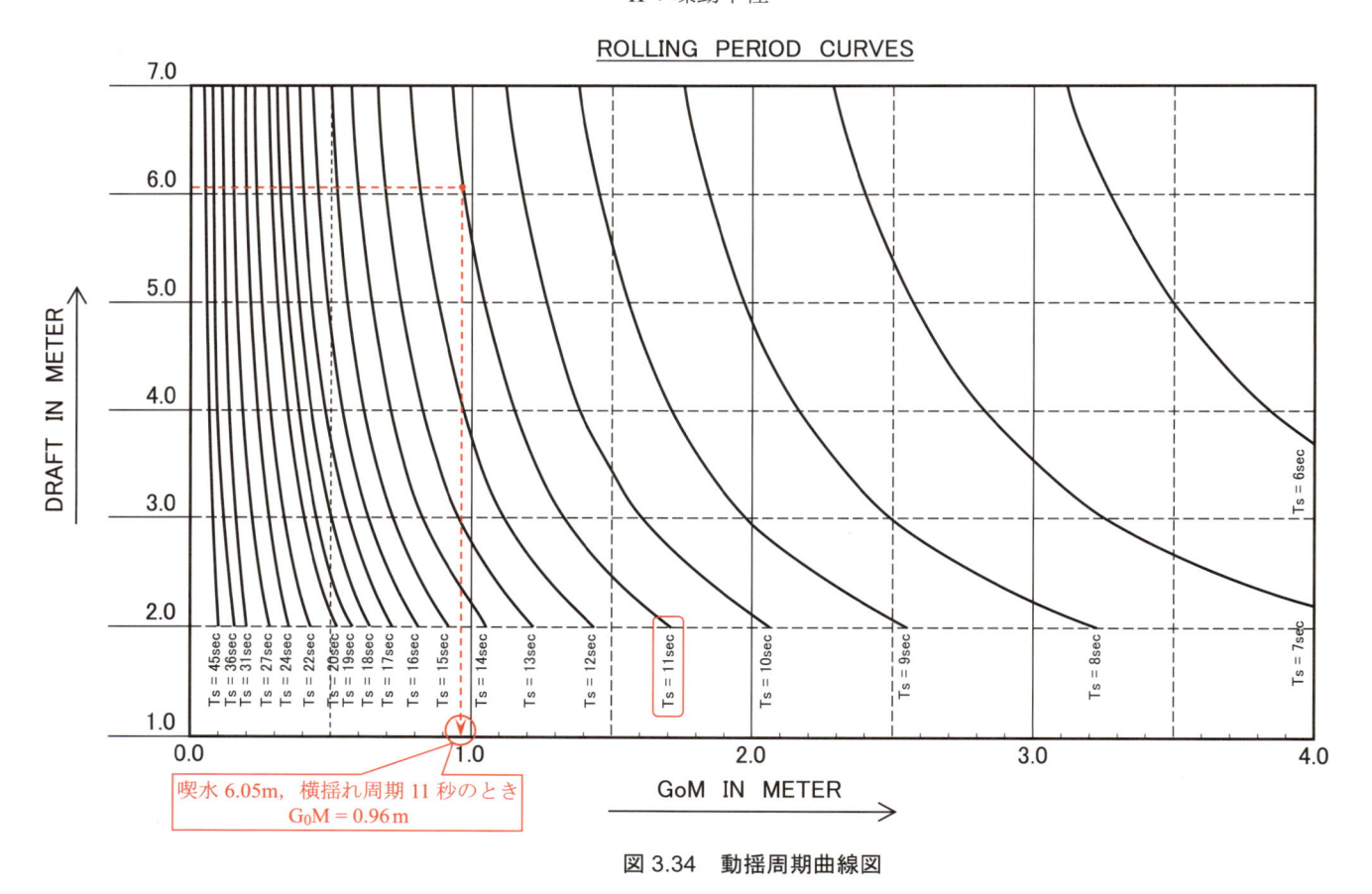

図 3.34　動揺周期曲線図

【例題 3.20】

　出航直後，芦屋丸において横揺れ周期を計測したところ 11 秒であった。G_0M はいくらか。図 3.34 より求めよ。なお，喫水は 6.05 m である。

［解答および解説］

　　喫水 6.05 m と $T_S = 11$ 秒 の曲線との交点の値を横軸で読み取ると，$\mathrm{G_0M}$ が得られる。　　　　　答　0.96 m

注）　式 (3.35) における K の理論値は，式 (3.36) から求めることができる。

$$\left(\frac{K}{B}\right)_{\mathrm{A}}^2 = f\left\{C_b \cdot C_u + 1.10\,C_u\,(1 - C_b)\left(\frac{H}{d_c} - 2.20\right) + \frac{H^2}{B^2}\right\} \tag{3.36}$$

　　　　　B：型幅 (m)，　C_b：方形係数，　C_u：上甲板面積係数，　d_c：排水量に相当する等喫水 (m)

　　　　　f：船種毎の実験係数（客船，貨客船，貨物船：0.125，タンカー：0.138，かつお，まぐろ漁船：0.200）

　　　　　H：船の有効深さ (m)，　$H = D + \dfrac{A}{L_{pp}}$

　　　　　D：型深さ (m)，　A：船楼および甲板室の投影側面積 (m²)，　L_{pp}：垂線間長 (m)

　　新造時に動揺試験を行った場合は，実験値が式 (3.37) より得られるが，その値と理論値とは若干の差がある。

$$\left(\frac{K}{B}\right)_{\mathrm{O}}^2 = \left(\frac{T_S\,\sqrt{\mathrm{G_0M}}}{2.01\,B}\right)^2 \tag{3.37}$$

　　動揺試験成績書の環動半径書式には，両者の差を修正するための補正係数（次式の μ）が示されており，動揺周期曲線図に反映されている。

$$\mu = \left(\frac{K}{B}\right)_{\mathrm{O}}^2 \Big/ \left(\frac{K}{B}\right)_{\mathrm{A}}^2 \tag{3.38}$$

3.10.5　復原性の要件と確認

　　船舶が具備すべき復原性の要件（非損傷時復原性，intact stability）については，SOLAS 条約の非損傷時復原性コード（Intact Stability Code）および船舶復原性規則に規定されている。貨物などの積み・卸しや水および燃料の消費など，船のコンディションで復原性は変化するため，前述の方法で算出した各種データを用いて，航海ごとに復原性の要件を満たしていることを確認しなければならない。

　　船舶復原性規則などにより要求される復原性の要件は，船種，航行区域，船の長さにより異なるが，それらは以下の考え方が基本になっている。

　1）次の定常的な外力による傾斜モーメントが作用した場合でも，一定以上横傾斜しないこと。
　　　a. 一定の強さの定常風を正横より受けた場合
　　　b. 旅客が横移動した場合
　　　c. 船の旋回運動に伴い横傾斜した場合
　2）波浪中において横揺れしている船が，風上側に最も傾斜したときに正横より突風を受けた場合においても転覆しないこと。
　3）打ち込み海水の滞留や，船内において重量物の移動があった場合においても安全であること。

　　これらの要件を満足していることを確認するためには，復原力曲線と傾斜モーメント曲線から，個々の要件を判断する上で必要となる種々の値を計算する必要がある。復原性資料には，そのための計算書式が用意され計算方法が解説されているが，それらを $\mathrm{G_0M}$ と喫水の関数として表した「所要横メタセンタ高さ曲線図（allowable $\mathrm{G_0M}$ curves）」も備えられており，要件に対する適否が容易に判断できるようになっている。図 3.35 はそれを示したもので，多くの交錯する曲線は，上記の 1）〜3）の各要件における境界を示している。すべての要件を満足するのが全曲線によって囲まれた部分であることから，求めた $\mathrm{G_0M}$ と喫水を基に，該当する点をグラフ上にプロットした場合，その点が「所要範囲」に入っていれば復原性の要件を満たしていることになる。

　　なお，この曲線図における縦軸および横軸は，図 3.34 に示した動揺周期曲線図と同じであることから，多くの場合，両図をまとめた復原性曲線図（図 3.36）を備え利便性を高めている。

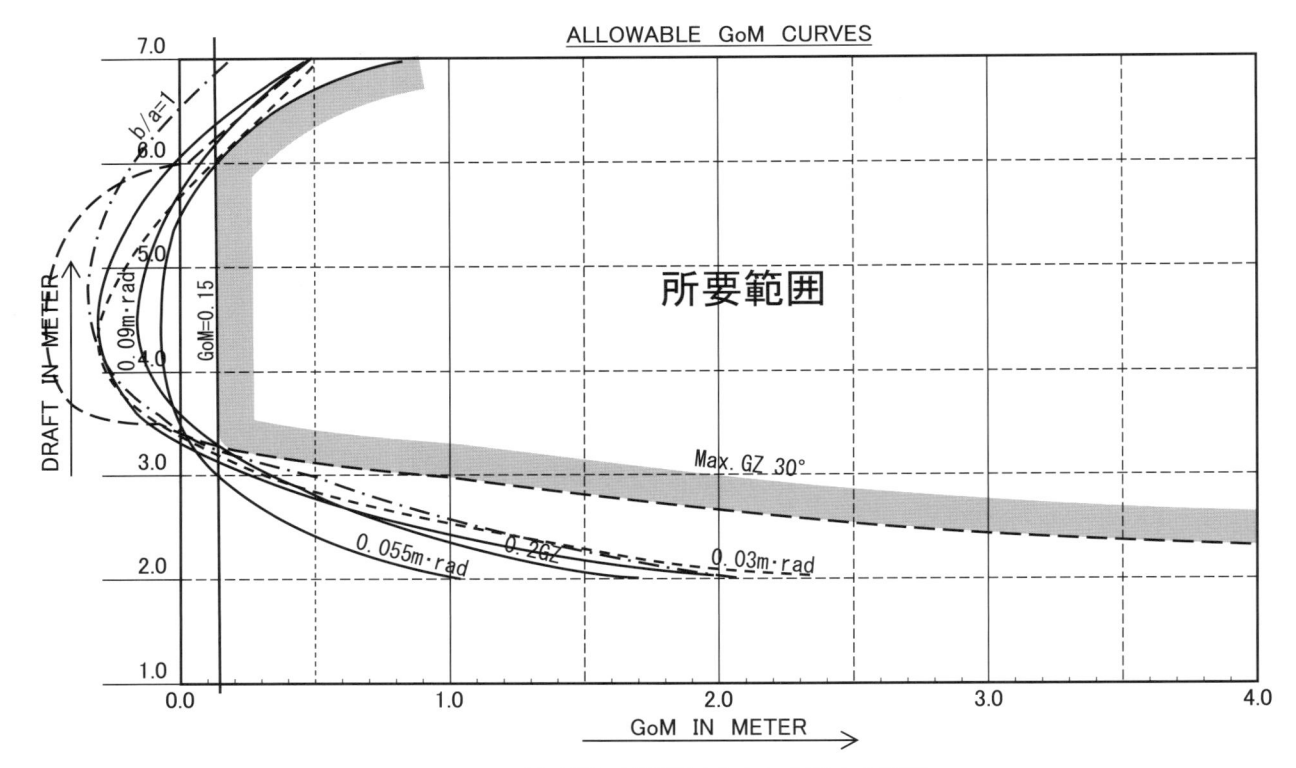

図 3.35　所要横メタセンタ高さ曲線図

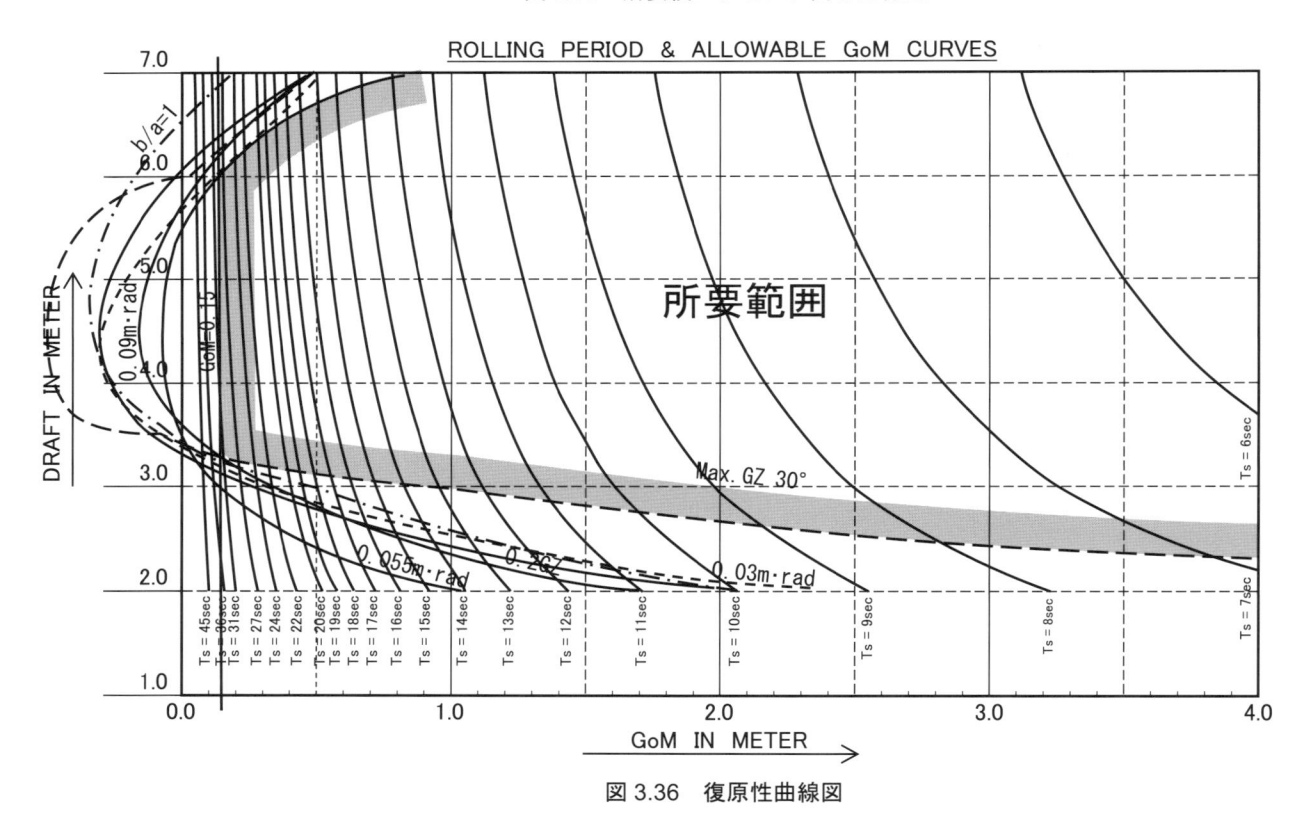

図 3.36　復原性曲線図

【例題 3.21】

　例題 3.20 の場合，芦屋丸は復原性の要件を満たしているかどうかを判定せよ。

［解答および解説］

　図 3.36 において，喫水 6.05 m と $T_S = 11$ 秒 の曲線との交点は，所要範囲内にあることから，復原性の要件を満たしている。

第4章

ローディングマニュアルの利用

4.1 ローディングマニュアルの概要

4.1.1 ローディングマニュアルとは

ローディングマニュアルとは，貨物およびバラストの積付けにより，船舶の構造に受け入れられない応力が発生することを防止するため，その検証に必要な種々の資料を含んだ手引書である。具体的には，標準的な積付け状態における「せん断力」，「縦曲げモーメント」および任意の積付け状態に対するそれらの計算方法などが解説されており，積荷およびバラストなどの前後配置を検討する場合に用いる。船舶安全法施行規則第 51 条の規定により，遠洋区域または近海区域を航行区域とする長さ 100 m 以上の船舶は備え付けなければならない。

わが国においては，（社）日本海難防止協会（当時）が調査研究を行い作成した「ローディング・マニュアル作成基準及び作成要領」，「ローディング・マニュアル作成例」および「ローディング・マニュアル解説書」を標準的な書式としており，日本海事協会（NK）の「ローディングマニュアルの作成に関する手引書」においても，同様の書式を採用している。

注） 1976 年にタンカー菱洋丸（52,175 総トン）は，船体を V 字形に折損する事故を起こした。その技術的原因について解明を行った調査委員会は，「貨物の積付けと船体強度との関係について，関係者がより一層の配慮を払うことが望まれる。」と報告しており，ローディングマニュアルの重要性を指摘している。これに対処するため，（社）日本海難防止協会では，運輸省（当時）の委嘱によりローディング・マニュアル研究委員会を設置し，その望ましい様式などについて上記の調査研究を行った。

4.1.2 ローディングマニュアルの構成

ローディングマニュアルは，基本的に次のような構成になっている。

（1）概説

次の内容について説明されている。

1）船体の主要目，トン数およびその他の一般的事項
2）積付け上の注意事項
3）標準積付け状態と異なる場合における積付けの適否の判定および調整の手順
4）せん断力および縦曲げモーメントなどの縦強度に関する許容値
5）縦強度の許容値に対する縦曲げ応力およびせん断応力

（2）標準積付け

船の設計条件となった積付け状態（軽荷状態，バラスト出入港状態，満載出入港状態など）を中心に，標準的であると予想される積付け状態を「標準積付け状態」として定め，造船所であらかじめ計算した結果が示されている。

計算結果は，それぞれの状態ごとに「静水中せん断力」および「静水中縦曲げモーメント」が船の長さ方向の分布図で示され，それらの最大値とそれが生ずる位置も記載されている。

（3）標準積付け状態と異なる積付けをする場合の縦強度計算法

標準積付け状態と異なる積付けをする場合は，せん断力および縦曲げモーメントを船内で計算し，許容値内に収まることを確認しなければならない。そのための計算方法が解説され，容易に間違いなく実施できるように計算表が備えられている。4.3 で詳しく説明する。

4.2　船体の縦強度に関する基礎知識

4.2.1　静水中におけるせん断力と縦曲げモーメントの概要

静水中とは，船が港内のように波静かな水面にある場合をさす。船の総重量（軽荷重量＋載貨重量）と船体に作用する浮力は，全体として釣り合った状態にあるが，図 4.1 に示すように船を輪切りにしたとすると，貨物やバラストの配置次第では各部における浮力と重力は必ずしも釣り合っていないため，双方が釣り合うまで上下に移動しようとする。

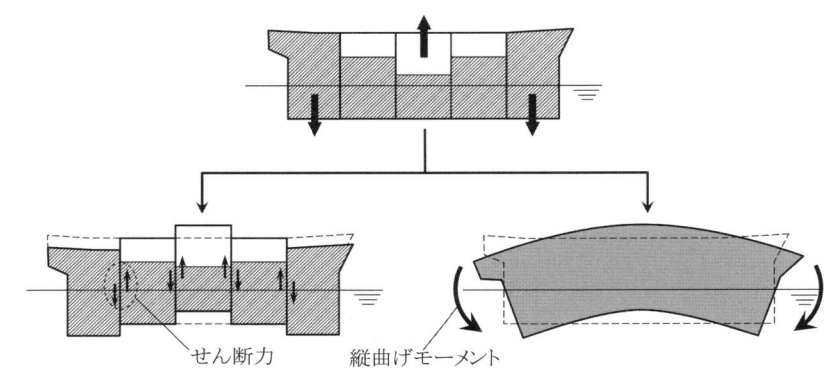

図 4.1　静水中のせん断力と縦曲げモーメント

実際には船体はつながっているため，各断面には移動を防止する抵抗力が働く。その結果，船体を上下にはさみで切るような「せん断力（shearing force）」と船首尾方向に曲げようとする「縦曲げモーメント（bending moment）」とが生じ，それにより船体がたわむ。これらは各部の重量（重力）と浮力の差に起因するもので，ローディングマニュアルではその差を「荷重」と定義している。

$$荷重 ＝ 重量 － 浮力 \tag{4.1}$$

【例題 4.1】

長さ 8 m，幅 1 m の箱型船が，図 4.2 (a) の重量分布で浮かんでいる。船の各部分に働く荷重を求めよ。

［解答および解説］

船の重量分布が前後対称となっていることから，この船は等喫水で浮かび，さらに船体形状は箱型であるため，船の長さ方向において，浮力は一様に分布する。船に作用する重力は 16 kN であるから全浮力も 16 kN となり，2 kN/m の浮力が一様に働く。よって浮力曲線は (b) のとおりとなる。図からわかるように，重量曲線および浮力曲線とも，各曲線によって囲まれた部分の面積は，それぞれ総重量および全浮力を表す。

式 (4.1) より，荷重は重量（重力）と浮力の差であるから，(c) に示すように，(a) の重量曲線と (b) の浮力曲線を重ね合わせた場合の両者の差が荷重である。(d) は荷重曲線と呼ばれるもので，船の長さ方向の荷重分布を示している。基線より上方の部分は 重力 ＞ 浮力 であることを，下方の部分は 重力 ＜ 浮力 であることを表す。船は全体として，重力と浮力とが釣り合うため，荷重曲線によって囲まれた部分のうち，基線より上方の面積と下方の面積は等しい。

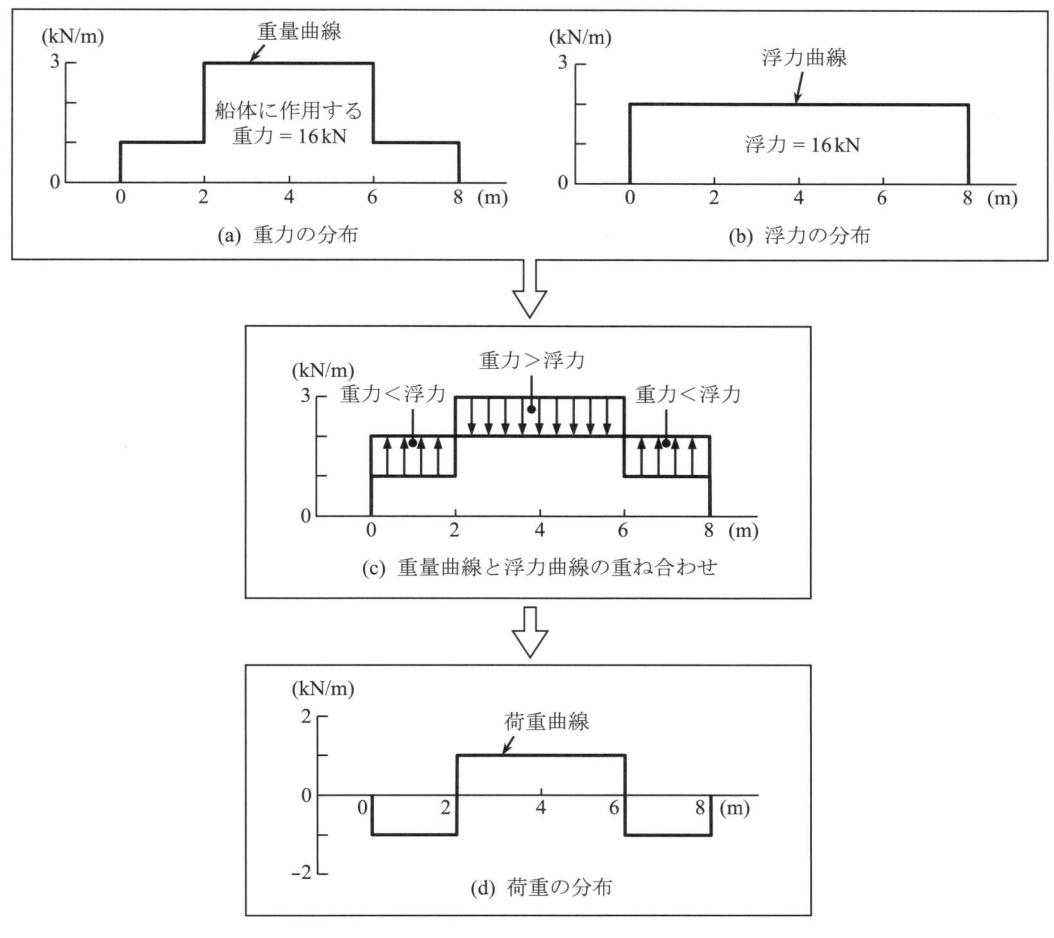

図 4.2　重量，浮力，荷重の関係

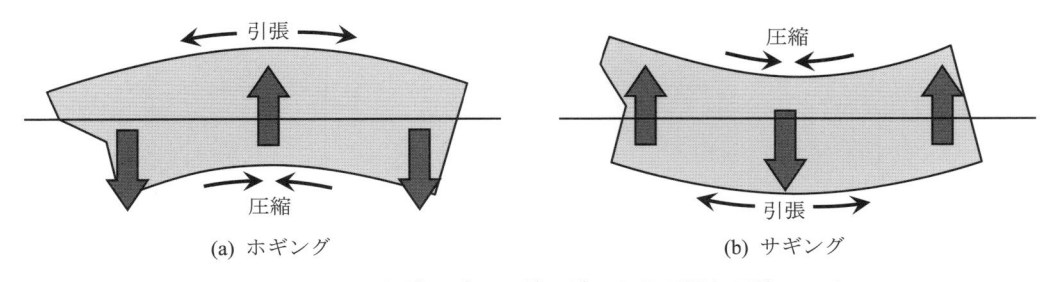

図 4.3　ホギング，サギングによる引張と圧縮

　重量が船首尾付近に集中すると，その部分で下向きの荷重が勝るため，ホギング状態となって船体は凸形となり，その結果，甲板に引張力，船底に圧縮力が働く。逆に重量が船体中央付近に集中すると，船首尾部では上向きの荷重が勝るため，船体はサギング状態となり凹形に湾曲して，甲板には圧縮力，船底には引張力が働く。また，前後に隣り合った区画の荷重差が大きい場合にはせん断力が過大となる。したがって各倉均等に積み付け，せん断力や縦曲げモーメントが船の許容値以上にならないようにしなければならない。これらの影響は大型船ほど顕著であり，さらに波浪中においては一層助長される。

注）「重量」と「重力」は同じ物理量であり，ここでは「力」であることをイメージしやすいよう，一部で「重力」と表現した。

4.2.2 せん断力計算の基礎知識

　船体の任意断面に働くせん断力は，その断面の前後いずれかに作用する荷重を合計することで求まる。この場合，断面の片側に作用する個々の荷重が，船体をどのようにせん断するのかに着目し，図 4.4 (a) に従って（＋）（−）の符号を付けて計算する。せん断力の符号は，「上向きまたは下向き」で決まる荷重の符号と混同しないようにしなければならない。図 4.5 において，X–X 断面に働くせん断力 F を求める場合，同断面の船首側に作用する荷重を式 (4.2) のとおり合計すればよい。

$$F = (-P_1) + (-P_2) + P_3 + (-P_4) \tag{4.2}$$

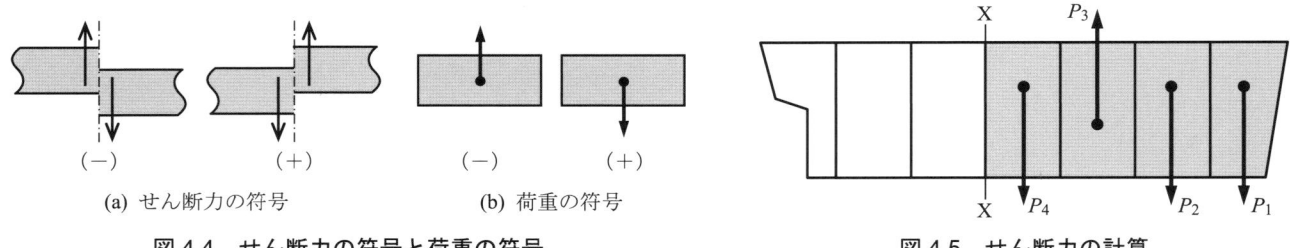

(a) せん断力の符号	(b) 荷重の符号

図 4.4　せん断力の符号と荷重の符号　　　　　**図 4.5　せん断力の計算**

【例題 4.2】

　図 4.6 は，例題 4.1 の状態で浮かんでいる船の各部に働く荷重の分布を示している。A–A から E–E の各断面に働くせん断力を求めよ。

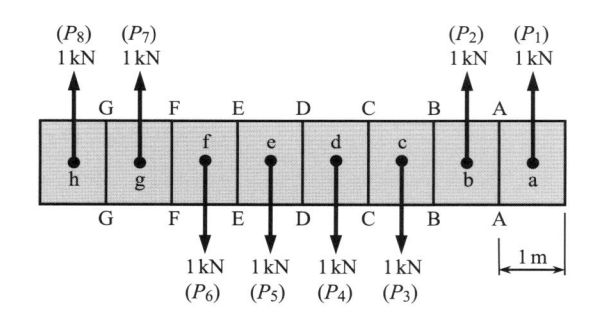

図 4.6　例題 4.2 における荷重の分布

［解答および解説］

1）各断面の船首側（図では右側）に作用する荷重について考えると，それぞれの断面に働くせん断力は，以下のように計算できる。

A–A 断面：$F_{AA} = P_1 = \underline{1\ (\text{kN})}$

B–B 断面：$F_{BB} = P_1 + P_2 = 1 + 1 = \underline{2\ (\text{kN})}$

C–C 断面：$F_{CC} = P_1 + P_2 + (-P_3) = 1 + 1 + (-1) = \underline{1\ (\text{kN})}$

D–D 断面：$F_{DD} = P_1 + P_2 + (-P_3) + (-P_4) = 1 + 1 + (-1) + (-1) = \underline{0\ (\text{kN})}$

E–E 断面：$F_{EE} = P_1 + P_2 + (-P_3) + (-P_4) + (-P_5) = 1 + 1 + (-1) + (-1) + (-1) = \underline{-1\ (\text{kN})}$

F–F 断面：$F_{FF} = P_1 + P_2 + (-P_3) + (-P_4) + (-P_5) + (-P_6) = 1+1+(-1)+(-1)+(-1)+(-1) = \underline{-2\ (\text{kN})}$

G–G 断面：$F_{GG} = P_1 + P_2 + (-P_3) + (-P_4) + (P_5) + (-P_6) + P_7$
$= 1 + 1 + (-1) + (-1) + (-1) + (-1) + 1 = \underline{-1\ (\text{kN})}$

2）各断面の船尾側（図では左側）に作用する荷重について考えると，それぞれの断面に働くせん断力は，以下

のように計算できる。

$$A-A \text{ 断面}: F_{AA} = (-P_8) + (-P_7) + P_6 + P_5 + P_4 + P_3 + (-P_2) = (-1)+(-1)+1+1+1+1+(-1) = \underline{1 \text{ (kN)}}$$

$$B-B \text{ 断面}: F_{BB} = (-P_8) + (-P_7) + P_6 + P_5 + P_4 + P_3 = (-1) + (-1) + 1 + 1 + 1 + 1 = \underline{2 \text{ (kN)}}$$

$$C-C \text{ 断面}: F_{CC} = (-P_8) + (-P_7) + P_6 + P_5 + P_4 = (-1) + (-1) + 1 + 1 + 1 = \underline{1 \text{ (kN)}}$$

$$D-D \text{ 断面}: F_{DD} = (-P_8) + (-P_7) + P_6 + P_5 = (-1) + (-1) + 1 + 1 = \underline{0 \text{ (kN)}}$$

$$E-E \text{ 断面}: F_{EE} = (-P_8) + (-P_7) + P_6 = (-1) + (-1) + 1 = \underline{-1 \text{ (kN)}}$$

$$F-F \text{ 断面}: F_{FF} = (-P_8) + (-P_7) = (-1) + (-1) = \underline{-2 \text{ (kN)}}$$

$$G-G \text{ 断面}: F_{GG} = -P_8 = \underline{-1 \text{ (kN)}}$$

1）および2）より，断面の前後（図では左右）いずれの荷重について計算しても，同じ結果が得られることがわかる。以上の結果を図示すると，図 4.7 に示すせん断力曲線が得られる。

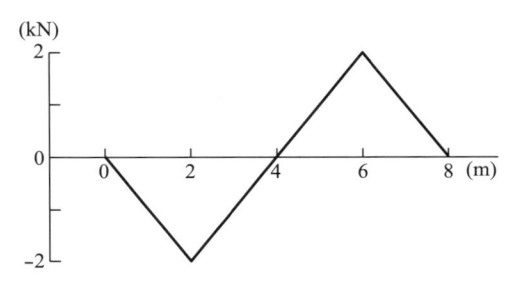

図 4.7　例題 4.2 におけるせん断力曲線

4.2.3　縦曲げモーメント計算の基礎知識

　船体の任意断面に働く縦曲げモーメントは，その断面の前後いずれかに作用する力のモーメントを合計することで求まる。この場合，断面の片側に作用する個々の荷重によるモーメントが，船体をどのように曲げようとするのかに着目し，図 4.8 (a) に従って（＋）（－）の符号を付けて計算する。縦曲げモーメントの符号は，「時計回りまたは反時計回り」といった向きで決まる力のモーメントの符号と混同しないようにしなければならない。図 4.9 において，X–X 断面に働く縦曲げモーメント M を求める場合，同断面の船首側に作用するモーメント（力×距離）を，式 (4.3) のように合計すればよい。

$$M = P_1 \cdot l_1 + P_2 \cdot l_2 + (-P_3 \cdot l_3) + P_4 \cdot l_4 \tag{4.3}$$

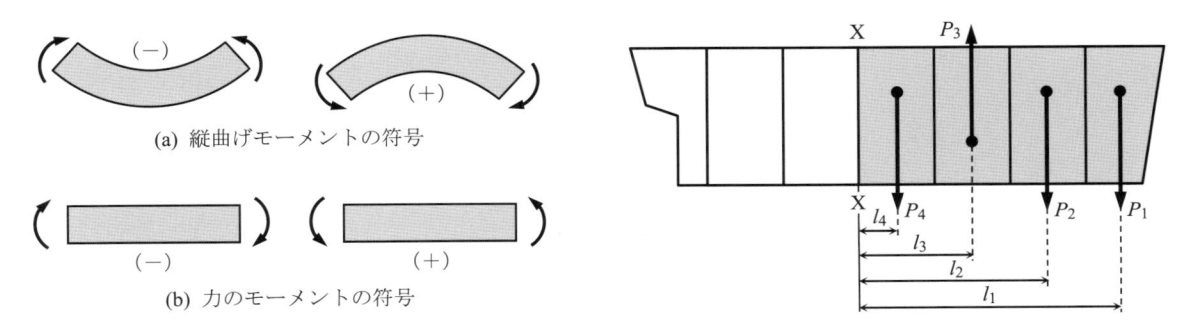

図 4.8　縦曲げモーメントの符号と力のモーメントの符号　　　図 4.9　縦曲げモーメントの計算

【例題 4.3】

　　例題 4.2 の荷重分布を持つ船において，A–A から G–G の各断面に働く縦曲げモーメントを求めよ。

［解答および解説］

　　荷重は分割された各部の中央に働くものとする。各部の長さはいずれも 1 m であるから，縦曲げモーメントは以下のように計算できる。

1）各断面の船首側（図では右側）に作用するモーメントについて考えると

A–A 断面： $M_{AA} = -P_1 \cdot Aa = -1 \cdot 0.5 = \underline{-0.5 \,(\text{kN} \cdot \text{m})}$

B–B 断面： $M_{BB} = (-P_1 \cdot Ba) + (-P_2 \cdot Bb) = (-1 \cdot 1.5) + (-1 \cdot 0.5) = \underline{-2.0 \,(\text{kN} \cdot \text{m})}$

C–C 断面： $M_{CC} = (-P_1 \cdot Ca) + (-P_2 \cdot Cb) + P_3 \cdot Cc = (-1 \cdot 2.5) + (-1 \cdot 1.5) + 1 \cdot 0.5 = \underline{-3.5 \,(\text{kN} \cdot \text{m})}$

D–D 断面： $M_{DD} = (-P_1 \cdot Da) + (-P_2 \cdot Db) + P_3 \cdot Dc + P_4 \cdot Dd$

$\qquad = (-1 \cdot 3.5) + (-1 \cdot 2.5) + 1 \cdot 1.5 + 1 \cdot 0.5 = \underline{-4.0 \,(\text{kN} \cdot \text{m})}$

E–E 断面： $M_{EE} = (-P_1 \cdot Ea) + (-P_2 \cdot Eb) + P_3 \cdot Ec + P_4 \cdot Ed + P_5 \cdot Ee$

$\qquad = (-1 \cdot 4.5) + (-1 \cdot 3.5) + 1 \cdot 2.5 + 1 \cdot 1.5 + 1 \cdot 0.5 = \underline{-3.5 \,(\text{kN} \cdot \text{m})}$

F–F 断面： $M_{FF} = (-P_1 \cdot Fa) + (-P_2 \cdot Fb) + P_3 \cdot Fc + P_4 \cdot Fd + P_5 \cdot Fe + P_6 \cdot Ff$

$\qquad = (-1 \cdot 5.5) + (-1 \cdot 4.5) + 1 \cdot 3.5 + 1 \cdot 2.5 + 1 \cdot 1.5 + 1 \cdot 0.5 = \underline{-2.0 \,(\text{kN} \cdot \text{m})}$

G–G 断面： $M_{GG} = (-P_1 \cdot Ga) + (-P_2 \cdot Gb) + P_3 \cdot Gc + P_4 \cdot Gd + P_5 \cdot Ge + P_6 \cdot Gf + (-P_7 \cdot Gg)$

$\qquad = (-1 \cdot 6.5) + (-1 \cdot 5.5) + 1 \cdot 4.5 + 1 \cdot 3.5 + 1 \cdot 2.5 + 1 \cdot 1.5 + (-1 \cdot 0.5) = \underline{-0.5 \,(\text{kN} \cdot \text{m})}$

2）各断面の船尾側（図では左側）に作用するモーメントについて考えると

A–A 断面： $M_{AA} = (-P_8 \cdot Ah) + (-P_7 \cdot Ag) + P_6 \cdot Af + P_5 \cdot Ae + P_4 \cdot Ad + P_3 \cdot Ac + (-P_2 \cdot Ab)$

$\qquad = (-1 \cdot 6.5) + (-1 \cdot 5.5) + 1 \cdot 4.5 + 1 \cdot 3.5 + 1 \cdot 2.5 + 1 \cdot 1.5 + (-1 \cdot 0.5) = \underline{-0.5 \,(\text{kN} \cdot \text{m})}$

B–B 断面： $M_{BB} = (-P_8 \cdot Bh) + (-P_7 \cdot Bg) + P_6 \cdot Bf + P_5 \cdot Be + P_4 \cdot Bd + P_3 \cdot Bc$

$\qquad = (-1 \cdot 5.5) + (-1 \cdot 4.5) + 1 \cdot 3.5 + 1 \cdot 2.5 + 1 \cdot 1.5 + 1 \cdot 0.5 = \underline{-2.0 \,(\text{kN} \cdot \text{m})}$

C–C 断面： $M_{CC} = (-P_8 \cdot Ch) + (-P_7 \cdot Cg) + P_6 \cdot Cf + P_5 \cdot Ce + P_4 \cdot Cd$

$\qquad = (-1 \cdot 4.5) + (-1 \cdot 3.5) + 1 \cdot 2.5 + 1 \cdot 1.5 + 1 \cdot 0.5 = \underline{-3.5 \,(\text{kN} \cdot \text{m})}$

D–D 断面： $M_{DD} = (-P_8 \cdot Dh) + (-P_7 \cdot Dg) + P_6 \cdot Df + P_5 \cdot De$

$\qquad = (-1 \cdot 3.5) + (-1 \cdot 2.5) + 1 \cdot 1.5 + 1 \cdot 0.5 = \underline{-4.0 \,(\text{kN} \cdot \text{m})}$

E–E 断面： $M_{EE} = (-P_8 \cdot Eh) + (-P_7 \cdot Eg) + P_6 \cdot Ef = (-1 \cdot 2.5) + (-1 \cdot 1.5) + 1 \cdot 0.5 = \underline{-3.5 \,(\text{kN} \cdot \text{m})}$

F–F 断面： $M_{FF} = (-P_8 \cdot Fh) + (-P_7 \cdot Fg) = (-1 \cdot 1.5) + (-1 \cdot 0.5) = \underline{-2.0 \,(\text{kN} \cdot \text{m})}$

G–G 断面： $M_{GG} = -P_8 \cdot Gh = -1 \cdot 0.5 = \underline{-0.5 \,(\text{kN} \cdot \text{m})}$

　1）および2）より，断面の前後（図では左右）いずれのモーメントについて計算しても，同じ結果が得られることがわかる。以上の結果を図示すると，図 4.10 に示す曲げモーメント曲線が得られる。

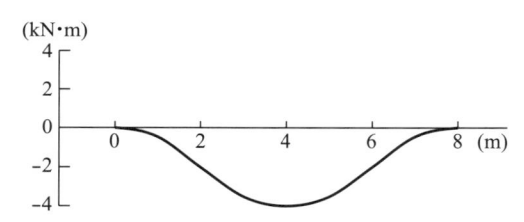

図 4.10　例題 4.3 における曲げモーメント曲線

4.2.4　荷重，せん断力および曲げモーメントの相互の関係

　図 4.11 (a) の荷重曲線において示すように，船尾から任意位置 x までの面積を求め，その値を別のグラフ上に記入する操作を繰り返すと，同図 (b) のせん断力曲線が得られる。さらに，そのせん断力曲線に対しても同様の操作を行うと，(c) の曲げモーメント曲線が得られる。これらから，荷重，せん断力および曲げモーメントは相互に関係しており，曲げモーメント曲線およびせん断力曲線の凹凸の大小は，荷重曲線のそれらが原因であることがわかる。

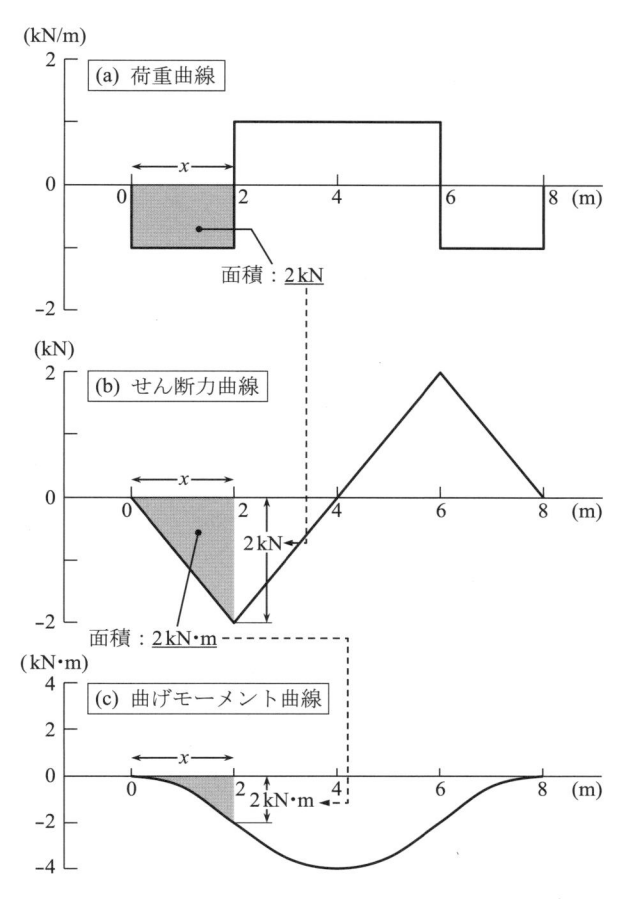

図 4.11 荷重曲線，せん断力曲線および曲げモーメント曲線の相互の関係

注）面積を求めるという操作は，数学的には「積分する」ことである。よって，各曲線の関係は，「「荷重曲線」を船の長さ方向に積分すると「せん断力曲線」が得られ，「せん断力曲線」を積分すると「曲げモーメント曲線」が得られる」と言い換えることができる。

4.2.5 せん断応力と縦曲げ応力

（1）せん断応力

物体に荷重が作用したときに，その内部に生ずる抵抗力を「応力」という。「せん断応力」とは，物体にせん断力が働いたときの抵抗力である。たとえば，図 4.12 のように，2 枚の鋼板を固定した断面積 A のボルトにおいてせん断力 F が作用した場合，ボルトに生ずるせん断応力 τ は，式 (4.4) で求めることができる。

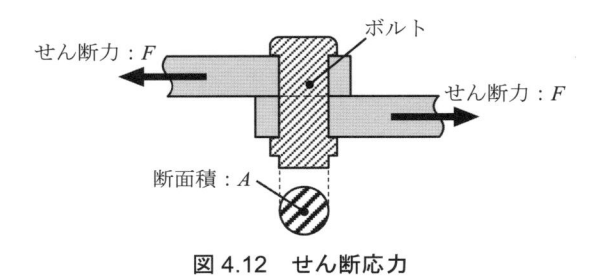

図 4.12 せん断応力

$$\tau = \frac{F}{A} \tag{4.4}$$

ローディングマニュアルにおけるせん断応力は，船体にせん断力が働いたときの構成部材の抵抗力で，なかが空洞の横断面を持つ船体の場合，甲板や船底外板のような水平に配置された部材はせん断力をほとんど受け持たず，船側外板や縦通隔壁のような垂直部材で受け持つ。そこで同マニュアルでは，式 (4.5) の近似式より求めた平均せん断応力が，縦強度の許容値に対するせん断応力として示されている。

$$平均せん断応力 \fallingdotseq \frac{せん断力}{せん断有効断面積（外板および縦通隔壁などの断面積）} \tag{4.5}$$

【例題 4.4】

図 4.13 のような横断面形状のはりに，100 kN の
せん断力が作用する場合，はりに生ずる平均せん断
応力を求めよ。

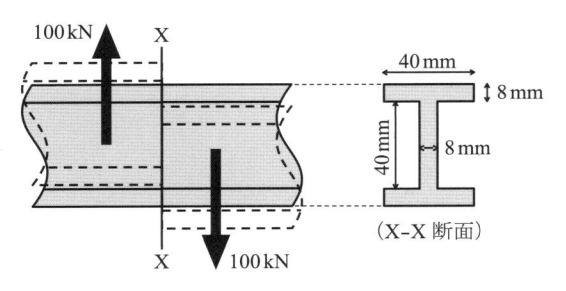

図 4.13 例題 4.4 におけるはりの断面とせん断力

［解答および解説］

せん断力：$F = 100\,\text{kN}$，断面積：$A = 960\,\text{mm}^2$ であるから

$$平均せん断応力：\tau = \frac{F}{A} = \frac{100}{960} = 0.104\ (\text{kN/mm}^2)$$

注） ここでは断面に生ずるせん断応力は均一であるとしているが，実際には曲げによるせん断応力も生ずるため，同一
の横断面でも一様ではなく上下位置により異なる。船体の場合は中立軸（後述）の高さで最大となる。

（2）縦曲げ応力

船体に縦曲げモーメントが作用しサ
ギング状態になった場合，図 4.3 に示
したように船底は引っ張られるので引
張応力が生じ，甲板は圧縮されるので
圧縮応力が生じる。そのため横断面に
おける応力分布は図 4.14 のようにな
る。このように，曲げモーメントによ
り生ずる応力を曲げ応力といい，甲板または船底で最大となる。最大曲げ応力は式 (4.6) から計算できる。

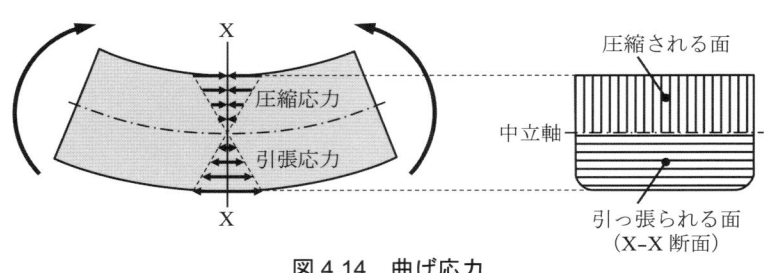

図 4.14 曲げ応力

$$曲げ応力 = \frac{断面に働く曲げモーメント}{断面係数} \tag{4.6}$$

断面係数（Z）は船体の断面形状および部材の配置により値が定まる。ローディングマニュアルには，曲げ応
力が生じない位置（「中立軸」という）から，甲板側および船底側の断面係数があらかじめ計算されており，それ
らの値と静水中および波浪中における曲げモーメントから得られた曲げ応力が示されている。

【例題 4.5】

図 4.15 のような横断面形状のはり
に，4 kN・m の曲げモーメントが作
用するとき，最大曲げ応力を求めよ。

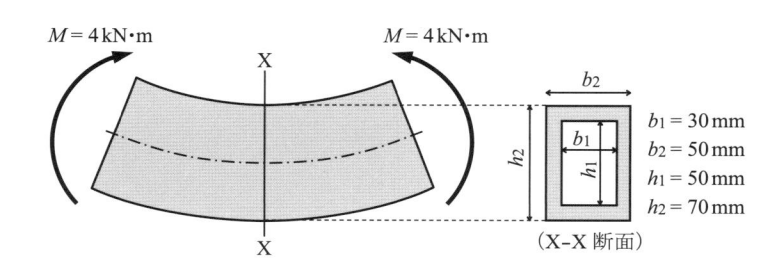

図 4.15 例題 4.5 におけるはりの断面と曲げモーメント

［解答および解説］

断面係数：$Z = 31{,}905\,\text{mm}^3$，曲げモーメント：$M = 4\,\text{kN·m} = 4{,}000\,\text{kN·mm}$ であるから，式 (4.6) より

$$曲げ応力：\sigma = \frac{M}{Z} = \frac{4{,}000}{31{,}905} = 0.125\ (\text{kN/mm}^2)$$

注） 図 4.15 のような断面形状を持つはりの断面係数は，次式で求まる。

$$Z = \frac{1}{6} \cdot \frac{b_2 \cdot h_2{}^3 - b_1 \cdot h_1{}^3}{h_2}$$

4.3　標準書式による縦強度計算

　標準積付け状態と異なる積付けをする場合は，せん断力および縦曲げモーメントをその都度計算し，許容値内に収まることを確認しなければならない。ローディングマニュアルでは，計算をできるだけ簡単に四則計算のみで行えるように工夫された計算表が用意されている。以下にその計算方法について説明する。

4.3.1　ローディングマニュアルにおける計算式

　せん断力および縦曲げモーメントの計算において最も複雑なものは，荷重分布を求めることである。そこで荷重を次のように分けて考える。荷重分布は例題 4.1 からわかるように，重量曲線と浮力曲線の差から求まる。よって

$$
\begin{aligned}
荷重 &= 重量 - 浮力 \\
&= (軽荷重量 + 載貨重量) - 浮力 \\
&= 載貨重量 + (軽荷重量 - 浮力)
\end{aligned}
\tag{4.7}
$$

　軽荷重量は積付け状態とは無関係な各船固有の重量であり，また浮力については喫水およびトリムによって決まるため，上式の「軽荷重量 - 浮力」の分布は，事前に造船所で計算できる。よって，船においては，積荷やバラストなどの載貨重量（積載物の重量）の分布のみを計算すればよい。

　いま，図 4.16 に示すように，任意の断面 X–X の船首側に働く荷重に着目した場合の，静水中せん断力（F_S）および静水中縦曲げモーメント（M_S）は，それぞれ式 (4.8) および (4.9) で表される。ただし，せん断力および縦曲げモーメントの符号は，図 4.4 および図 4.8 のとおりとする。

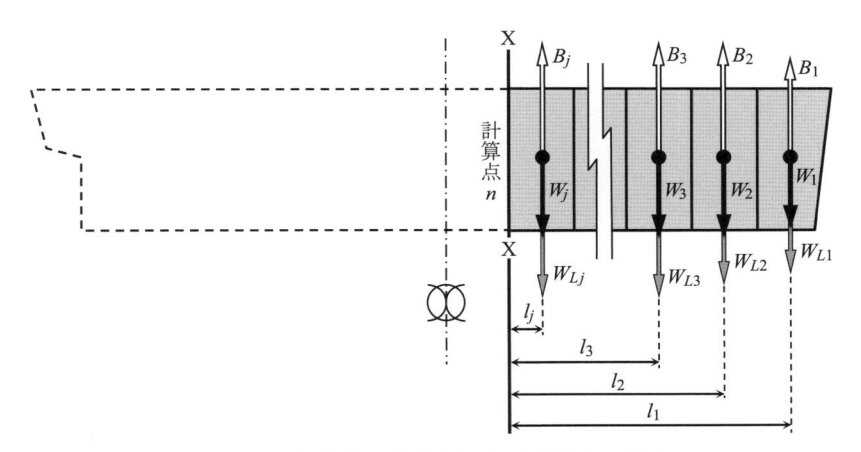

図 4.16　計算点の船首側における荷重の分布

1）静水中せん断力：F_S

$$
\begin{aligned}
F_S &= -(W_1 + W_2 + W_3 + \cdots + W_j) - (W_{L1} + W_{L2} + W_{L3} + \cdots + W_{Lj}) + (B_1 + B_2 + B_3 + \cdots + B_j) \\
&= \{(B_1 - W_{L1}) + (B_2 - W_{L2}) + (B_3 - W_{L3}) + \cdots + (B_j - W_{Lj})\} - (W_1 + W_2 + W_3 + \cdots + W_j) \\
&= \mathrm{SS} - \Sigma W
\end{aligned}
\tag{4.8}
$$

$W_1, W_2, W_3 \cdots W_j$：各区画の載貨重量

$W_{L1}, W_{L2}, W_{L3} \cdots W_{Lj}$：各区画の軽荷重量

$B_1, B_2, B_3 \cdots B_j$：各区画に作用する浮力

ΣW：「載貨重量」によるせん断力　$(\Sigma W = W_1 + W_2 + W_3 + \cdots + W_j)$

SS：「浮力 - 軽荷重量」によるせん断力　$(\mathrm{SS} = (B_1 - W_{L1}) + (B_2 - W_{L2}) + (B_3 - W_{L3}) + \cdots + (B_j - W_{Lj}))$

2）静水中縦曲げモーメント：M_S

$$
\begin{aligned}
Ms &= (W_1 \cdot l_1 + W_2 \cdot l_2 + W_3 \cdot l_3 + \cdots + W_j \cdot l_j) \\
&\quad + (W_{L1} \cdot l_1 + W_{L2} \cdot l_2 + W_{L3} \cdot l_3 + \cdots + W_{Lj} \cdot l_j) \\
&\quad - (B_1 \cdot l_1 + B_2 \cdot l_2 + B_3 \cdot l_3 + \cdots + B_j \cdot l_j) \\
&= (W_1 \cdot l_1 + W_2 \cdot l_2 + W_3 \cdot l_3 + \cdots + W_j \cdot l_j) \\
&\quad - \{(B_1 \cdot l_1 + B_2 \cdot l_2 + B_3 \cdot l_3 + \cdots + B_j \cdot l_j) - (W_{L1} \cdot l_1 + W_{L2} \cdot l_2 + W_{L3} \cdot l_3 + \cdots + W_{Lj} \cdot l_j)\} \\
&= (W_1 \cdot l_1 + W_2 \cdot l_2 + W_3 \cdot l_3 + \cdots + W_j \cdot l_j) \\
&\quad - \{(B_1 - W_{L1}) \cdot l_1 + (B_2 - W_{L2}) \cdot l_2 + (B_3 - W_{L3}) \cdot l_3 + \cdots + (B_j - W_{Lj}) \cdot l_j\} \\
&= \Sigma M - SB
\end{aligned}
\tag{4.9}
$$

ΣM：「載貨重量」による縦曲げモーメント

$\quad (\Sigma M = W_1 \cdot l_1 + W_2 \cdot l_2 + W_3 \cdot l_3 + \cdots + W_j \cdot l_j)$

SB：「浮力 - 軽荷重量」による縦曲げモーメント

$\quad (SB = (B_1 - W_{L1}) \cdot l_1 + (B_2 - W_{L2}) \cdot l_2 + (B_3 - W_{L3}) \cdot l_3 + \cdots + (B_j - W_{Lj}) \cdot l_j)$

4.3.2 「浮力 - 軽荷重量」によるせん断力および縦曲げモーメントの計算

式 (4.8) および (4.9) の SS および SB はあらかじめ計算されており，表 4.1 に示すような数値表にまとめられている。喫水 1 m ごとに定められた BASE DRAFT 別に諸データがまとめられており、各計算点（Frame No. で示される）に対する，BASE VALUE，DRAFT CORRECTION および TRIM CORRECTION の値が与えられている。

a）BASE VALUE（S.F. および B.M.）：BASE DRAFT において等喫水で浮かんでいるときの値

b）DRAFT CORRECTION（CD）：船尾喫水が「BASE DRAFT〜BASE DRAFT ＋ 1.00 m 未満」の場合の修正係数

　　注）　BASE DRAFT は船尾喫水の値を基準とする。

c）TRIM CORRECTION（CT）：トリムに対する修正係数

　　注）　船尾トリムを（＋），船首トリムを（－）とする。

これらの値の関係を図 4.17 に示す。なお，表 4.1 は，BASE DRAFT が 14.00 m に対するもので、いずれの数値表の値を用いるかは，船尾喫水で決まる。表 4.1 は，船尾喫水が，14.00〜14.99 m のときに使用する。

注）　数値表には，実際の値の 1/1000 の数値が記載されている。

表 4.1　SS および SB の数値表

LONGITUDINAL STRENGTH DATA
(FOR BUOYANCY & LIGHT SHIP WEIGHT)

*** EACH VALUE SHOWS (ACTUAL VALUE/1000) ***

BASE DRAFT　14.000 METER

CALCULATION POSITION	SHEARING FORCE (UNIT MT)			BENDING MOMENT (UNIT MT-M)		
	BASE VALUE (S.F.)	DRAFT CORRECTION (CD)	TRIM CORRECTION (CT)	BASE VALUE (B.M.)	DRAFT CORRECTION (CD)	TRIM CORRECTION (CT)
FRAME　(117)	3.357	0.323	-0.320	24.318	2.347	-2.453
FRAME　(106)	36.529	3.134	-2.698	1011.433	89.135	-80.450
FRAME　(96)	73.728	6.193	-4.812	3751.549	320.931	-269.071
FRAME　(86)	110.876	9.252	-6.448	8339.466	704.736	-550.856
FRAME　(76)	145.877	12.270	-7.592	14745.062	1240.113	-901.903
FRAME　(71)	159.997	13.649	-7.956	18562.504	1563.183	-1095.595
FRAME　(67)	168.100	14.550	-8.126	21832.635	1844.181	-1255.618

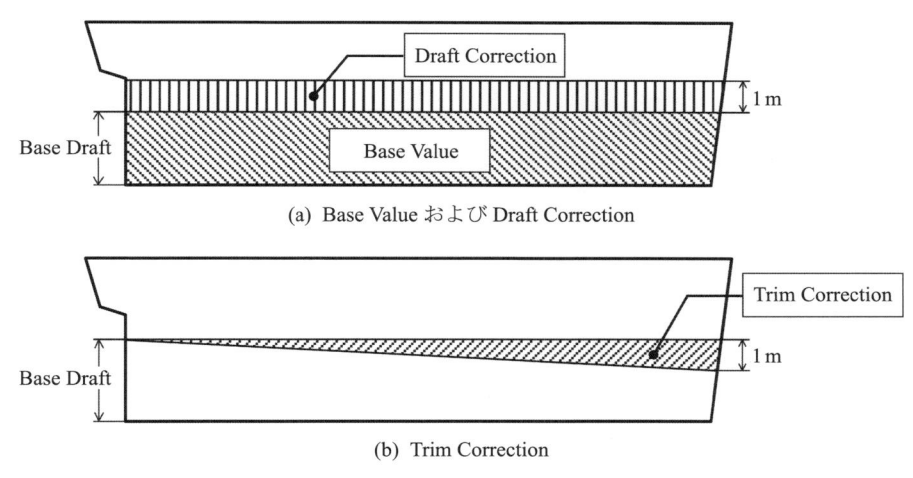

図 4.17　SS および SB の値（表 4.1 の場合）

【例題 4.6】

船首喫水 12.36 m，船尾喫水 14.22 m のとき，Frame No.117 における「浮力 − 軽荷重量」によるせん断力（SS）および縦曲げモーメント（SB）を求めよ。

［解答および解説］

船尾喫水が 14.22 m のときの BASE DRAFT は 14.00 m であるから，表 4.1 の値が利用できる。また，BASE DRAFT と船尾喫水の差（Δd）およびトリム（t）は次のとおり。

$$\Delta d = \text{「船尾喫水」} - \text{「BASE DRAFT」} = 14.22 - 14.00 = 0.22 \ (\text{m})$$
$$t = 14.22 - 12.36 = 1.86 \ (\text{m})$$

Frame No.117 における表値は以下のとおりである。

		せん断力		縦曲げモーメント
BASE VALUE	S.F.	3.357	B.M.	24.318
DRAFT CORRECTION	CD	0.323	CD	2.347
TRIM CORRECTION	CT	−0.320	CT	−2.453

1）せん断力（SS）を求める。

$$SS = \text{S.F.} + \text{CD} \times \Delta d + \text{CT} \times t$$
$$= 3.357 + 0.323 \times 0.22 + (-0.320) \times 1.86 = 2.833$$

これは，実際の数値の 1/1000 であるから，せん断力は 2,833 tf（= 27,763 kN）である。

2）縦曲げモーメント（SB）を求める。

$$SB = \text{B.M.} + \text{CD} \times \Delta d + \text{CT} \times t$$
$$= 24.318 + 2.347 \times 0.22 + (-2.453) \times 1.86 = 20.271$$

これは，実際の 1/1000 の値であるから，縦曲げモーメントは 20,271 tf·m（= 198,656 kN·m）である。

4.3.3　「載貨重量」によるせん断力および縦曲げモーメントの計算

式 (4.8) および (4.9) の ΣW および ΣM は，計算点ごとに求める必要があり，かなり繁雑であることから，以下の方法により計算量の軽減が図られている。

図 4.18 から，ΣW および ΣM は以下のようにして求めることができる。

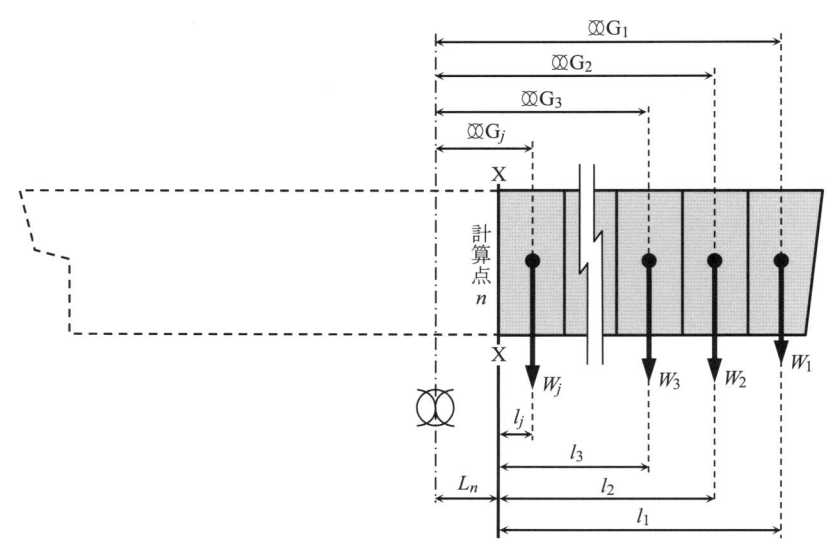

図 4.18　載貨重量によるせん断力と縦曲げモーメントの計算

1）載貨重量によるせん断力（ΣW）

$$\Sigma W = W_1 + W_2 + W_3 + \cdots + W_j = \sum_{i=1}^{j} W_i \tag{4.10}$$

2）載貨重量による縦曲げモーメント（ΣM）

$$
\begin{aligned}
\Sigma M &= W_1 \cdot l_1 + W_2 \cdot l_2 + W_3 \cdot l_3 + \cdots + W_j \cdot l_j \\
&= W_1\,(\otimes G_1 - L_n) + W_2\,(\otimes G_2 - L_n) + W_3\,(\otimes G_3 - L_n) + \cdots + W_j\,(\otimes G_j - L_n) \\
&= (W_1 \cdot \otimes G_1 + W_2 \cdot \otimes G_2 + W_3 \cdot \otimes G_3 + \cdots + W_j \cdot \otimes G_j) - (W_1 + W_2 + W_3 + \cdots + W_j)\,L_n \\
&= \sum_{i=1}^{j} (W_i \cdot \otimes G_i) - \sum_{i=1}^{j} W_i \cdot L_n
\end{aligned}
\tag{4.11}
$$

$\otimes G_i$：載貨重量 W_i の重心位置 G_i から $\otimes$ までの距離

L_n：$\otimes$ から計算点 n までの距離

　式 (4.11) の第 1 式の計算においては，計算点 n の位置が変われば l_1，l_2，$l_3 \cdots l_j$ の値がすべて異なるので，多くの計算を要する。そこで，計算量の軽減を図るため，$\otimes$ まわりのモーメントが基準になるように変形したものが，第 2 式以降である。すなわち，第 4 式の第 1 項（$\Sigma(W_i \cdot \otimes G_i)$）は，船首から順次計算した $W_i \cdot \otimes G_i$ を累計することで求まり，第 2 項の ΣW_i はせん断力計算における式 (4.10) と重複しているため，改めて計算する必要はない。これにより全体的な計算量はかなり少なくなる。

　いま縦曲げモーメント M_S の符号を

　　　　　　ホギングモーメントに対しては（+）　　　サギングモーメントに対しては（−）

と定め，$\otimes G_i$ の符号を

　　　　　　G_i が $\otimes$ より船尾にあるとき（+）　　　G_i が $\otimes$ より船首にあるとき（−）

L_n の符号を

　　　　　　計算点が $\otimes$ より船尾にあるとき（+）　　　計算点が $\otimes$ より船首にあるとき（−）

とすると，式 (4.11) の第 4 式の符号が反転し，次式となる。

$$\Sigma M = \sum_{i=1}^{j} W_i \cdot L_n - \sum_{i=1}^{j} (W_i \cdot \boxtimes G_i) \tag{4.12}$$

以上をまとめると，計算点 n におけるせん断力と縦曲げモーメントを求める式は，次式となる。

せん断力

$$F_{Sn} = SS_n - \Sigma W \tag{4.13}$$

$$= SS_n - \sum_{i=1}^{j} W_i \tag{4.14}$$

$$= SS_n - (W_1 + W_2 + W_3 + \cdots + W_j) \tag{4.15}$$

SS_n：「浮力－軽荷重量」によるせん断力。数値表より求める。

縦曲げモーメント

$$M_{Sn} = \Sigma M_n - SB_n \tag{4.16}$$

$$= \sum_{i=1}^{j} W_i \cdot L_n - \sum_{i=1}^{j} M_i - SB_n \tag{4.17}$$

$$= \sum_{i=1}^{j} W_i \cdot L_n - \sum_{i=1}^{j} (W_i \cdot \boxtimes G_i) - SB_n \tag{4.18}$$

$$= (W_1 + W_2 + W_3 + \cdots + W_j) L_n - (W_1 \cdot \boxtimes G_1 + W_2 \cdot \boxtimes G_2 + W_3 \cdot \boxtimes G_3 + \cdots + W_j \cdot \boxtimes G_j) - SB_n \tag{4.19}$$

SB_n：「浮力－軽荷重量」による縦曲げモーメント。数値表より求める。

4.3.4　せん断力および縦曲げモーメント計算表の利用

　実際の計算には，表 4.2 に示すような計算表が用いられる。同表には計算手順が併記されているので，それに従えば比較的容易に計算ができる。

　計算表は，「ローディング・マニュアル作成基準及び作成要領」に従いある程度の統一が図られているが，せん断力や縦曲げモーメントの符号の決め方，計算対象が計算点の船首側かあるいは船尾側かなどについては造船所により多少の相違があるため注意を要する。なお表 4.2 は，計算点の船首側について計算し，せん断力および縦曲げモーメントの符号を，それぞれ図 4.4 および図 4.8 と同じにした場合である。また，SS_n および SB_n は，表 4.1 の値を用いている。

表 4.2　せん断力および縦曲げモーメント計算表　→　折り込み

　計算表は，左右 2 つの部分からなる。左側は積荷重量やバラストなどの載貨重量に関する計算，右側はせん断力および縦曲げモーメントの計算で，左側で求めた値と表 4.1 から得られる値を代入して計算する。いずれも計算点ごとに同様の計算を繰り返し行うため，比較的単純である。

（1）基本データ

　　1）（A）において，"AFT DRAFT" 欄に船尾喫水（14.22 m）を，"BASE DRAFT" 欄には，1 m 単位で船尾喫水より小さい値（14.00 m）を記入する。この値が，以降において表 4.1 から所要の数値を求めるための基準となる。

　　2）"DIFFERENCE（Δd）" 欄には，AFT DRAFT（d_a）と BASE DRAFT（d_b）との差（0.22 m）を記入する。

　　3）"TRIM" 欄には，トリム（1.86 m）を記入する。

（2）載貨重量に関する計算（左側の表計算）

1) （I）欄に，各タンクに積載された重量の 1/1,000 の値を記入する。

2) （II）欄に記載の値は，ひとつのタンクが計算点をまたぐ場合の当該計算点に関する重量配分を示す係数である。計算例では，「14 No.5 C.O.T.（C）」が計算点である FR.71 をまたいで配置されているため，FR.71 に関しては配分率が 0.650，FR.67 に関しては 0.350 となっている。

3) （I）欄と（II）欄の値を掛けて（III）欄が得られる。各タンクにおける（III）欄の値 W_i が，式 (4.15)，(4.19) などの W_1，W_2，$W_3 \cdots$ である。

4) 各計算点における ΣW_i は，式 (4.14) の ΣW_i であり，(4) に示すように計算点より前における W_i の総和である。これを簡便に求めるため，(2) = (1) + ②，(3) = (2) + ③ … を計算する。

5) （III）欄と（IV）欄の値を掛けて（V）欄が得られる。これは式 (4.18) の $W_i \cdot \ell G_i$（すなわち，$W_1 \cdot \ell G_1$，$W_2 \cdot \ell G_2$，$W_3 \cdot \ell G_3 \cdots$）である。

6) 各計算点における ΣM_i は式 (4.17) の ΣM_i で，これは式 (4.18) の $\Sigma W_i \cdot \ell G_i$ であるから，(8) に示すように計算点より前における $W_i \cdot \ell G_i$ の総和である。これを簡便に求めるため，4) と同様に (6) = (5) + ⑥，(7) = (6) + ⑦ … を計算する。

（3）せん断力および縦曲げモーメントの計算（右側の表計算）

　　計算表の右側のうち，左側部分でせん断力を，右側部分で縦曲げモーメントの計算を行う。ここでは，計算点が FR.117 の場合を例に説明する。

　a. SHEARING FORCE（F_S）の計算（左側部分の計算）

　　1) ①，CD，CT 欄に，表 4.1 から求まる値をそれぞれ記入する。

　　2) CD（0.323）と Δd（0.22）を掛け，得られた値（0.071）を②欄に記入する。

　　3) CT（−0.320）と TRIM（1.86）を掛け，得られた値（−0.595）を③欄に記入する。

　　4) ③の下欄の SS は，式 (4.13) から (4.15) の SS_n を示す。この欄には①から③の総和（2.833）を記入する。

　　5) SS 欄下の ΣW には，左側の表計算における (1) で求めた ΣW_i の値（0.000）を転記する。

　　6) $(SS - \Sigma W) \times 9{,}800$ はこの計算点におけるせん断力であり，上で求めた SS の値（2.833）と ΣW の値（0.000）の差に 9,800 を掛けて求める。

　　　　注）　この表計算においては，重量はすべて実際の 1/1,000 の値を用いている（(2)1）参照）。よって実際のせん断力に換算し，さらに単位を "kN" にするため，最後に $(SS - \Sigma W)$ を 9,800 倍している。

　　7) ⑫に記載された値は，この計算点におけるせん断力の許容値である。6) で得られた値の絶対値が，この数値以下であることを確認しなければならない。

　b. BENDING MOMENT（M_S）の計算（右側部分の計算）

　　1) ①，CD，CT 欄に，表 4.1 から求まる値をそれぞれ記入する。

　　2) CD（2.347）と Δd（0.22）を掛け，得られた値（0.516）を②欄に記入する。

　　3) CT（−2.453）と TRIM（1.86）を掛け，得られた値（−4.563）を③欄に記入する。

　　4) ③の下欄の SB は，式 (4.16) から (4.19) の SB_n を示す。この欄には①から③の総和（20.271）を記入する。

　　5) ⑮欄に記載された値（−140.26）は，式 (4.17) から (4.19) の L_n を示す。

　　6) ⑯欄には，左側の表計算における (5) で求めた ΣM_i の値（0.000）を転記する。

　　7) SB 欄下の ΣM は，式 (4.17) における第 1 項および第 2 項の計算である。ΣW にはその左隣の欄に記載の値（0.000）を代入し，$\Sigma W \times ⑮ - ⑯$ を計算する。

　　8) $(\Sigma M - SB) \times 9{,}800$ はこの計算点における縦曲げモーメントであり，上で求めた ΣM の値（0.000）と SB の値（20.271）の差に 9,800 を掛けて求める。

　　9) ⑱に記載された値は，この計算点における縦曲げモーメントの許容値である。8) で得られた値が，この数値の範囲内にあることを確認しなければならない。

4.3.5　計算結果の確認

　表 4.2 における計算結果を図示したものが図 4.19 である。いずれの計算点においても許容値内に収まっていることがわかる。

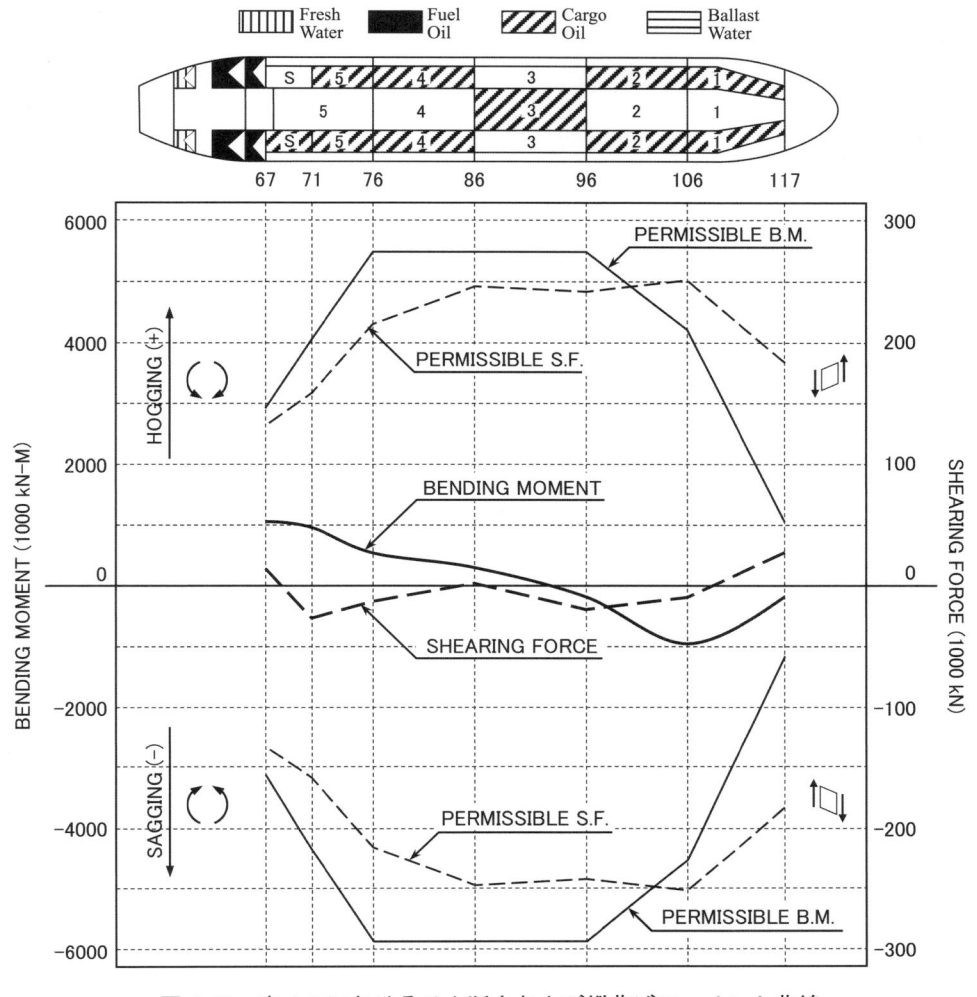

図 4.19　表 4.2 におけるせん断力および縦曲げモーメント曲線

4.4　標準書式に準じた縦強度計算（中型船対象）

　標準書式によることが必ずしも適当でない中型船の場合，同書式に準拠した形での計算表および諸データを求めるための数値表が備えられており，それにより標準積付け状態以外の積付けをする場合の，せん断力および縦曲げモーメントが計算できるようになっている。基本的な考え方は 4.3 で述べたものと同じであるが，用いられている記号，計算表および数値表の構成などにおいて若干の相違があるので，以下にその例を上げ計算方法について説明する。

4.4.1　ローディングマニュアルにおける計算式

　4.3.1 で述べたとおり，せん断力および縦曲げモーメントの船内での計算を容易にするため，最も複雑な荷重計算を式 (4.7) に示したように分けて考える。

$$荷重 ＝ 載貨重量 ＋ （軽荷重量 － 浮力）\tag{4.7 再掲}$$

90

いま，図 4.20 に示すように，任意の断面 X–X の<u>船尾側</u>に働く荷重に着目した場合の，静水中せん断力（SF）および静水中縦曲げモーメント（BM）を考えると，それぞれ式 (4.20) および (4.21) で表される。ただし，せん断力および縦曲げモーメントの符号は，図 4.4 および図 4.8 のとおりとする。

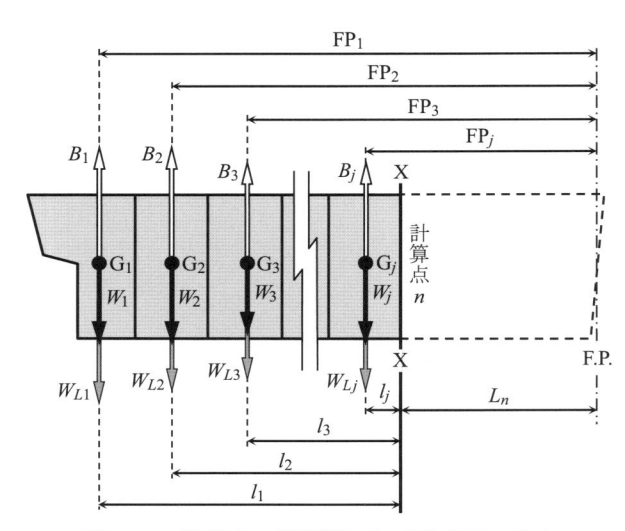

図 4.20　計算点の船尾側における荷重の分布

1）静水中せん断力：SF

$$\text{SF} = (W_1 + W_2 + W_3 + \cdots + W_j) + \{(W_{L1} + W_{L2} + W_{L3} + \cdots + W_{Lj}) - (B_1 + B_2 + B_3 + \cdots + B_j)\}$$
$$= (W_1 + W_2 + W_3 + \cdots + W_j) + \{(W_{L1} - B_1) + (W_{L2} - B_2) + (W_{L3} - B_3) + \cdots + (W_{Lj} - B_j)\}$$
$$= W_D + S_n \tag{4.20}$$

$W_1, W_2, W_3 \cdots W_j$：各区画の載貨重量

$W_{L1}, W_{L2}, W_{L3} \cdots W_{Lj}$：各区画の軽荷重量

$B_1, B_2, B_3 \cdots B_j$：各区画に作用する浮力

W_D：「載貨重量」によるせん断力　$(W_D = W_1 + W_2 + W_3 + \cdots + W_j)$

S_n：「軽荷重量－浮力」によるせん断力　$(S_n = (W_{L1} - B_1) + (W_{L2} - B_2) + (W_{L3} - B_3) + \cdots + (W_{Lj} - B_j))$

2）静水中縦曲げモーメント：BM

$$\text{BM} = (W_1 \cdot l_1 + W_2 \cdot l_2 + W_3 \cdot l_3 + \cdots + W_j \cdot l_j)$$
$$\quad + \{(W_{L1} \cdot l_1 + W_{L2} \cdot l_2 + W_{L3} \cdot l_3 + \cdots + W_{Lj} \cdot l_j) - (B_1 \cdot l_1 + B_2 \cdot l_2 + B_3 \cdot l_3 + \cdots + B_j \cdot l_j)\}$$
$$= (W_1 \cdot l_1 + W_2 \cdot l_2 + W_3 \cdot l_3 + \cdots + W_j \cdot l_j)$$
$$\quad + \{(W_{L1} - B_1) \cdot l_1 + (W_{L2} - B_2) \cdot l_2 + (W_{L3} - B_3) \cdot l_3 + \cdots + (W_{Lj} - B_j) \cdot l_j\}$$
$$= M_{WD} + B_n \tag{4.21}$$

M_{WD}：「載貨重量」による縦曲げモーメント

$\quad (M_{WD} = W_1 \cdot l_1 + W_2 \cdot l_2 + W_3 \cdot l_3 + \cdots + W_j \cdot l_j)$

B_n：「軽荷重量－浮力」による縦曲げモーメント

$\quad (B_n = (W_{L1} - B_1) \cdot l_1 + (W_{L2} - B_2) \cdot l_2 + (W_{L3} - B_3) \cdot l_3 + \cdots + (W_{Lj} - B_j) \cdot l_j)$

4.4.2　「軽荷重量 – 浮力」によるせん断力および縦曲げモーメントの計算

式 (4.20) および (4.21) の S_n および B_n はあらかじめ計算されており，計算点ごとに表 4.3 に示すような数値表にまとめられている。

a）基準値（BASE VALUE）：等喫水で浮かんでいるときの値

b）対排水量修正値（DISP. CORR.）：排水量に 100 t の差がある場合の修正値

c）対トリム修正値（TRIM CORR.）：1 m の船尾トリムに対する修正値。船首トリムの場合は（＋）（－）の符号を反対にする。

　これらの値の関係を図 4.21 に示す。なお，表 4.3 は計算点が Frame No.4 に対するもので，他の計算点に対しても同様の表が備えられている。

注）　数値表には，実際の値の 1/1,000 の数値が記載されている。たとえば，最左列の DISP. の値が 6.500 とは，排水量が 6,500 t であることを表す。

表 4.3　S_n および B_n の数値表

LONGITUDINAL STRENGTH DATA

********　　CALCULATION POINT　　FRAME NO. 4　　********

DISP. (MT/1000)	SHEARING FORCE (MT/1000)			BENDING MOMENT (MT-M/1000)		
	BASE VALUE	DISP. CORR.	TRIM CORR.	BASE VALUE	DISP. CORR.	TRIM CORR.
6.500	0.107	−0.002	−0.017	0.359	−0.004	−0.049
6.600	0.105	−0.002	−0.018	0.355	−0.005	−0.056
6.700	0.103	−0.002	−0.019	0.350	−0.006	−0.062
6.800	0.101	−0.002	−0.020	0.344	−0.007	−0.067
6.900	0.099	−0.003	−0.021	0.337	−0.008	−0.073
7.000	0.096	−0.003	−0.022	0.329	−0.009	−0.077
7.100	0.093	−0.003	−0.023	0.320	−0.010	−0.082
7.200	0.090	−0.003	−0.023	0.310	−0.011	−0.086
7.300	0.087	−0.003	−0.024	0.299	−0.011	−0.090
7.400	0.084	−0.004	−0.025	0.288	−0.012	−0.094
7.500	0.080	−0.004	−0.026	0.276	−0.012	−0.098
7.600	0.076	−0.004	−0.027	0.264	−0.013	−0.102
7.700	0.072	−0.004	−0.027	0.251	−0.014	−0.105
7.800	0.068	−0.004	−0.028	0.237	−0.015	−0.107
7.900	0.064	−0.004	−0.029	0.222	−0.015	−0.110
8.000	0.060	−0.004	−0.029	0.207	−0.016	−0.113

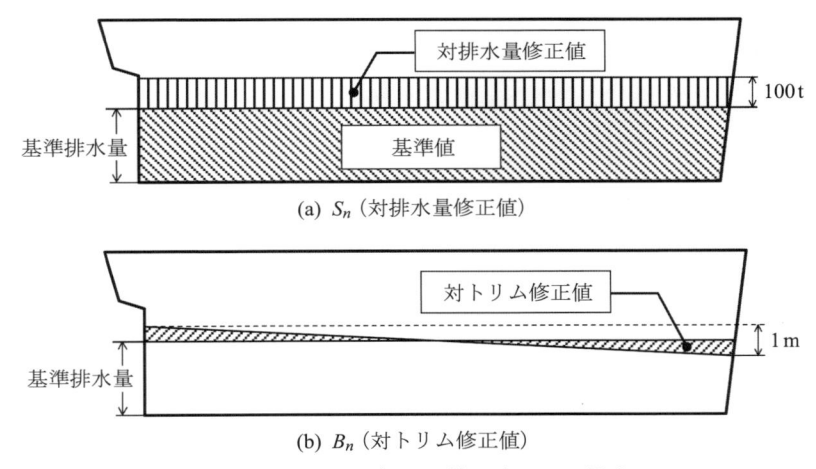

(a) S_n（対排水量修正値）

(b) B_n（対トリム修正値）

図 4.21　S_n および B_n の値（表 4.3 の場合）

注）　ここでは，基準値および修正値が，計算点ごとに排水量ベースで与えられる場合を示したが，喫水およびトリムをベースにして S_n および B_n を求める数値表を備える場合もある。

【例題 4.7】

　船首喫水 5.54 m，船尾喫水 6.52 m のとき，Frame. No.4 における「軽荷重量－浮力」によるせん断力（S_n）および縦曲げモーメント（B_n）を表 4.3 より求めよ。なお，排水量は 7,041.1 t である。

［解答および解説］

　排水量が 7041.1 t であるから，その 1/1,000（すなわち，7.0411）の直近の値（すなわち，DISP. = 7.000）に対応する表値を使用する。該当する値は以下のとおりである。

排水量	せん断力			縦曲げモーメント		
	基準値	対排水量修正値	対トリム修正値	基準値	対排水量修正値	対トリム修正値
DISP.	BASE VALUE	DISP. CORR.	TRIM CORR.	BASE VALUE	DISP. CORR.	TRIM CORR.
7.000	0.096	−0.003	−0.022	0.329	−0.009	−0.077

$$\text{基準となる排水量との差}：\Delta d = 7.0411 - 7.000 = 0.0411$$
$$\text{トリム}：t = 6.52 - 5.54 = 0.98 \text{ (m)}$$

1）せん断力（S_n）を求める。

$$S_n = \text{BASE VALUE} + \text{DISP. CORR.} \times \Delta d + \text{TRIM CORR.} \times t$$
$$= 0.096 + (-0.003) \times 0.0411 + (-0.022) \times 0.98 = 0.074$$

　　これは，実際の数値の 1/1,000 であるから，せん断力は 74 tf（＝725.2 kN）である。

2）縦曲げモーメント（B_n）を求める。

$$B_n = \text{BASE VALUE} + \text{DISP. CORR.} \times \Delta d + \text{TRIM CORR.} \times t$$
$$= 0.329 + (-0.009) \times 0.0411 + (-0.077) \times 0.98 = 0.253$$

　　これも実際の数値の 1/1,000 であるから，縦曲げモーメントは 253 tf·m（＝2,479.4 kN·m）である。

注）　表 4.2 においては，"Δd" は「喫水（draft）の差」という意味で用いられており，慣例としてもその用法が一般的である。しかし表 4.4 では「排水量（displacement）の差」として用いている。これは，ローディングマニュアルの表記に合わせたことによるもので，本章における他の記号についても，できるだけ同マニュアルにならった。

4.4.3　「載貨重量」によるせん断力および縦曲げモーメントの計算

　式 (4.20) および (4.21) の W_D および M_{WD} は，計算点ごとに計算する必要があり，かなり繁雑であることから，以下の方法により計算量の軽減が図られている。図 4.20 から，W_D および M_{WD} は以下のようにして求めることができる。

1）載貨重量によるせん断力（W_D）

$$W_D = W_1 + W_2 + W_3 + \cdots + W_j \tag{4.22}$$

2）載貨重量による縦曲げモーメント（M_{WD}）

$$
\begin{aligned}
M_{WD} &= W_1 \cdot l_1 + W_2 \cdot l_2 + W_3 \cdot l_3 + \cdots + W_j \cdot l_j \\
&= W_1 (\text{FP}_1 - L_n) + W_2 (\text{FP}_2 - L_n) + W_3 (\text{FP}_3 - L_n) + \cdots + W_j (\text{FP}_j - L_n) \\
&= (W_1 \cdot \text{FP}_1 + W_2 \cdot \text{FP}_2 + W_3 \cdot \text{FP}_3 + \cdots + W_j \cdot \text{FP}_j) - (W_1 + W_2 + W_3 + \cdots + W_j) L_n \\
&= M_n - W_D \cdot L_n
\end{aligned}
\tag{4.23}
$$

$\text{FP}_1, \text{FP}_2, \text{FP}_3 \cdots \text{FP}_j$：前部垂線から載貨重量の重心までの距離

L_n：前部垂線から計算点 n までの距離

M_n：前部垂線を基準とした場合の載貨重量によるモーメント

$$(M_n = W_1 \cdot \text{FP}_1 + W_2 \cdot \text{FP}_2 + W_3 \cdot \text{FP}_3 + \cdots + W_j \cdot \text{FP}_j)$$

式 (4.23) の第 1 式の計算においては，計算点 n の位置が変われば l_1, l_2, $l_3 \cdots l_j$ の値がすべて異なるので，多くの計算を要する。そこで，計算量の軽減を図るため基準点を前部垂線としたモーメントに変形したものが，第 2 式以降である。

第 4 式の M_n は，船尾から順に $W_i \cdot \mathrm{FP}_i$ を足し合わせることで求まり，第 2 項の W_D はせん断力計算における式 (4.22) と重複しているため，改めて計算する必要はなく，全体的な計算量はかなり少なくなる。以上をまとめると，計算点 n におけるせん断力と縦曲げモーメントを求める式は，次式となる。

せん断力

$$\mathrm{SF} = W_D + S_n$$
$$= (W_1 + W_2 + W_3 + \cdots + W_j) + S_n \tag{4.24}$$

S_n：「軽荷重量－浮力」によるせん断力。数値表より求める。

縦曲げモーメント

$$\mathrm{BM} = M_{WD} + B_n$$
$$= M_n - W_D \cdot L_n + B_n$$
$$= (W_1 \cdot \mathrm{FP}_1 + W_2 \cdot \mathrm{FP}_2 + W_3 \cdot \mathrm{FP}_3 + \cdots + W_j \cdot \mathrm{FP}_j) - (W_1 + W_2 + W_3 + \cdots + W_j) L_n + B_n \tag{4.25}$$

B_n：「軽荷重量－浮力」による縦曲げモーメント。数値表より求める。

4.4.4　せん断力および縦曲げモーメント計算表の利用

表 4.4 に計算表の例を示す。同表は，第 3 章で示した表 3.5（p.48）の状態における芦屋丸のせん断力および縦曲げモーメントの計算結果を示したものである。これを例に計算方法を説明する。なお，表 4.4 は，計算点の船尾側について計算し，せん断力および縦曲げモーメントの符号を，それぞれ図 4.4 および図 4.8 と同じにした場合である。また，S_n および B_n は，表 4.3 の値を用いている。

表 4.4　せん断力および縦曲げモーメント計算表　→　折り込み

計算表は左右 2 つの部分からなる。左側は浮力および軽荷重量に関するせん断力および縦曲げモーメント（すなわち，S_n および B_n）の計算表，右側が積荷重量やバラストなどの載貨重量に関するそれらの計算表で，左側で求めた値と表 3.1 から得られる値などを代入して計算する。いずれも計算点ごとに同様の計算を繰り返し行うため，計算は比較的単純である。

（1）基本データ

　　1）（A）において，"DISPLACEMENT" 欄に排水量（7041.15）を，"BASE DISP." 欄には，100 トン単位でそれより小さい値（7,000）を記入する。この値が，以後，表 4.3 から所要の数値を求めるための基準となる。

　　2）"DIFFERENCE/1,000（Δd）" 欄には，次式で計算した値を記入する。

$$\Delta d = (\mathrm{DISPLACEMENT} - \mathrm{BASE\ DISP.}) \div 1{,}000$$

　　3）"TRIM" 欄には，トリムを記入する。

（2）浮力および軽荷重量に関するせん断力および縦曲げモーメントの計算

　　　　ここでは，計算点が Fr.4 の場合を例に説明する。

　　　a. せん断力の計算（左側部分の計算）

　　　　1）①，（a），（b）欄に，表 4.3 から求まる値をそれぞれ記入する。

　　　　2）（a）（−0.003）と Δd（0.0411）を掛け，得られた値（0.000）を②欄に記入する。

3）(b)（−0.022）と TRIM（0.98）を掛け，得られた値（−0.022）を③欄に記入する。

4）③の下欄の S0 は，式 (4.20) および (4.24) の S_n（$n = 0$ の場合）を示す。この欄には①から③の総和（0.074）を記入する。

   b. 縦曲げモーメントの計算（右側部分の計算）

1）①，(c)，(d) 欄に，表 4.3 から求まる値をそれぞれ記入する。

2）(c)（−0.009）と Δd（0.0411）を掛け，得られた値（0.000）を②欄に記入する。

3）(d)（−0.077）と TRIM（0.98）を掛け，得られた値（−0.075）を③欄に記入する。

4）③の下欄の B0 は，式 (4.21) および (4.25) の B_n（$n = 0$ の場合）を示す。この欄には①から③の総和（0.254）を記入する。

（3）載貨重量に関する計算

1）(I) 欄「WEIGHT RATIO」に記載の値は，ひとつのタンクが計算点をまたぐ場合の当該計算点に対する重量配分を示す係数である。計算例では，「No.2 F.O.T.（P&S）」が計算点である Fr.17 をまたいで配置されているため，Fr.17 に関しては配分率が 35 ％，Fr.20 に関しては 65 ％ であることを示している。

2）各タンクに積載された重量の 1/1,000 の値に (I) 欄の割合を掛けて，(II) 欄「WEIGHT」の 1），2），3），4）… が求まる。これらは，式 (4.24) および (4.25) の W_1，W_2，W_3… である。

3）各計算点における(h)，(i)，(j)，(k)… は，当該計算点より後方に配置された載貨重量（W_1，W_2，W_3…）の総和である。これを簡便に求めるため，(i) = (h) + 2)，(j) = (i) + 3)… を計算する。これらが，式 (4.24) および (4.25) の W_D である。

4）(IV) 欄「MOMENT」の値は，(II) 欄「WEIGHT」と (III) 欄「FP.G」の値を掛けて得られる。たとえば 5)（10.076）は，1)（0.105）×95.96 より求まる。5)，6)，7)，8)… は，式 (4.25) における $W_1 \cdot \mathrm{FP}_1$，$W_2 \cdot \mathrm{FP}_2$，$W_3 \cdot \mathrm{FP}_3$… である。

5）各計算点における (v)，(w)，(x)，(y)… は，当該計算点より後方に配置された載貨重量（W_1，W_2，W_3…）による縦曲げモーメントである。これを簡便に求めるため，(w) = (v) + 6)，(x) = (w) + 7)… を計算する。これらが，式 (4.25) の M_n である。

（4）静水中におけるせん断力および縦曲げモーメントの計算

   a. せん断力（SF）の計算

     計算点ごとに，式 (4.24) の $W_D + S_n$ を計算する。計算点が Fr.4 の場合（$n = 0$），SF = W0 + S0 を求める。W0 および S0 には先に求めた値（W0 = 0.105，S0 = 0.074）を代入するが，これらは実際の 1/1,000 の値であるため，得られた値（0.179）を 1,000 倍する。

   b. 縦曲げモーメント（BM）の計算

     計算点ごとに，式 (4.25) の $M_n - W_D \cdot L_n + B_n$ を計算する。計算点が Fr.4 の場合（$n = 0$），BM = M0 − W0・L0 + B0（計算表では，BM = M0 + B0 − W0・L0）を求める。ここで L0 は計算点である Fr.4 から前部垂線までの距離である。M0，W0 および B0 には先に求めた値（M0 = 10.076，W0 = 0.105，B0 = 0.254）を代入するが，これらも実際の 1/1,000 の値であるため，縦曲げモーメントを求めるために得られた値（0.616）を 1,000 倍する。

注） 表 4.4 では，力の単位を tf で表すため，得られた値を 1,000 倍しているが，kN で表す場合は 4.3.4 と同様に 9,800 倍しなければならない。

4.4.5　計算結果の確認

  表 4.4 における計算結果を図示すると図 4.22 のようになる。いずれの計算点においても許容値内に収まっていることがわかる。

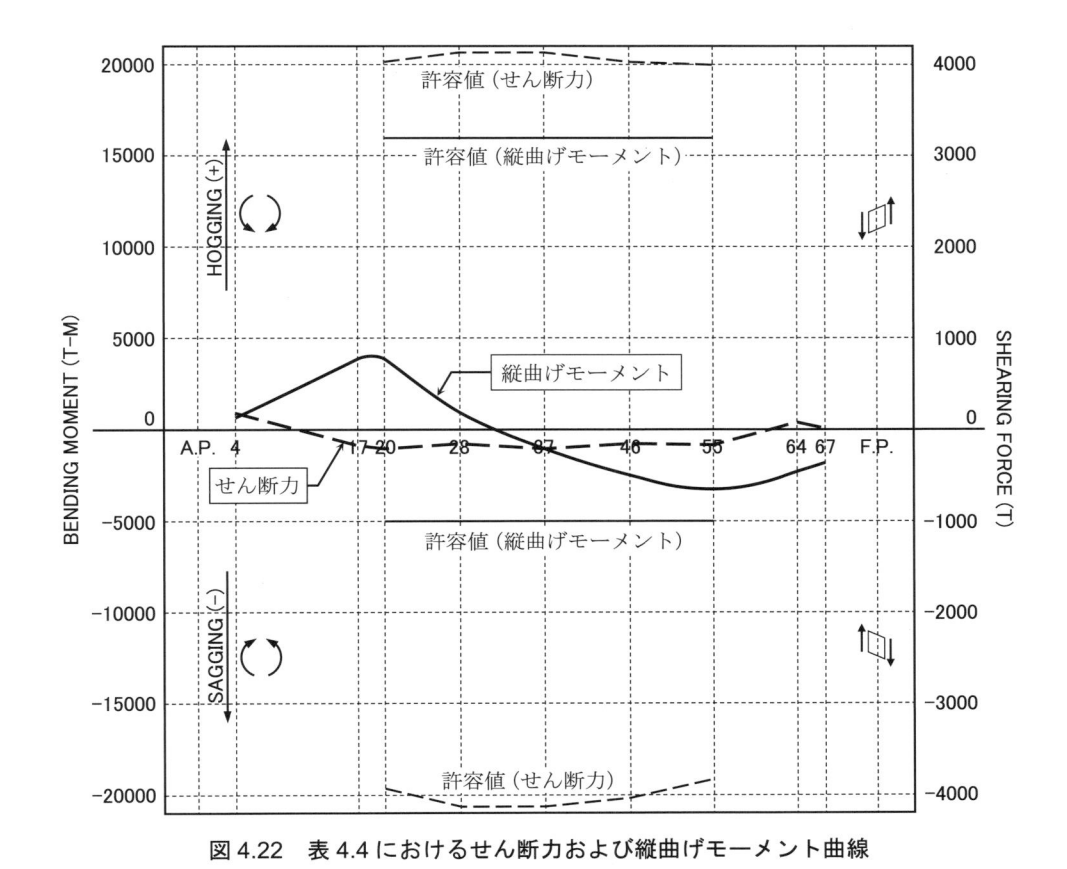

図 4.22　表 4.4 におけるせん断力および縦曲げモーメント曲線

4.5　縦強度計算における全体の流れ

4.5.1　縦強度の確認手順

　図 4.23 は縦強度確認の手順を示したものである。静水中せん断力（F_S, SF）および静水中縦曲げモーメント（M_S, BM）の計算は，すべての場合において行わなければならない。しかしこれらは，船体を中空の梁（箱）としてモデル化したいわゆる梁理論に基づくものであり，1〜4 列の縦通隔壁を有する場合や隔倉積みを行う船の場合は，別途の計算および確認が必要である。

4.5.2　1 列ないし 4 列の縦通隔壁を有する船におけるせん断力の確認

　これまでに述べた内容は，せん断力を主として船側外板で受け持つ構造の船に対するものである。しかし 1 列ないし 4 列の縦通隔壁を有する船については，それらに生ずるせん断応力についても考慮しなければならない。ローディングマニュアルにおいては，船側外板および縦通隔壁が受け持つせん断力をそれぞれ計算し，両者とも許容値を超えないことを確認することとしており，そのための計算表も備えられている。

4.5.3　隔倉積みを行う船におけるせん断力の確認

　隔倉積み（横隔壁の前後で貨物を積載した区画と空の区画とが隣接する場合）を行う場合，二重底が荷重の一部を分担することを考慮し，船側外板に作用するせん断力を修正できる。そのための計算表も備えられており，修正計算の結果，「隔倉積みせん断力許容値」を超えなければ，当該積付けは許容される。

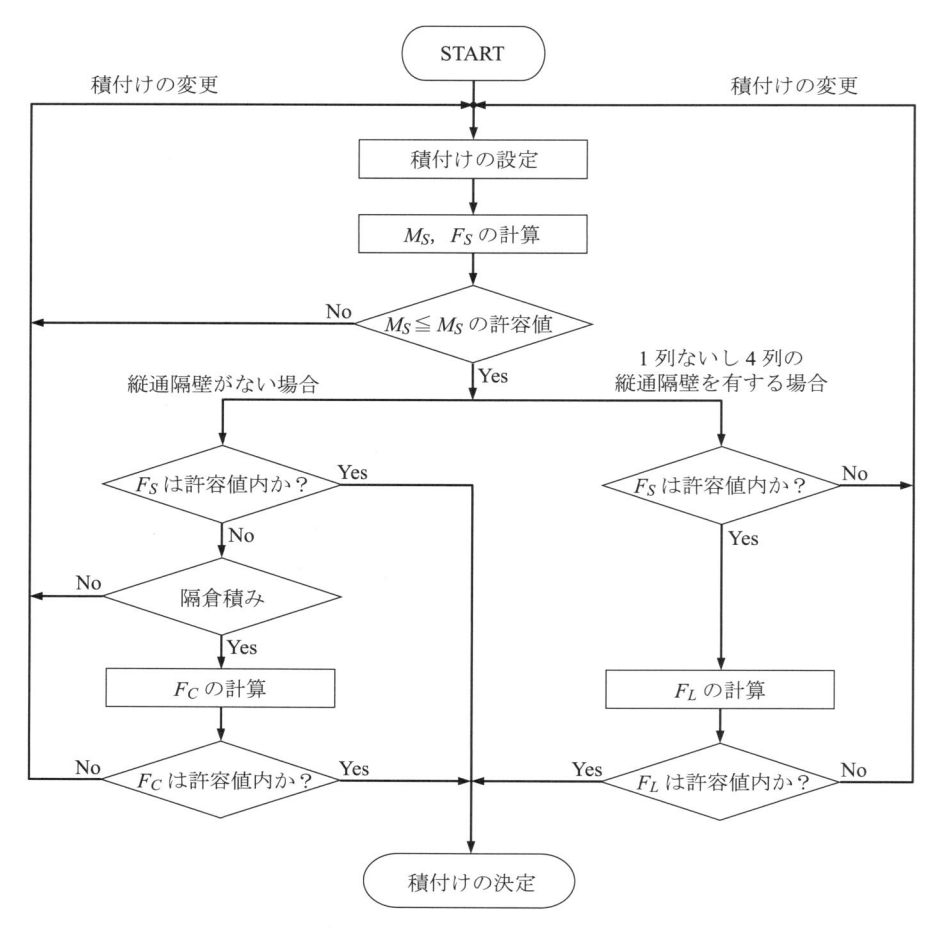

M_S：静水中縦曲げモーメント，　F_S：静水中せん断力
F_C：隔倉積みせん断力（F_Sを修正したもの）
F_L：縦通隔壁せん断力（縦通隔壁が受け持つせん断力）

※ 4.4 で例示した標準書式に準じた計算においては，上記の F_S を SF に，M_S を BM に読み替えること。

図 4.23　縦強度の確認手順

4.5.4　許容値を超えた場合の積付け変更のポイント

　計算結果が許容値を超えた場合には，積付けを変更しなければならない。重量（載貨重量，軽荷重量），浮力，せん断力および縦曲げモーメントは，4.2.4 で説明したとおり互いに関連しており，せん断力および縦曲げモーメントが過大となるのは，荷重曲線の凹凸が原因であるから，船の長さ方向において重量と浮力の分布ができるだけ等しくなるように積み付ける必要がある。具体的には以下のような処置を施す。

a）せん断力が許容値以上になった場合は，その計算点前後の区画における荷重差が原因であるから，重量を分散させる。

b）縦曲げモーメントが許容値を超えたとき，ホギングモーメントが過大な場合は，その区画の重量を増すか前後の区画の重量を減らす。サギングモーメントが過大な場合は，その逆の対応をとる。

第5章

貨物固縛マニュアルの利用

5.1 貨物固縛マニュアルの概要

5.1.1 貨物固縛マニュアルとは

貨物固縛マニュアルとは，ばら積み以外の貨物の積付けおよび固定の方法を解説した手引書で，固縛の検討に必要な種々の資料が含まれている。具体的には，固縛方法が標準化された貨物を積み付ける場合の固縛資材の配置や固定方法，非標準化貨物に対するそれらの検証方法などが解説されており，船舶安全法施行規則第 51 条の規定により，ばら積み以外の方法で貨物を積載する船舶であって国際航海に従事するものは備え付けなければならない。

5.1.2 貨物固縛マニュアルの構成

貨物固縛マニュアルは，基本的に次のような構成になっている。

（1）一般規定

1）定義

「貨物ユニット」「貨物固縛設備」「最大固縛荷重（MSL）」「標準化貨物」「準標準化貨物」「非標準化貨物」など，貨物固縛マニュアルにおいて用いられる用語が定義されている。

2）一般情報

貨物固縛マニュアルを使用する上での留意点が述べられている。たとえば，従来から各船社において用いられている固縛などに関する実績を否定するものでないことや，各船における復原性資料およびローディングマニュアルなどに示された諸要件と矛盾しないものでなければならない点などである。

（2）固縛設備および固縛計画

1）貨物固定設備の仕様

貨物固定設備の一覧表，配置図，構造図および証明書などにより構成される。

注）　貨物固定設備：貨物を固定するため，船舶に装備されている設備で，ラッシングアイ，ラッシングホール，クローバリーフ，クリンケルバー，リングプレート，アイプレートなどがある。

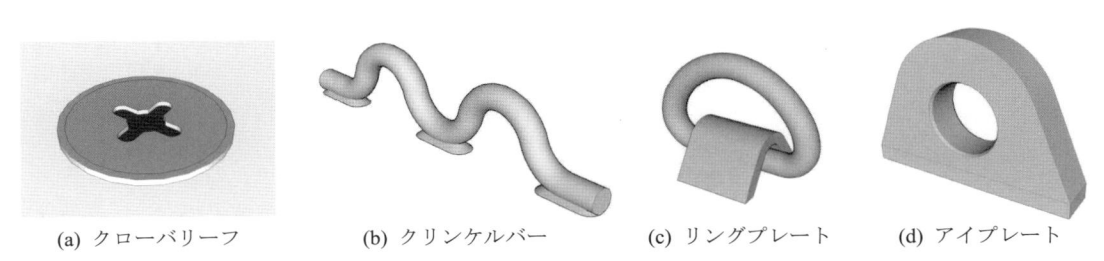

(a) クローバリーフ　　　(b) クリンケルバー　　　(c) リングプレート　　　(d) アイプレート

図 5.1　貨物固定設備の例

2）取り外し可能な固縛用具の仕様

取り外し可能な固縛用具の一覧表，構造図および証明書などにより構成される。

注）取り外し可能な固縛用具：チェーン，ターンバックル，チェーンテンショナ，ラッシングベルト，ランディングギヤー，ラッシングロッドなどがある。

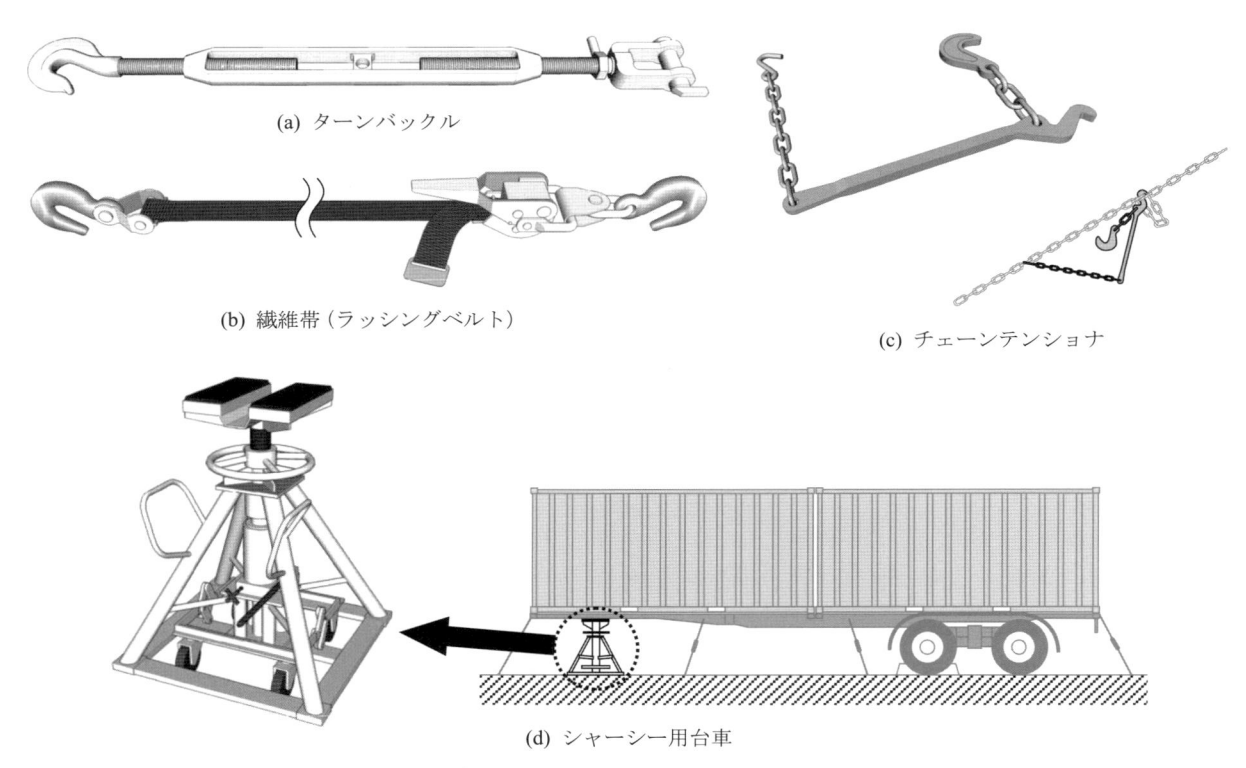

(a) ターンバックル

(b) 繊維帯（ラッシングベルト）

(c) チェーンテンショナ

(d) シャーシー用台車

図 5.2　取り外し可能な固縛用具の例

3）点検および保守整備計画

　　固縛設備を良好な状態で使用し安全性を確保するため，設備の点検や記録，固縛状況の点検，異常が発見された場合の処置などについて述べられている。

（3）非標準化貨物の積付けおよび固縛

　　非標準化貨物とは，個々に積付けおよび固縛の計画が必要な貨物をいう。固縛方法が標準化されていないそれらの貨物に対しても確実な固縛を行うため，以下の項目について記載されている。

1）操作および安全に関する指示

　　ここでは，固縛設備の適切な操作方法（メーカーの取扱い説明書が添付されている場合もある），それらの設備の操作や固縛作業を行う乗組員および陸上作業員の安全に関する指示事項が述べられている。

2）貨物に作用する力の評価

　　固縛方法を評価し，その有効性を確認するための具体的な方法が記載されており，次の情報が含まれている。

　　a. 厳しい海象状況下の船体動揺により生ずる加速度を，船上のさまざまな位置に対して求めることができるよう，代表的な加速度の値を示した数値表または図，それらのデータを適用できる GM の範囲。

　　b. 上記 a の加速度が生じた場合に代表的な貨物に作用する力，ならびにその固縛計画の許容限度を超える場合の横揺れ角度および GM 値の例示。

　　c. 上記 b に記載した力が作用した場合に，それに対抗して貨物を固定するために必要となる取り外し可能な固縛用具の数量および強度の計算方法の例示，複数の種類の異なる取り外し可能な固縛用具を用いる場合に適用される安全係数。

　　これらについては，CSS コードの Annex 13 が添付されている場合が多く，本章の 5.3 においてその内容について説明する。

注）　CSS コード（Code of Safe Practice for Cargo Stowage and Securing）：SOLAS 条約に附属するコード（規則）のひとつで，貨物の積付けと固縛に関する安全基準が規定されている。7 の章，14 の附属書および 5 の附録からなり，附属書 13（Annex 13）には，非標準化貨物に対する固縛方法の有効性を評価するための手法が述べられ，具体例も示されている。

3）各種貨物ユニット，車両およびプラント類に対する取り外し可能な固縛用具の使用

以下の内容に関して各種の図表とともに示されている。

① 取り外し可能な固縛用具の使用に際し船長に注意喚起すべき事項

② 取り外し可能な固縛用具の使用方法

③ 各種貨物に対する望ましい積載場所および固縛場所とその方法に関する指針

なお，CSS コードの附属書 1〜12 には，③の内容が述べられており，それらが添付されていることもある。

（4）付録

1）貨物固定設備の仕様

2）取り外し可能な固縛用具の仕様

3）各種貨物に対する望ましい積載および固縛場所とその方法に関する指針

5.2　貨物の固縛に関する基礎知識

5.2.1　貨物に作用する外力

（1）船の傾斜による静的な力

船体に傾斜がなく，貨物が積載されている甲板が水平である場合は，貨物の重量は甲板に直角に働くため，他の外力が作用しなければ貨物は移動することはない。しかし図 5.3 に示すように，船体が傾斜し甲板が水平でなくなると，貨物重量は甲板面に沿った方向にも作用するため，貨物と甲板との間に摩擦力が働かなければ，貨物は横滑りする。

また，貨物と甲板との間に十分な摩擦力が作用する場合においても，図 5.4 のように船体の傾斜が大きく一定限度を超えたり，貨物を横方向に引く力が過大になったりすると，貨物は点 O を支点にして転倒する。この場合の転倒モーメント M_t は，外力を F，貨物の重心高さを h とすると，式 (5.1) で表される。

$$M_t = h \cdot F \tag{5.1}$$

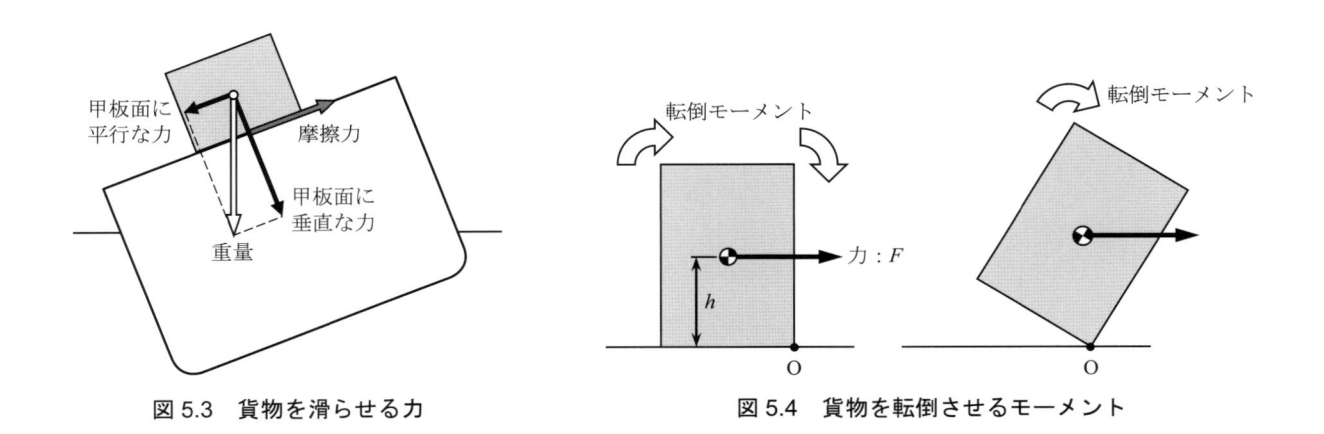

図 5.3　貨物を滑らせる力　　　　　　　図 5.4　貨物を転倒させるモーメント

（2）船体動揺による動的な力

式 (5.2) に示すとおり，質量 m の物体に加速度 a が生ずるとき，その物体には力 F が作用している。

$$F = m \cdot a \tag{5.2}$$

船が波浪などの影響で動揺すると，それによって加速度を生じるので，積載貨物にはその加速度に比例した力が作用する。船体動揺には図 5.6 に示す 6 種類があり，動揺加速度もそれぞれの運動により発生する。このうち，貨物の積付けおよび固縛に関しては，横揺れ，縦揺れおよび上下揺れの影響が大きく，それらすべてを，船の前後方向（x 軸方

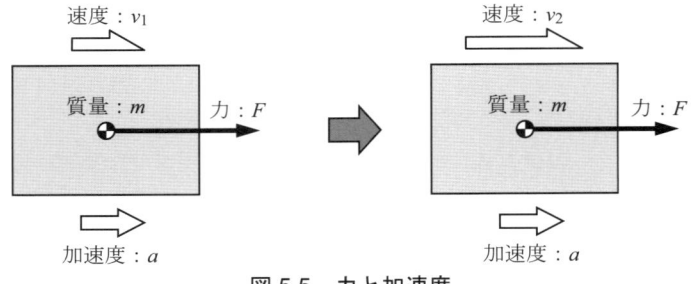

図 5.5　力と加速度

向），正横方向（y 軸方向），上下方向（z 軸方向）の成分に分け，それぞれの方向に対する加速度の合計がわかると，各方向に作用する動的な力が求められる。

　CSS コードにおいては，一定の条件の下で算出された動揺加速度の基準値が方向別に与えられており，任意の状態での加速度は，それらに修正係数を掛けることで得られるため，船体動揺による動的な力を算定することができる。

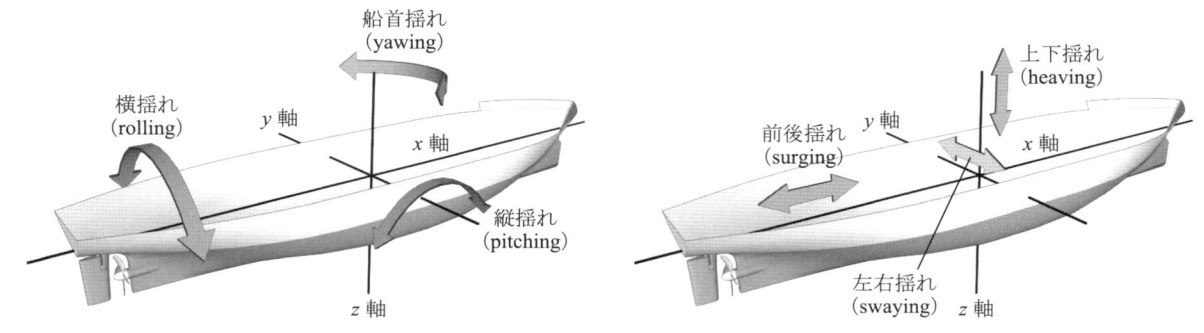

図 5.6　船体動揺の種類

（3）風圧力などの外力

　暴露甲板に積載された貨物については，風圧力および波飛沫の衝撃荷重が作用する。

5.2.2　貨物の移動防止

（1）摩擦力

　船体が傾斜した場合でも，積載貨物と甲板などの間には摩擦力が作用するので，ある程度は貨物の横滑りを防止できる。摩擦力は貨物が移動しようとする方向とつねに逆向きに生じ，その大きさは式 (5.3) に示すとおり，床面に直角に働く力（垂直抗力）N と静止摩擦係数 μ との積で表される。

$$F_f = \mu N \tag{5.3}$$

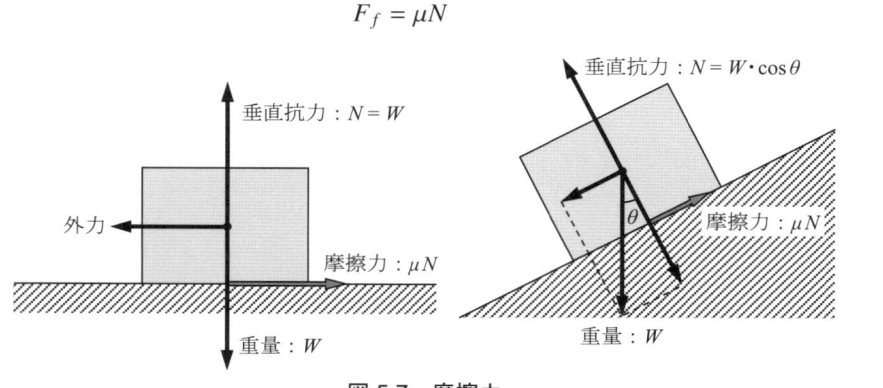

図 5.7　摩擦力

N は貨物の重量のほか，船の動揺にともない発生する上下方向の力や固縛力（上下方向の成分）によって変化する。

静止摩擦係数は，床面と貨物の接触面の粗さにより異なるが，CSS コードでは，表 5.5（後述）に示すように具体的な値が与えられている。

（2）固縛力

貨物を固縛することで，滑りおよび転倒の防止が図られる。固縛用具は必ずしも甲板面と平行に配置されていないため，船の前後方向および正横方向の滑り防止効果の検証に当たっては，各固縛用具にかかる張力のうち，甲板面と平行な成分にのみ着目する必要がある。また，前後方向および正横方向に対し一定の角度を持って配置されている場合には，各方向の成分のみがそれぞれの方向への滑りに対して有効に働く。

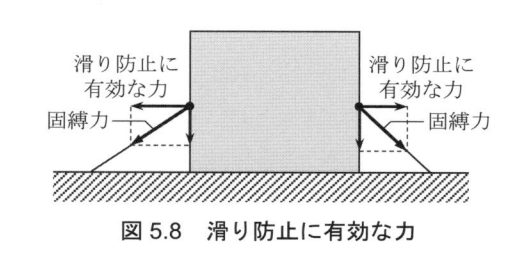

図 5.8　滑り防止に有効な力

転倒を防止するためには，前述の転倒モーメントに対して，固縛用具の張力によるモーメント（転倒防止に働くモーメント）が逆向きに作用し，なおかつそれらの総和が，転倒モーメントよりも大きくなければならない。

5.3　非標準化貨物に対する固縛評価のための計算

先に述べたとおり，貨物固縛マニュアルには非標準化貨物に対する固縛の安全性を評価する方法が解説されている。CSS コードの Annex 13 を添付することでこれに代えている場合が多いため，本節ではその内容について紹介し，同マニュアルの備え付け義務がない船舶に対しても，固縛評価を行う場合の参考に供することとする。

5.3.1　貨物に作用する外力の推定

貨物に対し作用する，船の前後，正横および上下方向の外力は次式により表すことができる。

前後方向の外力：$F_x = m \cdot a_x + F_{Wx} + F_{Sx}$　　　　　（5.4a）

正横方向の外力：$F_y = m \cdot a_y + F_{Wy} + F_{Sy}$　　　　　（5.4b）

上下方向の外力：$F_z = m \cdot a_z$　　　　　（5.4c）

m：貨物質量

a_x, a_y, a_z：動揺による加速度（それぞれ，前後，正横および上下方向）

F_{Wx}, F_{Wy}：風圧力（それぞれ，前後および正横方向）

F_{Sx}, F_{Sy}：波飛沫の衝撃荷重（それぞれ，前後および正横方向）

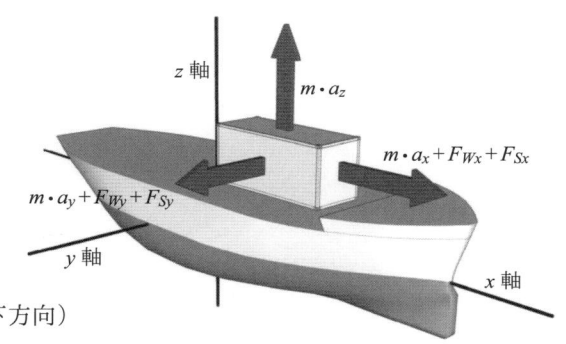

図 5.9　貨物に作用する外力

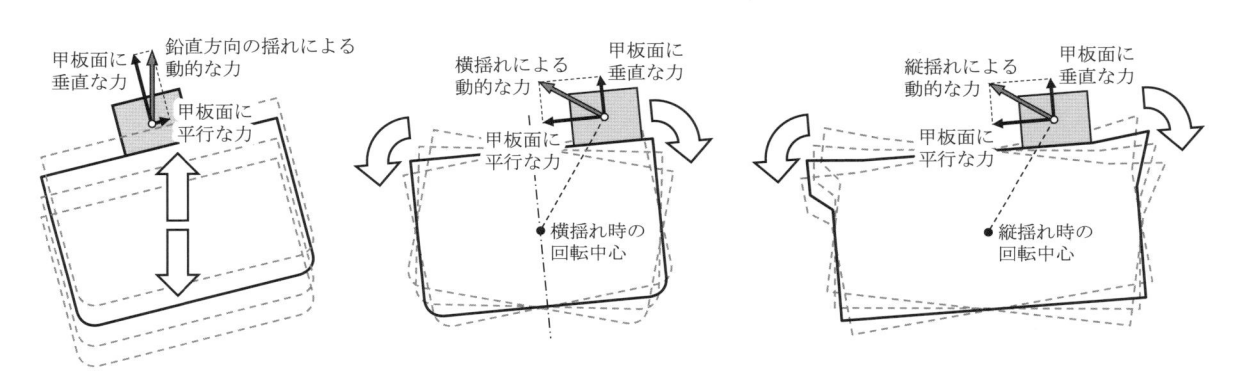

図 5.10　船体動揺により貨物に作用する力

102

（1）動揺加速度の推定

　船体動揺による動的な力を求めるためには，動揺加速度を推定する必要がある。CSS コードでは，表 5.1 に示すとおり，動揺加速度の基準値として，下記の条件下で発生する加速度の値が与えられている。

1）航行水域：非制限域

2）航行時期：通年

3）航海期間：25 日間

4）船の長さ：100 m

5）航海速力：15 ノット

6）$13 \leqq B/\mathrm{GM}$（B：船幅，GM：横メタセンタ高さ）

表 5.1　動揺加速度の基準値

	正横方向 a_y　　単位：m/s²									前後方向 a_x 単位：m/s²
上甲板（上部）	7.1	6.9	6.8	6.7	6.7	6.8	6.9	7.1	7.4	3.8
上甲板（下部）	6.5	6.3	6.1	6.1	6.1	6.1	6.3	6.5	6.7	2.9
中甲板	5.9	5.6	5.5	5.4	5.4	5.5	5.6	5.9	6.2	2.0
下部船倉	5.5	5.3	5.1	5.0	5.0	5.1	5.3	5.5	5.9	1.5

A.P. 0　0.1　0.2　0.3　0.4　0.5　0.6　0.7　0.8　0.9　F.P. L

上下方向 a_z　　単位：m/s²
7.6　6.2　5.0　4.3　4.3　5.0　6.2　7.6　9.2

表 5.1～5.7 の出典：参考文献 (10)

　船の状況が上記の 1）～6）に合致しない場合は，表 5.1 の値を表 5.2 に示す係数を用いて修正することで，任意の状況における加速度を推定する。

表 5.2　船の長さと船速に対する動揺加速度の修正係数（k_{VL}）

速力（ノット）＼L (m)	50	60	70	80	90	100	120	140	160	180	200
9	1.20	1.09	1.00	0.92	0.85	0.79	0.70	0.63	0.57	0.53	0.49
12	1.34	1.22	1.12	1.03	0.96	0.90	0.79	0.72	0.65	0.60	0.56
15	1.49	1.36	1.24	1.15	1.07	1.00	0.89	0.80	0.73	0.68	0.63
18	1.64	1.49	1.37	1.27	1.18	1.10	0.98	0.89	0.82	0.76	0.71
21	1.78	1.62	1.49	1.38	1.29	1.21	1.08	0.98	0.90	0.83	0.78
24	1.93	1.76	1.62	1.50	1.40	1.31	1.17	1.07	0.98	0.91	0.85

　なお，修正係数（k_{VL}）を表 5.2 から直接求めることができない場合（ただし，$50\,\mathrm{m} \leqq L \leqq 300\,\mathrm{m}$ の範囲）は，式 (5.5) から求める。

$$船速と長さに対する修正係数：k_{VL} = \frac{0.345 \cdot v}{\sqrt{L}} + \frac{58.62 \cdot L - 1{,}034.5}{L^2} \tag{5.5}$$

L：垂線間長（m），v：船速（ノット）

　さらに，$B/\mathrm{GM} < 13$ の船については，横揺れ周期は短く正横方向の加速度が増すため，表 5.3 の値（k_S）を用いて修正しなければならない。

表 5.3　*B*/GM<13 の船に対する動揺加速度 a_y の修正係数（k_S）

B/GM	7	8	9	10	11	12	13 以上
上甲板（上部）	1.56	1.40	1.27	1.19	1.11	1.05	1.00
上甲板（下部）	1.42	1.30	1.21	1.14	1.09	1.04	1.00
中甲板	1.26	1.19	1.14	1.09	1.06	1.03	1.00
下部船倉	1.15	1.12	1.09	1.06	1.04	1.02	1.00

注）　以下のような状況下では，上記の値以上の過大な加速度が発生することがあるため，減速や変針などの運用上の処置を講じ，それを防止する必要がある。

- 振幅が 30° を超えるような著しい同調横揺れをしている場合。
- 著しいスラミングを伴い高速で向かい波中を航走している場合。
- 復原力にあまり余裕がない状態で，正船尾または斜め船尾方向から追い波を受けて航走している場合。

【例題 5.1】

下記の条件で貨物を積載する場合，積載位置における動揺加速度（前後，正横および上下方向）はいくらか。

対象船舶　長さ：140 m，幅：15 m，GM：1.2 m，船速：18 ノット

積載位置：下部船倉，船尾から 0.3*L*

［解答および解説］

動揺加速度の基準値：$a_x = 1.5\,\mathrm{m/s^2}$，$a_y = 5.1\,\mathrm{m/s^2}$，$a_z = 5.0\,\mathrm{m/s^2}$（表 5.1 より）

修正係数：$k_{VL} = 0.89$（表 5.2 より），$k_S = 1.01$（B/GM = 12.5，表 5.3 より）

積載位置における動揺加速度

前後方向：$a_x' = k_{VL} \times a_x = 0.89 \times 1.5 = \underline{1.34}\ (\mathrm{m/s^2})$

正横方向：$a_y' = k_{VL} \times k_S \times a_y = 0.89 \times 1.01 \times 5.1 = \underline{4.58}\ (\mathrm{m/s^2})$

上下方向：$a_z' = k_{VL} \times a_z = 0.89 \times 5.0 = \underline{4.45}\ (\mathrm{m/s^2})$

（2）風および波の影響

暴露甲板上に積載された貨物の正面および側面に作用する外力として，以下のような風圧力と波飛沫の衝撃荷重を考える。

a. 風圧力（F_{Wx}, F_{Wy}）：1 kN/m²

b. 波飛沫の衝撃荷重（F_{Sx}, F_{Sy}）：1 kN/m²

注）　波飛沫の衝撃荷重は，ハッチ上または暴露甲板上の高さ 2 m の位置までを対象とすればよく，さらに制限域の航行においては無視してもよい。また，その大きさは，1 kN/m² 以上になることもある。よってこの値は，来襲する波をかわすために，必要な運用上の処置を適切に講じた場合においても避けることができない，残存的な荷重として捉えなければならない。

【例題 5.2】

下記の貨物を暴露甲板に積載する場合，積載貨物に作用する風圧力および波飛沫の衝撃荷重はいくらか。

貨物寸法　長さ：5.0 m，幅：4.0 m，高さ：3.3 m

［解答および解説］

1）風圧力

a. 正面

受風面積：$A_{Wx} = 4.0 \times 3.3 = 13.2\,(\mathrm{m^2})$

風圧力：$F_{Wx} = 1 \times 13.2 = \underline{13.2}\ (\mathrm{kN})$

b. 側面

受風面積：$A_{Wy} = 5.0 \times 3.3 = 16.5\,(\mathrm{m^2})$

$$風圧力：F_{Wy} = 1 \times 16.5 = \underline{16.5}\ (\mathrm{kN})$$

2）波飛沫の衝撃荷重

暴露甲板上 2 m の高さまでを考える。

a. 正面

$$受圧面積：A_{Sx} = 4.0 \times 2.0 = 8.0\ (\mathrm{m}^2)$$

$$受圧力：F_{Sx} = 1 \times 8.0 = \underline{8.0}\ (\mathrm{kN})$$

b. 側面

$$受圧面積：A_{Sy} = 5.0 \times 2.0 = 10.0\ (\mathrm{m}^2)$$

$$受圧力：F_{Sy} = 1 \times 10.0 = \underline{10.0}\ (\mathrm{kN})$$

5.3.2 固縛用具の強度

（1）最大固縛荷重

　貨物固定設備や固縛用具（以下，単に「固縛用具」という）に対する許容荷重として最大固縛荷重（MSL：Maximum Securing Load）を用いる。各固縛用具の MSL は表 5.4 に示す係数を用いて破壊強度から算定する。

　なお，種類の異なる複数の固縛用具を接続して使用する場合（たとえば，デッキリングにシャックルを用いてワイヤロープをつなぐ場合など）の許容荷重は，一連の固縛用具のうちで最小の MSL が全体の MSL となる。また，安全使用荷重（SWL：Safe Working Load）を MSL と見なすことができるが，その場合の SWL は MSL と同等以上のものであること。

表 5.4　固縛用具の MSL

固縛用具	MSL／破壊強度
シャックル，リング，デッキアイ，ターンバックル（軟鋼）	50％
繊維ロープ	33％
繊維帯（ラッシングベルト）	50％
ワイヤロープ（新品）	80％
ワイヤロープ（再使用品）	30％
鋼帯（新品）	70％
チェーン	50％

（2）計算強度

　固縛用具相互において，荷重分布が均一でない場合や配置が不適切な場合には，固縛強度が低下する。これらの点を考慮し，固縛用具の強度評価には安全率を見込んだ計算強度（CS）を用いる。CS は次式で示すとおり，MSL を安全係数（S.F.）で割ることで求まる。

$$計算強度：\mathrm{CS} = \frac{\mathrm{MSL}}{\mathrm{S.F.}} \tag{5.6}$$

　なお，CSS コードでは，具体的な安全係数として，S.F. = 1.5 が与えられている。ただし，5.3.4 で述べる固縛角度の影響を加味する場合は，S.F. = 1.35 としている。

【例題 5.3】

　下記の一連の固縛用具を用いて固縛する場合，計算強度（CS）はいくらか。それぞれの破壊強度は，以下のとおりである。

　デッキアイ：200 kN，シャックル：180 kN

　ワイヤロープ（新品）：120 kN，ターンバックル：200 kN

［解答および解説］

1）最大固縛荷重（表 5.4 より）

デッキアイ：MSL = 0.50 × 200 = 100 (kN)

シャックル：MSL = 0.50 × 180 = 90 (kN)

ワイヤロープ：MSL = 0.80 × 120 = 96 (kN)

ターンバックル：MSL = 0.50 × 200 = 100 (kN)

2）計算強度

シャックルの MSL が最小であるから，許容荷重は 90 kN となる。よってこの固縛用具の計算強度は次のとおり。

$$\text{CS} = \frac{\text{MSL}}{\text{S.F.}} = \frac{90}{1.5} = \underline{60 \text{ (kN)}}$$

5.3.3　固縛効果の評価

（1）摩擦力

摩擦力の算定に必要な摩擦係数は，表 5.5 の値を用いる。

表 5.5　摩擦係数

接触面の材質	摩擦係数（μ）
木材 – 木材（乾燥状態，濡れ状態）	0.4
鋼材 – 木材，鋼材 – ゴム	0.3
鋼材 – 鋼材（乾燥状態）	0.1
鋼材 – 鋼材（濡れ状態）	0.0

（2）前後方向の滑り防止（前後方向の力の釣り合い）

滑りを防止するためには，式 (5.7) を満たす必要がある。ただし，各力とも前後方向でかつ甲板面と平行な成分のみを考える。

$$外力 \leqq 摩擦力 + 固縛用具の固縛力 \tag{5.7}$$

固縛用具の張力は上下方向にも作用するため，貨物重量を見かけ上変化させる。その影響を加味すると，式 (5.7) は次式のように表すことができる。

$$外力 \leqq 貨物の自重による摩擦力 + 固縛用具の張力による摩擦力 + 固縛用具の固縛力 \tag{5.8}$$

よって，図 5.11 のように固縛用具を配置した場合，前後方向の滑りを防止するための条件は，次式にて表すことができる。

$$\underbrace{F_x}_{外力} \leqq \underbrace{\mu(m \cdot g - F_z)}_{摩擦力} + \underbrace{\text{CS}_1 \cdot f_1 + \text{CS}_2 \cdot f_2 + \cdots + \text{CS}_n \cdot f_n}_{固縛用具の張力による摩擦力と固縛力} \tag{5.9}$$

F_x：貨物に作用する前後方向の外力

F_z：貨物に作用する上下方向の外力

μ：摩擦係数（表 5.5 参照）

m：貨物の質量

g：重力加速度（9.81 m/s^2）

n：計算点の数（固縛箇所の数）

CS_n：前後方向に配置された固縛用具の計算強度（CS = MSL/1.5）

$f_n = \mu \cdot \sin \alpha_n + \cos \alpha_n$（表 5.6 から求まる）

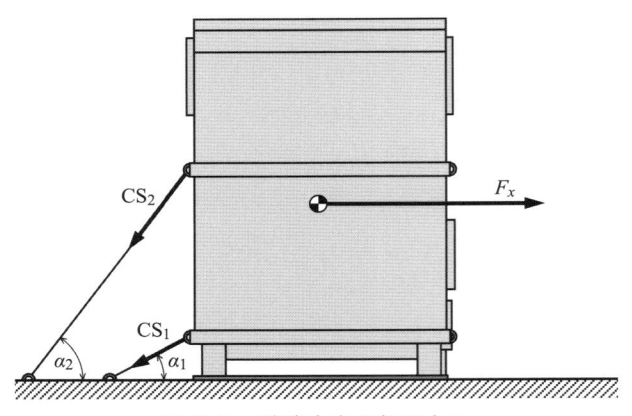

図 5.11　前後方向の釣り合い

表 5.6　f_n の値

μ	固縛角度 α (deg.)												
	-30	-20	-10	0	10	20	30	40	50	60	70	80	90
0.3	0.72	0.84	0.93	1.00	1.04	1.04	1.02	0.96	0.87	0.76	0.62	0.47	0.30
0.2	0.82	0.91	0.97	1.00	1.00	0.97	0.92	0.83	0.72	0.59	0.44	0.27	0.10
0.1	0.87	0.94	0.98	1.00	0.98	0.94	0.87	0.77	0.64	0.50	0.34	0.17	0.00

注）　式 (5.9) の右辺は以下のように導かれる。

1）貨物の自重による摩擦力 $= \mu(m \cdot g - F_z)$

2）固縛用具の張力による摩擦力 $= \mu \cdot CS_1 \cdot \sin \alpha_1 + \mu \cdot CS_2 \cdot \sin \alpha_2 + \cdots + \mu \cdot CS_n \cdot \sin \alpha_n$

3）前後方向の固縛力 $= CS_1 \cdot \cos \alpha_1 + CS_2 \cdot \cos \alpha_2 + \cdots + CS_n \cdot \cos \alpha_n$

であるから，1）〜3）を式 (5.8) の右辺に代入すると

$$\mu(m \cdot g - F_z) + (\mu \cdot CS_1 \cdot \sin \alpha_1 + \mu \cdot CS_2 \cdot \sin \alpha_2 + \cdots + \mu \cdot CS_n \cdot \sin \alpha_n) + (CS_1 \cdot \cos \alpha_1 + CS_2 \cdot \cos \alpha_2 + \cdots + CS_n \cdot \cos \alpha_n)$$

$$= \mu(m \cdot g - F_z) + (\mu \cdot CS_1 \cdot \sin \alpha_1 + CS_1 \cdot \cos \alpha_1) + (\mu \cdot CS_2 \cdot \sin \alpha_2 + CS_2 \cdot \cos \alpha_2) + \cdots + (\mu \cdot CS_n \cdot \sin \alpha_n + CS_n \cdot \cos \alpha_n)$$

$$= \mu(m \cdot g - F_z) + CS_1(\mu \cdot \sin \alpha_1 + \cos \alpha_1) + CS_2(\mu \cdot \sin \alpha_2 + \cos \alpha_2) + \cdots + CS_n(\mu \cdot \sin \alpha_n + \cos \alpha_n)$$

$$= \mu(m \cdot g - F_z) + CS_1 \cdot f_1 + CS_2 \cdot f_2 + \cdots + CS_n \cdot f_n$$

ただし，$f_1 = \mu \cdot \sin \alpha_1 + \cos \alpha_1$，$f_2 = \mu \cdot \sin \alpha_2 + \cos \alpha_2$，$\cdots$，$f_n = \mu \cdot \sin \alpha_n + \cos \alpha_n$

（3）正横方向の滑り防止（正横方向の力の釣り合い）

考え方は上記（2）と同様であり，図 5.12 のように固縛用具を配置した場合，正横方向の滑りを防止するための条件は，次式にて表すことができる。

$$F_y \leqq \underbrace{\mu \cdot m \cdot g}_{} + \underbrace{CS_1 \cdot f_1 + CS_2 \cdot f_2 + \cdots + CS_n \cdot f_n}_{} \tag{5.10}$$

外力　貨物の自重による摩擦力　　固縛用具の張力による摩擦力と固縛力

F_y：貨物に作用する正横方向の外力

CS_n：横方向に配置された固縛用具の計算強度（$CS = MSL/1.5$）

$f_n = \mu \cdot \sin \alpha_n + \cos \alpha_n$（表 5.6 から求まる）

ただし，（2）の場合と異なり，「貨物の自重による摩擦力」の算定において，船の鉛直方向の揺れにより生ずる加速度の影響を考慮する必要はない。

注）　式 (5.9) と (5.10) とでは，「貨物の自重による摩擦力」において F_z の扱いが異なる。その理由は，表 5.1 で正横方向の加速度 a_y が加味されている範囲と前後方向の加速度 a_x が加味されている範囲とが異なることによる。具体的には，a_y は中央部が小さく船首尾に近づくに従い増加しているが，これは横揺れに起因する加速度に加え，縦揺れや上下揺れに起因する鉛直方向の揺れにより生ずる加速度の影響も含めているからである。言い換えれば，a_y はそれらの加速度も加えた最も厳しい条件下での値となっている。したがって正横方向の摩擦力の算定においては，F_z を加味する必要はない。

一方，a_x にはその影響は加味されていない（すなわち，前後方向の外力として，縦揺れおよび上下揺れの影響は考慮されていない）ため，摩擦力の算定に反映させる必要がある。

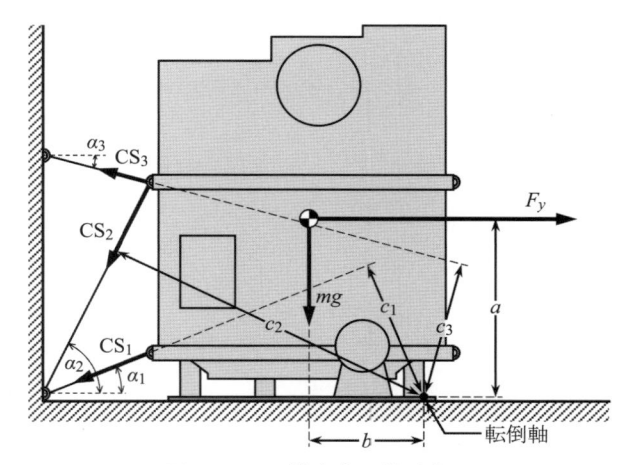

図 5.12　正横方向の釣り合い

（4）正横方向の転倒防止

正横方向の転倒を防止するためには，次式を満たす必要がある。

外力による転倒モーメント ≦ 貨物重量によるモーメント ＋ 固縛用具の固縛力によるモーメント　　　(5.11)

よって，図 5.12 のように固縛用具を配置した場合，正横方向の転倒を防止するための条件は，次式にて表すことができる。

$$\underbrace{F_y \cdot a}_{\substack{外力による \\ 転倒モーメント}} \leqq \underbrace{b \cdot m \cdot g}_{\substack{貨物重量による \\ モーメント}} + \underbrace{\mathrm{CS}_1 \cdot c_1 + \mathrm{CS}_2 \cdot c_2 + \cdots + \mathrm{CS}_n \cdot c_n}_{\substack{固縛用具の固縛力による \\ モーメント}} \tag{5.12}$$

$a,\ b,\ c_n$：モーメントてこ（貨物に作用する力の作用線と転倒軸との距離）

5.3.4　固縛角度の影響

CSS コードにおいては，上記の評価方法により固縛の妥当性を十分検証できるとしているが，通常，固縛用具は，図 5.13 に示すように正横方向に対してある角度を持って配置される。さらに水平面（甲板面）に対しても一定の角度を有することから，それらの影響を加味することで，より一層正確な検証が行えるため，同コードではその方法についても述べている。

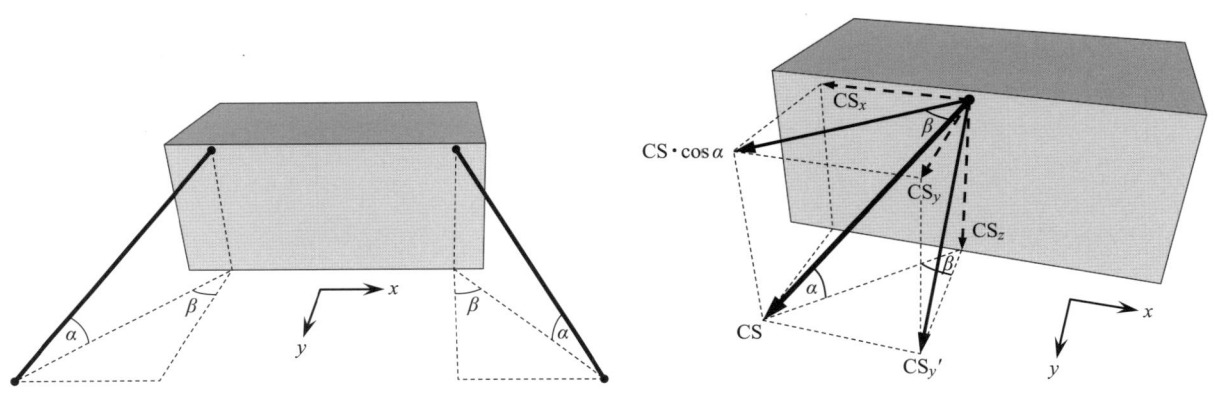

図 5.13　固縛角度　　　　　　**図 5.14　固縛角度を加味した場合の計算強度**

　図 5.14 に示すとおり，固縛用具と甲板面および正横方向とのなす角度をそれぞれ α および β とすると，計算強度 CS の各成分は下記のように表すことができる。

前後水平方向の成分：$\mathrm{CS}_x = \mathrm{CS} \cdot \cos\alpha \cdot \sin\beta$

正横水平方向の成分：$\mathrm{CS}_y = \mathrm{CS} \cdot \cos\alpha \cdot \cos\beta$

上下方向の成分：$\mathrm{CS}_z = \mathrm{CS} \cdot \sin\alpha$

正横方向の成分：$\mathrm{CS}_y' = \mathrm{CS} \sqrt{\cos^2\alpha \cdot \cos^2\beta + \sin^2\alpha}$

これらを加味した場合の固縛条件は以下のとおりである。

（1）前後方向の滑り防止（前後方向の力の釣り合い）

$$\underbrace{F_x}_{\text{外力}} \leqq \underbrace{\mu\,(m \cdot g - F_z)}_{\text{貨物の自重による摩擦力}} + \underbrace{\mathrm{CS}_1 \cdot f_{x1} + \mathrm{CS}_2 \cdot f_{x2} + \cdots + \mathrm{CS}_n \cdot f_{xn}}_{\text{固縛用具の張力による摩擦力と固縛力}} \tag{5.13}$$

$$F_x,\ F_z,\ \mu,\ m,\ g,\ n,\ \mathrm{CS}_n\ \text{は，5.3.3 と同じ}$$

$$f_{xn} = \mu \cdot \sin\alpha_n + \cos\alpha_n \cdot \sin\beta_n\ （\text{表 5.7 から求まる}）$$

　注）　式 (5.13) の右辺の「固縛用具の張力による摩擦力と固縛力」は，以下のように導かれる。

　　1）固縛用具の張力による摩擦力

$$\mu \cdot \mathrm{CS}_{z1} + \mu \cdot \mathrm{CS}_{z2} + \cdots + \mu \cdot \mathrm{CS}_{zn} = \mu \cdot \mathrm{CS}_1 \cdot \sin\alpha_1 + \mu \cdot \mathrm{CS}_2 \cdot \sin\alpha_2 + \cdots + \mu \cdot \mathrm{CS}_n \cdot \sin\alpha_n$$

　　2）固縛用具による前後水平方向の固縛力

$$\mathrm{CS}_{x1} + \mathrm{CS}_{x2} + \cdots + \mathrm{CS}_{xn} = \mathrm{CS}_1 \cdot \cos\alpha_1 \cdot \sin\beta_1 + \mathrm{CS}_2 \cdot \cos\alpha_2 \cdot \sin\beta_2 + \cdots + \mathrm{CS}_n \cdot \cos\alpha_n \cdot \sin\beta_n$$

　　1）と 2）の和を求めると

$$(\mu \cdot \mathrm{CS}_1 \cdot \sin\alpha_1 + \mu \cdot \mathrm{CS}_2 \cdot \sin\alpha_2 + \cdots + \mu \cdot \mathrm{CS}_n \cdot \sin\alpha_n)$$
$$+ (\mathrm{CS}_1 \cdot \cos\alpha_1 \cdot \sin\beta_1 + \mathrm{CS}_2 \cdot \cos\alpha_2 \cdot \sin\beta_2 + \cdots + \mathrm{CS}_n \cdot \cos\alpha_n \cdot \sin\beta_n)$$
$$= \mathrm{CS}_1\,(\mu \cdot \sin\alpha_1 + \cos\alpha_1 \cdot \sin\beta_1) + \mathrm{CS}_2\,(\mu \cdot \sin\alpha_2 + \cos\alpha_2 \cdot \sin\beta_2) + \cdots + \mathrm{CS}_n\,(\mu \cdot \sin\alpha_n + \cos\alpha_n \cdot \sin\beta_n)$$
$$= \mathrm{CS}_1 \cdot f_{x1} + \mathrm{CS}_2 \cdot f_{x2} + \cdots + \mathrm{CS}_n \cdot f_{xn}$$

　　ただし，$f_{x1} = \mu \cdot \sin\alpha_1 + \cos\alpha_1 \cdot \sin\beta_1$, $f_{x2} = \mu \cdot \sin\alpha_2 + \cos\alpha_2 \cdot \sin\beta_2$, $\cdots$, $f_{xn} = \mu \cdot \sin\alpha_n + \cos\alpha_n \cdot \sin\beta_n$

（2）正横方向の滑り防止（正横方向の力の釣り合い）

$$\underbrace{F_y}_{\text{外力}} \leqq \underbrace{\mu \cdot m \cdot g}_{\text{貨物の自重による摩擦力}} + \underbrace{\mathrm{CS}_1 \cdot f_{y1} + \mathrm{CS}_2 \cdot f_{y2} + \cdots + \mathrm{CS}_n \cdot f_{yn}}_{\text{固縛用具の張力による摩擦力と固縛力}} \tag{5.14}$$

$$F_y,\ \mu,\ m,\ g,\ n,\ \mathrm{CS}_n\ \text{は，5.3.3 と同じ}$$

$$f_{yn} = \mu \cdot \sin\alpha_n + \cos\alpha_n \cdot \cos\beta_n\ （\text{表 5.7 から求まる}）$$

　注）　式 (5.14) の右辺の「固縛用具の張力による摩擦力と固縛力」も，式 (5.13) と同様に導くことができる。

　　1）固縛用具の張力による摩擦力

$$\mu \cdot \mathrm{CS}_{z1} + \mu \cdot \mathrm{CS}_{z2} + \cdots + \mu \cdot \mathrm{CS}_{zn} = \mu \cdot \mathrm{CS}_1 \cdot \sin\alpha_1 + \mu \cdot \mathrm{CS}_2 \cdot \sin\alpha_2 + \cdots + \mu \cdot \mathrm{CS}_n \cdot \sin\alpha_n$$

　　2）固縛用具による正横水平方向の固縛力

$$\mathrm{CS}_{y1} + \mathrm{CS}_{y2} + \cdots + \mathrm{CS}_{yn} = \mathrm{CS}_1 \cdot \cos\alpha_1 \cdot \cos\beta_1 + \mathrm{CS}_2 \cdot \cos\alpha_2 \cdot \cos\beta_2 + \cdots + \mathrm{CS}_n \cdot \cos\alpha_n \cdot \cos\beta_n$$

　　1）と 2）の和を求めると

$$(\mu \cdot \mathrm{CS}_1 \cdot \sin\alpha_1 + \mu \cdot \mathrm{CS}_2 \cdot \sin\alpha_2 + \cdots + \mu \cdot \mathrm{CS}_n \cdot \sin\alpha_n)$$
$$+ (\mathrm{CS}_1 \cdot \cos\alpha_1 \cdot \cos\beta_1 + \mathrm{CS}_2 \cdot \cos\alpha_2 \cdot \cos\beta_2 + \cdots + \mathrm{CS}_n \cdot \cos\alpha_n \cdot \cos\beta_n)$$
$$= \mathrm{CS}_1\,(\mu \cdot \sin\alpha_1 + \cos\alpha_1 \cdot \cos\beta_1) + \mathrm{CS}_2\,(\mu \cdot \sin\alpha_2 + \cos\alpha_2 \cdot \cos\beta_2) + \cdots + \mathrm{CS}_n\,(\mu \cdot \sin\alpha_n + \cos\alpha_n \cdot \cos\beta_n)$$
$$= \mathrm{CS}_1 \cdot f_{y1} + \mathrm{CS}_2 \cdot f_{y2} + \cdots + \mathrm{CS}_n \cdot f_{yn}$$

　　ただし，$f_{y1} = \mu \cdot \sin\alpha_1 + \cos\alpha_1 \cdot \cos\beta_1$, $f_{y2} = \mu \cdot \sin\alpha_2 + \cos\alpha_2 \cdot \cos\beta_2$, $\cdots$, $f_{yn} = \mu \cdot \sin\alpha_n + \cos\alpha_n \cdot \cos\beta_n$

表 5.7-a　固縛角度と摩擦係数による固縛力の修正係数（μ=0.4）

β for f_y (deg.)	α (deg.)														β for f_x (deg.)
	−30	−20	−10	0	10	20	30	40	45	50	60	70	80	90	
0	0.67	0.80	0.92	1.00	1.05	1.08	1.07	1.02	0.99	0.95	0.85	0.72	0.57	0.40	90
10	0.65	0.79	0.90	0.98	1.04	1.06	1.05	1.01	0.98	0.94	0.84	0.71	0.56	0.40	80
20	0.61	0.75	0.86	0.94	0.99	1.02	1.01	0.98	0.95	0.91	0.82	0.70	0.56	0.40	70
30	0.55	0.68	0.78	0.87	0.92	0.95	0.95	0.92	0.90	0.86	0.78	0.67	0.54	0.40	60
40	0.46	0.58	0.68	0.77	0.82	0.86	0.86	0.84	0.82	0.80	0.73	0.64	0.53	0.40	50
50	0.36	0.47	0.56	0.64	0.70	0.74	0.76	0.75	0.74	0.72	0.67	0.60	0.51	0.40	40
60	0.23	0.33	0.42	0.50	0.56	0.61	0.63	0.64	0.64	0.63	0.60	0.55	0.48	0.40	30
70	0.10	0.18	0.27	0.34	0.41	0.46	0.50	0.52	0.52	0.53	0.52	0.49	0.45	0.40	20
80	−0.05	0.03	0.10	0.17	0.24	0.30	0.35	0.39	0.41	0.42	0.43	0.44	0.42	0.40	10
90	−0.20	−0.14	−0.07	0.00	0.07	0.14	0.20	0.26	0.28	0.31	0.35	0.38	0.39	0.40	0

β for f_y：式 (5.14) の f_{yn} における β_n の値，　β for f_x：式 (5.13) の f_{xn} における β_n の値

表 5.7-b　固縛角度と摩擦係数による固縛力の修正係数（μ=0.3）

β for f_y (deg.)	α (deg.)														β for f_x (deg.)
	−30	−20	−10	0	10	20	30	40	45	50	60	70	80	90	
0	0.72	0.84	0.93	1.00	1.04	1.04	1.02	0.96	0.92	0.87	0.76	0.62	0.47	0.30	90
10	0.70	0.82	0.92	0.98	1.02	1.03	1.00	0.95	0.91	0.86	0.75	0.62	0.47	0.30	80
20	0.66	0.78	0.87	0.94	0.98	0.99	0.96	0.91	0.88	0.83	0.73	0.60	0.46	0.30	70
30	0.60	0.71	0.80	0.87	0.90	0.92	0.90	0.86	0.82	0.79	0.69	0.58	0.45	0.30	60
40	0.51	0.62	0.70	0.77	0.81	0.82	0.81	0.78	0.75	0.72	0.64	0.54	0.43	0.30	50
50	0.41	0.50	0.58	0.64	0.69	0.71	0.71	0.69	0.67	0.64	0.58	0.50	0.41	0.30	40
60	0.28	0.37	0.44	0.50	0.54	0.57	0.58	0.58	0.57	0.55	0.51	0.45	0.38	0.30	30
70	0.15	0.22	0.28	0.34	0.39	0.42	0.45	0.45	0.45	0.45	0.43	0.40	0.35	0.30	20
80	0.00	0.06	0.12	0.17	0.22	0.27	0.30	0.33	0.33	0.34	0.35	0.34	0.33	0.30	10
90	−0.15	−0.10	−0.05	0.00	0.05	0.10	0.15	0.19	0.21	0.23	0.26	0.28	0.30	0.30	0

β for f_y：式 (5.14) の f_{yn} における β_n の値，　β for f_x：式 (5.13) の f_{xn} における β_n の値

表 5.7-c　固縛角度と摩擦係数による固縛力の修正係数（μ=0.2）

β for f_y (deg.)	α (deg.)														β for f_x (deg.)
	−30	−20	−10	0	10	20	30	40	45	50	60	70	80	90	
0	0.77	0.87	0.95	1.00	1.02	1.01	0.97	0.89	0.85	0.80	0.67	0.53	0.37	0.20	90
10	0.75	0.86	0.94	0.98	1.00	0.99	0.95	0.88	0.84	0.79	0.67	0.52	0.37	0.20	80
20	0.71	0.81	0.89	0.94	0.96	0.95	0.91	0.85	0.81	0.76	0.64	0.51	0.36	0.20	70
30	0.65	0.75	0.82	0.87	0.89	0.88	0.85	0.79	0.75	0.71	0.61	0.48	0.35	0.20	60
40	0.56	0.65	0.72	0.77	0.79	0.79	0.76	0.72	0.68	0.65	0.56	0.45	0.33	0.20	50
50	0.46	0.54	0.60	0.64	0.67	0.67	0.66	0.62	0.60	0.57	0.49	0.41	0.31	0.20	40
60	0.33	0.40	0.46	0.50	0.53	0.54	0.53	0.51	0.49	0.47	0.42	0.36	0.28	0.20	30
70	0.20	0.25	0.30	0.34	0.37	0.39	0.40	0.39	0.38	0.37	0.34	0.30	0.26	0.20	20
80	0.05	0.09	0.14	0.17	0.21	0.23	0.25	0.26	0.26	0.26	0.26	0.25	0.23	0.20	10
90	−0.10	−0.07	−0.03	0.00	0.03	0.07	0.10	0.13	0.14	0.15	0.17	0.19	0.20	0.20	0

β for f_y：式 (5.14) の f_{yn} における β_n の値，　β for f_x：式 (5.13) の f_{xn} における β_n の値

表 5.7-d　固縛角度と摩擦係数による固縛力の修正係数（μ=0.1）

β for f_y (deg.)	α (deg.)														β for f_x (deg.)
	−30	−20	−10	0	10	20	30	40	45	50	60	70	80	90	
0	0.82	0.91	0.97	1.00	1.00	0.97	0.92	0.83	0.78	0.72	0.59	0.44	0.27	0.10	90
10	0.80	0.89	0.95	0.98	0.99	0.96	0.90	0.82	0.77	0.71	0.58	0.43	0.27	0.10	80
20	0.76	0.85	0.91	0.94	0.94	0.92	0.86	0.78	0.74	0.68	0.56	0.42	0.26	0.10	70
30	0.70	0.78	0.84	0.87	0.87	0.85	0.80	0.73	0.68	0.63	0.52	0.39	0.25	0.10	60
40	0.61	0.69	0.74	0.77	0.77	0.75	0.71	0.65	0.61	0.57	0.47	0.36	0.23	0.10	50
50	0.51	0.57	0.62	0.64	0.65	0.64	0.61	0.56	0.53	0.49	0.41	0.31	0.21	0.10	40
60	0.38	0.44	0.48	0.50	0.51	0.50	0.48	0.45	0.42	0.40	0.34	0.26	0.19	0.10	30
70	0.25	0.29	0.32	0.34	0.35	0.36	0.35	0.33	0.31	0.30	0.26	0.21	0.16	0.10	20
80	0.10	0.13	0.15	0.17	0.19	0.20	0.20	0.20	0.19	0.19	0.17	0.15	0.13	0.10	10
90	−0.05	−0.03	−0.02	0.00	0.02	0.03	0.05	0.06	0.07	0.08	0.09	0.09	0.10	0.10	0

β for f_y：式 (5.14) の f_{yn} における β_n の値，　β for f_x：式 (5.13) の f_{xn} における β_n の値

表 5.7-e　固縛角度と摩擦係数による固縛力の修正係数（μ=0.0）

β for f_y (deg.)	α (deg.)														β for f_x (deg.)
	−30	−20	−10	0	10	20	30	40	45	50	60	70	80	90	
0	0.87	0.94	0.98	1.00	0.98	0.94	0.87	0.77	0.71	0.64	0.50	0.34	0.17	0.00	90
10	0.85	0.93	0.97	0.98	0.97	0.93	0.85	0.75	0.70	0.63	0.49	0.34	0.17	0.00	80
20	0.81	0.88	0.93	0.94	0.93	0.88	0.81	0.72	0.66	0.60	0.47	0.32	0.16	0.00	70
30	0.75	0.81	0.85	0.87	0.85	0.81	0.75	0.66	0.61	0.56	0.43	0.30	0.15	0.00	60
40	0.66	0.72	0.75	0.77	0.75	0.72	0.66	0.59	0.54	0.49	0.38	0.26	0.13	0.00	50
50	0.56	0.60	0.63	0.64	0.63	0.60	0.56	0.49	0.45	0.41	0.32	0.22	0.11	0.00	40
60	0.43	0.47	0.49	0.50	0.49	0.47	0.43	0.38	0.35	0.32	0.25	0.17	0.09	0.00	30
70	0.30	0.32	0.34	0.34	0.34	0.32	0.30	0.26	0.24	0.22	0.17	0.12	0.06	0.00	20
80	0.15	0.16	0.17	0.17	0.17	0.16	0.15	0.13	0.12	0.11	0.09	0.06	0.03	0.00	10
90	0.00	0.00	0.00	0.00	0.00	0.00	0.00	0.00	0.00	0.00	0.00	0.00	0.00	0.00	0

β for f_y：式 (5.14) の f_{yn} における β_n の値，　β for f_x：式 (5.13) の f_{xn} における β_n の値

（3）正横方向の転倒防止（正横方向のモーメントの釣り合い）

$$F_y \cdot a \leqq \underbrace{b \cdot m \cdot g}_{} + \underbrace{0.9\,(\mathrm{CS}_1 \cdot c_1 + \mathrm{CS}_2 \cdot c_2 + \cdots + \mathrm{CS}_n \cdot c_n)}_{} \tag{5.15}$$

外力による　　　貨物重量による　　　固縛用具の固縛力による
転倒モーメント　モーメント　　　　　モーメント

（各記号の意味は，5.3.3 と同じ）

注）　式 (5.15) の右辺は以下のように導かれる。

$$b \cdot m \cdot g + (\mathrm{CS}_{y1}{}' \cdot c_1 + \mathrm{CS}_{y2}{}' \cdot c_2 + \cdots + \mathrm{CS}_{yn}{}' \cdot c_n)$$

$$= b \cdot m \cdot g + \left(\mathrm{CS}_1 \sqrt{\cos^2 \alpha_1 \cdot \cos^2 \beta_1 + \sin^2 \alpha_1} \cdot c_1 \right.$$

$$\left. + \mathrm{CS}_2 \sqrt{\cos^2 \alpha_2 \cdot \cos^2 \beta_2 + \sin^2 \alpha_2} \cdot c_2 + \cdots + \mathrm{CS}_n \sqrt{\cos^2 \alpha_n \cdot \cos^2 \beta_n + \sin^2 \alpha_n} \cdot c_n \right)$$

正横方向の転倒防止策として有効であると考えられるのは，$45° \leqq \alpha$ かつ $\beta \leqq 45°$ の場合であり，この範囲においては

$$0.87 \leqq \sqrt{\cos^2 \alpha \cdot \cos^2 \beta + \sin^2 \alpha} \leqq 1$$

となる。よって

$$\sqrt{\cos^2 \alpha \cdot \cos^2 \beta + \sin^2 \alpha} \fallingdotseq 0.9$$

と近似すると，式 (5.15) が得られる。

$\alpha < 45°$ かつ $45° < \beta$ である固縛用具は，正横方向の転倒防止には有効でないため，式 (5.15) の計算に含めてはならない。

5.3.5 経験則に基づく簡易的な評価方法

CSS コードでは，簡易的な評価方法として，貨物の各舷に配置された固縛用具の MSL の合計が，その貨物の重量（単位を kN とした場合）と等しくなるようにする方法が示されている。これは正横方向に 1 G（$9.81 \, \mathrm{m/s^2}$）の加速度が生ずると仮定したもので，積載場所や復原力および季節などの諸条件にかかわらず，大抵の大きさの船に適用できる。しかし，固縛角度の影響，固縛用具間で荷重が不均等になる点，摩擦の効果などは考慮されていない。なお，この方法により固縛効果を検証する場合は，対象となるのは固縛用具と甲板とのなす角度が 60° 以下の場合のみで，さらに十分な摩擦力を得るために適切な資材の使用を重視している。甲板との角度が 60° を超えるものは，転倒防止効果は期待できるが，滑りの防止対策としては考えない。

5.3.6 固縛評価手順のまとめ

以上で述べた固縛評価の手順をまとめると以下のとおりである。

（1）外力の算定

　　1）貨物の積載位置を基に，動揺加速度の基準値（a_x, a_y, a_z）を求める。（表 5.1 参照）

　　2）船の長さ，船速，B/GM により，1）の基準値を修正するための係数を求める。（表 5.2，表 5.3 参照）

　　3）貨物の正面および側面に作用する風圧力および波飛沫の衝撃荷重を求める。（$1 \, \mathrm{kN/m^2}$）

　　4）1）に 2）の係数を掛けたものと 3）を足し合わせ，外力とする。すなわち

　　　　　前後方向の外力：$F_x = m \cdot k_{VL} \cdot a_x + F_{Wx} + F_{Sx}$ (5.4a′)

　　　　　正横方向の外力：$F_y = m \cdot k_{VL} \cdot k_S \cdot a_y + F_{Wy} + F_{Sy}$ (5.4b′)

　　　　　上下方向の外力：$F_z = m \cdot k_{VL} \cdot a_z$ (5.4c′)

（2）固縛力の算定

　　1）固縛用具の MSL の算定

　　　　固縛用具の破壊強度から MSL を求める。（表 5.4 参照）

　　2）計算強度 CS の算定：CS = MSL/S.F.

　　　　（S.F. = 1.35。正横方向に対する固縛角度 β を考慮しない場合は，S.F. = 1.5）

　　3）前後滑りを拘束する力（式 (5.13) の右辺），正横方向への滑りを拘束する力（式 (5.14) の右辺），正横方向への転倒を拘束するモーメント（式 (5.15) の右辺）を求め，次式を満足していることを確認する。（表 5.7 または表 5.6 参照）

　　　　　$F_x \leqq \mu(m \cdot g - F_z) + \mathrm{CS}_1 \cdot f_{x1} + \mathrm{CS}_2 \cdot f_{x2} + \cdots + \mathrm{CS}_n \cdot f_{xn}$ (5.13 再掲)

　　　　　$F_y \leqq \mu \cdot m \cdot g + \mathrm{CS}_1 \cdot f_{y1} + \mathrm{CS}_2 \cdot f_{y2} + \cdots + \mathrm{CS}_n \cdot f_{yn}$ (5.14 再掲)

　　　　　$F_y \cdot a \leqq b \cdot m \cdot g + 0.9(\mathrm{CS}_1 \cdot c_1 + \mathrm{CS}_2 \cdot c_2 + \cdots + \mathrm{CS}_n \cdot c_n)$ (5.15 再掲)

なお，5.3.4 で述べた固縛角度 β を考慮しない場合は，式 (5.13)，(5.14)，(5.15) の代わりに，それぞれ，式 (5.9)，(5.10)，(5.12) を用いる。

112

5.4 固縛評価の計算例

【例題 5.4】

下記の条件で貨物を積載する場合，正横方向の滑り防止および転倒防止に関する固縛効果を検証せよ。

〔対象船舶〕 長さ：120 m，幅：20 m，GM：1.4 m，船速：15 ノット

〔貨物寸法〕 質量：62 t，長さ：6 m，幅：4 m，高さ：4 m

〔積載位置〕 上甲板（下部），船尾から 0.7L

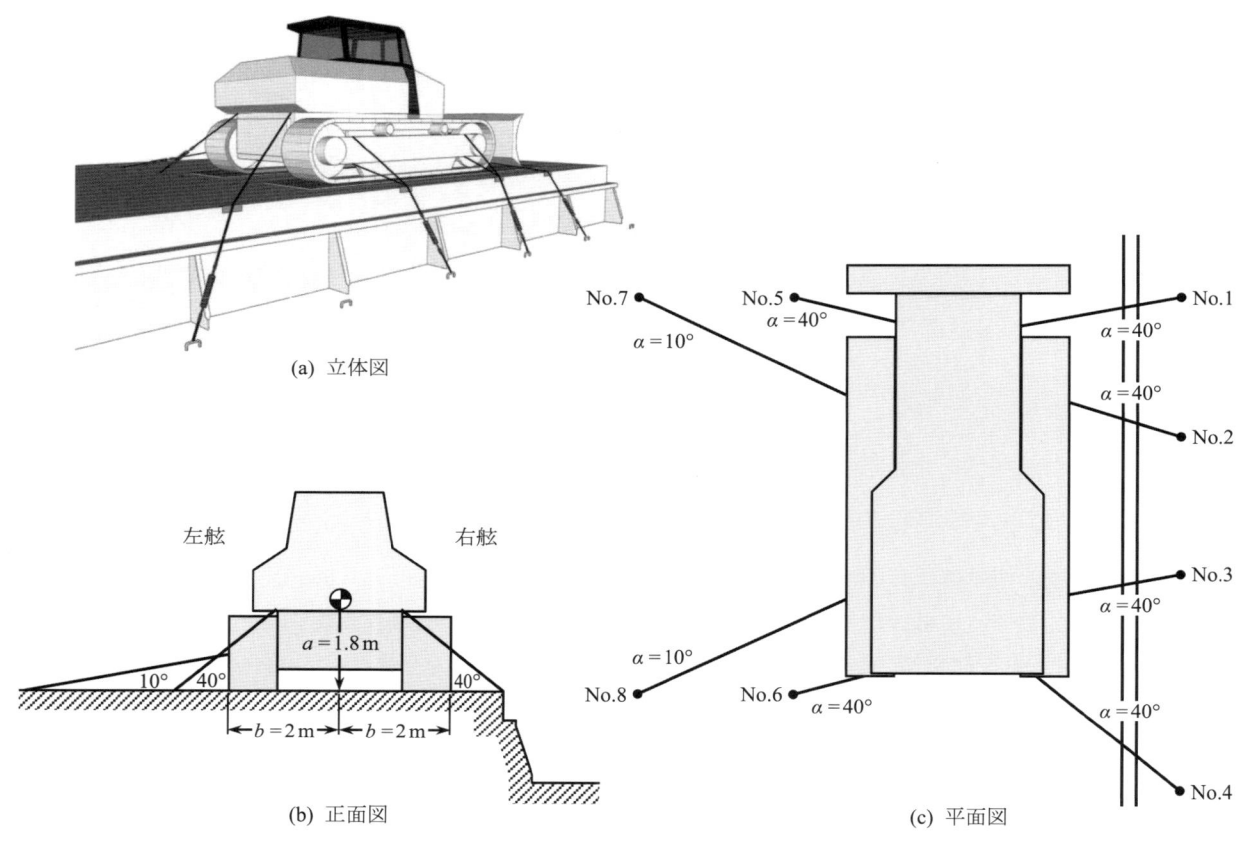

(a) 立体図

(b) 正面図

(c) 平面図

図 5.15 例題 5.4 における固縛状況

〔固縛用具〕

ワイヤロープ（新品）：破壊強度 125 kN

シャックル，ターンバックル，デッキリング：破壊強度 180 kN

ダンネージ：木材

［解答および解説］

（1）外力の推定

1）動揺加速度

動揺加速度の基準値（表 5.1 参照）

$a_y = 6.3\,\text{m/s}^2,\ a_z = 6.2\,\text{m/s}^2$

動揺加速度の修正（表 5.2 および表 5.3 参照）

船の長さと船速に対する修正係数：$k_{VL} = 0.89$

B/GM に対する修正係数：$B/\text{GM} = 20/1.4 \geqq 13$ であるから修正不要。すなわち，$k_S = 1.00$。

2）風圧力（1 kN/m²）

側面受風面積：$A_{Wy} = 6 \times 4 = 24 \ (\mathrm{m}^2)$

風圧力：$F_{Wy} = 1 \times 24 = \underline{24 \ (\mathrm{kN})}$

3）波飛沫の衝撃荷重（暴露甲板上 2 m まで，1 kN/m²）

側面受圧面積：$A_{Sy} = 6 \times 2 = 12 \ (\mathrm{m}^2)$

荷重：$F_{Sy} = 1 \times 12 = \underline{12 \ (\mathrm{kN})}$

4）外力

式 (5.4b′)，(5.4c′) に，上記の各値および $m = 62 \ \mathrm{t}$ を代入すると

正横方向の外力：$F_y = m \cdot k_{VL} \cdot k_S \cdot a_y + F_{Wy} + F_{Sy}$

$$= 62 \times 0.89 \times 1.00 \times 6.3 + 24 + 12 \fallingdotseq \underline{384 \ (\mathrm{kN})} \ \cdots \ ①$$

上下方向の外力：$F_z = m \cdot k_{VL} \cdot a_z$

$$= 62 \times 0.89 \times 6.2 \fallingdotseq \underline{342 \ (\mathrm{kN})} \ \cdots \ ②$$

（2）固縛効果の評価

1）正横方向の滑り防止

式 (5.10) の右辺を計算するに当たり，必要な各値を以下のとおり求める。

a. 摩擦係数：$\mu = 0.3$（表 5.5 参照）

b. 最大固縛荷重（MSL）

表 5.4 より

ワイヤロープ：$\mathrm{MSL} = 0.8 \times 破壊強度 = 0.8 \times 125 = 100 \ (\mathrm{kN}) \ \cdots \ ③$

シャックル，ターンバックル，デッキリング：

$$\mathrm{MSL} = 0.5 \times 破壊強度 = 0.5 \times 180 = 90 \ (\mathrm{kN}) \ \cdots \ ④$$

一連の固縛用具のなかで最小の MSL を許容荷重とすることから，この場合④の値を用いる。

c. 固縛用具の計算強度

式 (5.6) より

$$\mathrm{CS}_{1 \sim 8} = \frac{\mathrm{MSL}}{\mathrm{S.F.}} = \frac{90}{1.5} = 60 \ (\mathrm{kN})$$

d. μ と固縛角度 α の関数：f

$\mu = 0.3$ であるから，表 5.6 より

$\alpha = 40°$ のとき $f_{1 \sim 6} = 0.96$（右舷側 4 か所および左舷側 2 か所）

$\alpha = 10°$ のとき $f_{7 \sim 8} = 1.04$（左舷側 2 か所）

e. 固縛効果の検証

e-1. 右舷側

$$式 (5.10) の右辺 = \mu \cdot m \cdot g + \mathrm{CS}_1 \cdot f_1 + \mathrm{CS}_2 \cdot f_2 + \mathrm{CS}_3 \cdot f_3 + \mathrm{CS}_4 \cdot f_4$$

$$= 0.3 \times 62 \times 9.81 + 4 \times (60 \times 0.96) \fallingdotseq 412 \ (\mathrm{kN}) \ \cdots ⑤$$

①（正横方向の外力）< ⑤（左舷側への滑りを拘束する力）

であるから，許容できる。

e-2. 左舷側

$$式 (5.10) の右辺 = \mu \cdot m \cdot g + \mathrm{CS}_5 \cdot f_5 + \mathrm{CS}_6 \cdot f_6 + \mathrm{CS}_7 \cdot f_7 + \mathrm{CS}_8 \cdot f_8$$

$$= 0.3 \times 62 \times 9.81 + 2 \times (60 \times 0.96) + 2 \times (60 \times 1.04) \fallingdotseq 422 \ (\mathrm{kN}) \ \cdots ⑥$$

①（正横方向の外力）< ⑥（右舷側への滑りを拘束する力）

であるから，許容できる。

2）正横方向の転倒防止

　　式 (5.12) を計算するに当たり，必要な各値を以下のとおり求める。

　　a. 外力のモーメントてこ：$a = 1.8$ (m)

　　b. 貨物重量のモーメントてこ：$b = 2$ (m)

　　c. 固縛効果の検証

$$外力による転倒モーメント = 式 (5.12) の左辺$$
$$= F_y \cdot a = 384 \times 1.8 ≒ 691 \ (\text{kN} \cdot \text{m}) \cdots ⑦$$
$$貨物重量によるモーメント = 式 (5.12) の右辺第一項$$
$$= b \cdot m \cdot g = 2 \times 62 \times 9.81 ≒ 1,216 \ (\text{kN} \cdot \text{m}) \cdots ⑧$$

$$⑦（外力による転倒モーメント）< ⑧（貨物重量によるモーメント）$$

であるから，固縛力がなくても転倒を防止できている。

【例題 5.5】

　下記の条件で貨物を積載する場合，正横方向の滑り防止および転倒防止に関する固縛効果を検証せよ。

〔対象船舶〕　　長さ：160 m，幅：24 m，GM：1.5 m，船速：18 ノット

〔貨物寸法〕　　質量：68 t，長さ：2.5 m，幅：1.8 m，高さ：2.4 m

〔積載位置〕　　中甲板，船尾から 0.7L

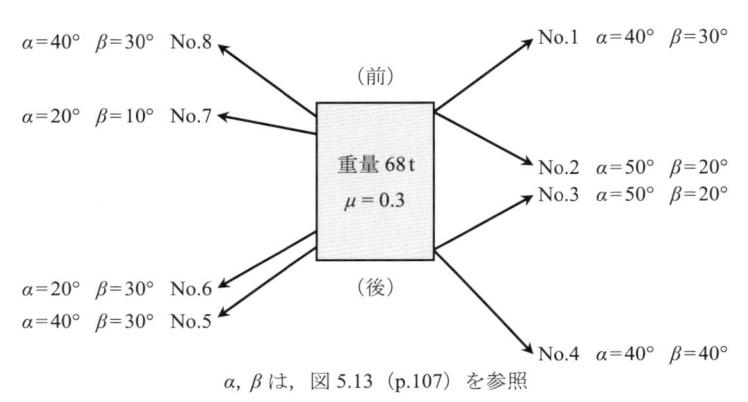

$$\alpha, \beta は，図 5.13（p.107）を参照$$

図 5.16　例題 5.5 における固縛配置（平面図）

〔固縛用具〕

No.	1	2	3	4	5	6	7	8
MSL (kN)	108	90	90	108	108	90	90	108

　ダンネージ：木材（$\mu = 0.3$）

[解答および解説]

（1）外力の推定

　　積載場所は中甲板であるから，外力としては風圧力および波飛沫の衝撃荷重は考慮する必要がなく，動揺加速度のみを考える。

　　動揺加速度の基準値（表 5.1 参照）

　　　$a_x = 2.0 \ \text{m/s}^2, \ a_y = 5.6 \ \text{m/s}^2, \ a_z = 6.2 \ \text{m/s}^2$

　　動揺加速度の修正（表 5.2 および表 5.3 参照）

　　　船の長さと船速に対する修正係数：$k_{VL} = \underline{0.82}$

　　　B/GM に対する修正係数：$B/\text{GM} = 24/1.5 \geqq 13$ であるから修正不要。すなわち，$k_S = 1.00$。

式 (5.4a′), (5.4b′), (5.4c′) に, 上記の各値および $m = 68\,\text{t}$ を代入すると

前後方向の外力：$F_x = m \cdot k_{VL} \cdot a_x + F_{Wx} + F_{Sx}$

$$= 68 \times 0.82 \times 2.0 + 0 + 0 \fallingdotseq \underline{112\ (\text{kN})} \cdots ①$$

正横方向の外力：$F_y = m \cdot k_{VL} \cdot k_S \cdot a_y + F_{Wy} + F_{Sy}$

$$= 68 \times 0.82 \times 1.00 \times 5.6 + 0 + 0 \fallingdotseq \underline{312\ (\text{kN})} \cdots ②$$

上下方向の外力：$F_z = m \cdot k_{VL} \cdot a_z$

$$= 68 \times 0.82 \times 6.2 \fallingdotseq \underline{345\ (\text{kN})} \cdots ③$$

（2）固縛効果の評価

滑り防止の効果を検証するため, 式 (5.13) および (5.14) の f_x および f_y を求めると下表のようになる。

No.	MSL (kN)	CS[※1] (kN)	α (甲板に対する角度)	β (正横方向に対する角度)	f_y[※2]	CS×f_y (kN)	f_x[※3]	CS×f_x (kN)
1	108	80	右, 40°	前へ 30°	0.86	右へ 68.8	0.58	前へ 46.4
2	90	67	右, 50°	後へ 20°	0.83	右へ 55.6	0.45	後へ 30.2
3	90	67	右, 50°	前へ 20°	0.83	右へ 55.6	0.45	前へ 30.2
4	108	80	右, 40°	後へ 40°	0.78	右へ 62.4	0.69	後へ 55.2
5	108	80	左, 40°	後へ 30°	0.86	左へ 68.8	0.58	後へ 46.4
6	90	67	左, 20°	後へ 30°	0.92	左へ 61.6	0.57	後へ 38.2
7	90	67	左, 20°	前へ 10°	1.03	左へ 69.0	0.27	前へ 18.1
8	108	80	左, 40°	前へ 30°	0.86	左へ 68.8	0.58	前へ 46.4

※1　CS＝MSL／1.35（5.3.2（2）参照）
※2, ※3　表 5.7-b より

1）前後方向の滑り防止

　　a. 前方の固縛（後方への滑りを拘束する力）：No.1, 3, 7, 8

　　式 (5.13) の右辺 $= \mu\,(m \cdot g - F_z) + \text{CS}_1 \cdot f_{x1} + \text{CS}_3 \cdot f_{x3} + \text{CS}_7 \cdot f_{x7} + \text{CS}_8 \cdot f_{x8}$

$$= 0.3 \times (68 \times 9.81 - 345) + 46.4 + 30.2 + 18.1 + 46.4 \fallingdotseq \underline{238\ (\text{kN})} \cdots ④$$

　　① （前後方向の外力）＜ ④ （後方への滑りを拘束する力）

　　b. 後方の固縛（前方への滑りを拘束する力）：No.2, 4, 5, 6

　　式 (5.13) の右辺 $= \mu\,(m \cdot g - F_z) + \text{CS}_2 \cdot f_{x2} + \text{CS}_4 \cdot f_{x4} + \text{CS}_5 \cdot f_{x5} + \text{CS}_6 \cdot f_{x6}$

$$= 0.3 \times (68 \times 9.81 - 345) + 30.2 + 55.2 + 46.4 + 38.2 \fallingdotseq \underline{267\ (\text{kN})} \cdots ⑤$$

　　① （前後方向の外力）＜ ⑤ （前方への滑りを拘束する力）

2）正横方向の滑り防止

　　a. 右舷側の固縛（左舷側への滑りを拘束する力）：No.1〜4

　　式 (5.14) の右辺 $= \mu \cdot m \cdot g + \text{CS}_1 \cdot f_{y1} + \text{CS}_2 \cdot f_{y2} + \text{CS}_3 \cdot f_{y3} + \text{CS}_4 \cdot f_{y4}$

$$= 0.3 \times 68 \times 9.81 + 68.8 + 55.6 + 55.6 + 62.4 \fallingdotseq \underline{443\ (\text{kN})} \cdots ⑥$$

　　② （正横方向の外力）＜ ⑥ （左舷側への滑りを拘束する力）

　　b. 左舷側の固縛（右舷側への滑りを拘束する力）：No.5〜8

　　式 (5.14) の右辺 $= \mu \cdot m \cdot g + \text{CS}_5 \cdot f_{y5} + \text{CS}_6 \cdot f_{y6} + \text{CS}_7 \cdot f_{y7} + \text{CS}_8 \cdot f_{y8}$

$$= 0.3 \times 68 \times 9.81 + 68.8 + 61.6 + 69.0 + 68.8 \fallingdotseq \underline{468\ (\text{kN})} \cdots ⑦$$

　　② （正横方向の外力）＜ ⑦ （右舷側への滑りを拘束する力）

3）正横方向の転倒防止

　　貨物の重心位置は，貨物の高さおよび幅の半分の位置にあると考えると，外力による転倒モーメントは，以下のように求めることができる。

$$\text{式 (5.15) の左辺} = F_y \cdot a = 312 \times 2.4/2 \fallingdotseq \underline{374 \ (\text{kN} \cdot \text{m})} \cdots ⑧$$

　　また，支点 O から固縛用具までの距離 c も，近似的に貨物幅に等しいとすると，転倒を拘束するモーメントは，以下のように求めることができる（実際の c は貨物幅よりも長いため，計算上，転倒を拘束するモーメントを小さく見積もることになる）。

　a. 右舷側の固縛（左舷への転倒を拘束するモーメント）：No.1〜4

$$\begin{aligned}
\text{式 (5.15) の右辺} &= b \cdot m \cdot g + 0.9\,(\text{CS}_1 \cdot c_1 + \text{CS}_2 \cdot c_2 + \text{CS}_3 \cdot c_3 + \text{CS}_4 \cdot c_4) \\
&= b \cdot m \cdot g + 0.9c\,(\text{CS}_1 + \text{CS}_2 + \text{CS}_3 + \text{CS}_4) \\
&= 1.8/2 \times 68 \times 9.81 + 0.9 \times 1.8 \times (80 + 67 + 67 + 80) \fallingdotseq \underline{1{,}077 \ (\text{kN} \cdot \text{m})} \cdots ⑨
\end{aligned}$$

$$⑧（外力による転倒モーメント）<⑨（転倒を拘束するモーメント）$$

　b. 左舷側の固縛（右舷への転倒を拘束するモーメント）：No.5〜8

　　固縛用具の本数およびそれらの MSL は各舷で等しい（すなわち，$\text{CS}_1 = \text{CS}_5$，$\text{CS}_2 = \text{CS}_6$，$\text{CS}_3 = \text{CS}_7$，$\text{CS}_4 = \text{CS}_8$）ため，右舷側と同じ結果が得られる。

第6章

図面を利用する上での関連知識

6.1 船体構造に関する基礎知識

6.1.1 船体構造様式

船体は甲板，船側外板，船底外板などの板材と，フレームやビームなどの骨材とが相まって強度を保持する構造（板骨構造）となっている。そして主要骨材の配置のしかたにより，船体構造は以下の 3 つの様式に分類される。

（1）横ろっ骨式構造（transverse system），横式構造

　　甲板や外板を補強する骨材であるビーム，フレーム，フロアを横方向（左右および上下方向）に配置した構造。

（2）縦ろっ骨式構造（longitudinal system），縦式構造

　　甲板や外版を補強する骨材を主に縦方向（前後方向）に配置し，横強度については，横隔壁間に大型の横けたで形づくられる枠組を数か所配置することで維持する構造。

（3）混合ろっ骨式構造（combined system），縦横混合式構造

　　横ろっ骨式構造と縦ろっ骨式構造の両者の利点を取り入れた構造である。縦強度上重要な上甲板と船底は縦式構造とし，船側は横式構造としたもの。本書で示した「芦屋丸」は，この構造を採用している。

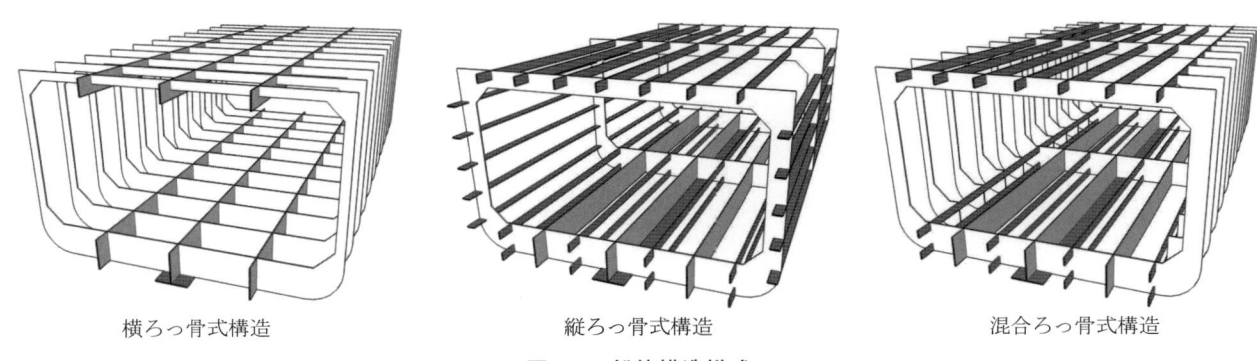

　　横ろっ骨式構造　　　　　　　　　縦ろっ骨式構造　　　　　　　　　混合ろっ骨式構造

図 6.1　船体構造様式

6.1.2 主要部材の名称

主要部材の名称と配置を，図 6.2 から図 6.3 に示す。同様の役割を担うものであっても，構造様式により名称が異なることに注意を要する。

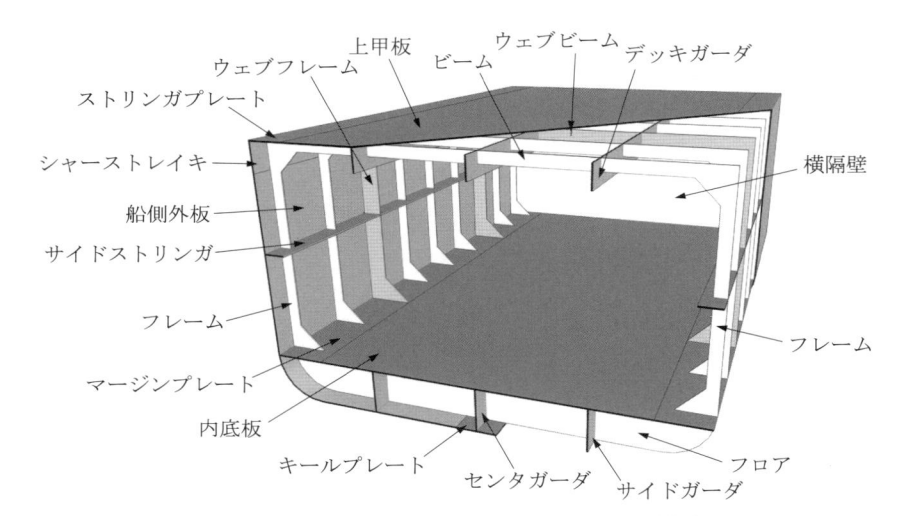

図 6.2　主要部材の名称と配置（横ろっ骨式構造）

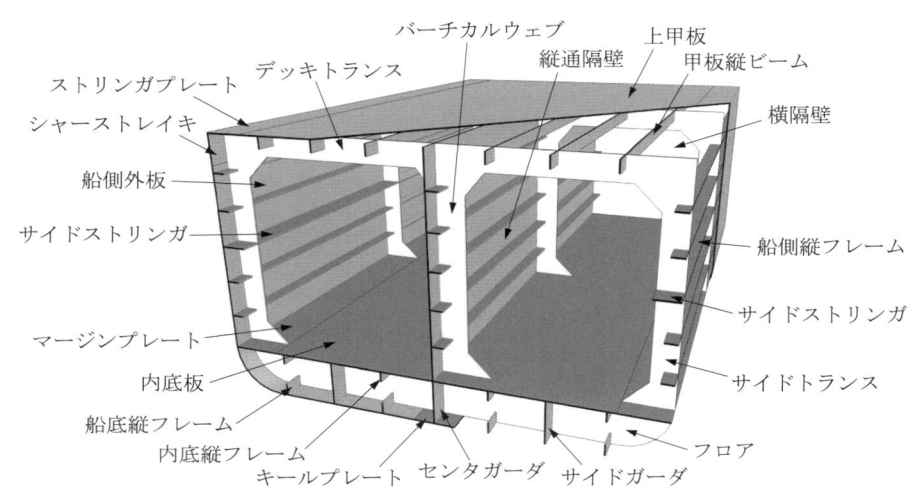

図 6.3　主要部材の名称と配置（縦ろっ骨式構造）

6.1.3　主要部材の配置と参照図面

（1）フレーム

　　　船側外板内側に上下方向に設けられた骨材で，甲板ビームやフロアと共に船の横強度を保つ重要な枠組を構成する。外板と結合して水圧などの外圧に対抗し，また甲板の重量を支える。

　　　機関室や重量物を積載する船倉など，とくに補強を要する箇所には，フレーム数本おきに，大型のウェブフレーム（web frame）を配置する。

　　　各フレームには，その前後位置を特定するために一連のフレーム番号が付されており，一般配置図，鋼材配置図，外板展開図などから知ることができる。

（2）二重底の構造とフロアの配置

　　　二重底は，船底外板，内底板，マージンプレート，フロア，ガーダ，ブラケットを基本に構成されており，部材配置の違いにより横式構造と縦式構造がある。二重底の構造は，中央横断面図および鋼材配置図から知ることができる。

　1）横式構造

　　　　センタガーダやサイドガーダ以外の二重底内の部材は，横方向に配置される。2〜3 フレーム毎にソリッドフロア（実体フロア）を設け，それ以外の位置には，必ずオープンフロア（組立フロア）を設ける。オー

プンフロアは，内底板および船底外板の内側に横方向に配置された上下のフレームと，これらを結ぶストラットおよびブラケットにより構成される。

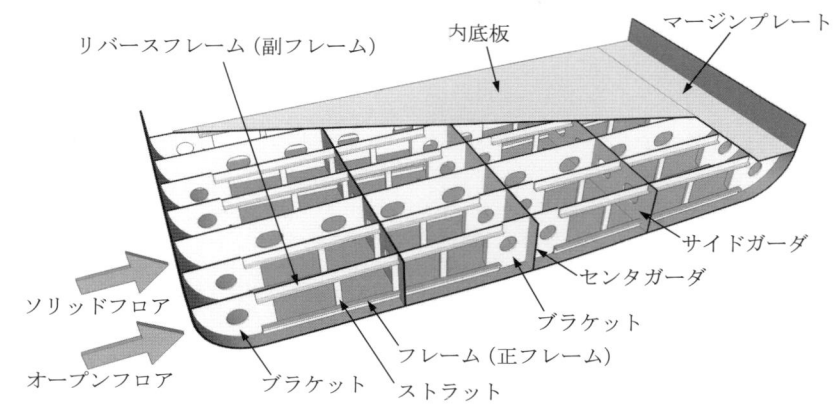

図 6.4 二重底構造（横式構造）

2）縦式構造

　　センタガーダおよびサイドガーダに加え，内底縦フレームや船底縦フレームを，それぞれ内底板や船底外板内側に配置し，縦強度を増した構造としている。フロアは，2〜3 フレーム毎にソリッドフロア（実体フロア）を設け，オープンフロア（組立フロア）については，センタガーダとマージンプレートに取り付けられるブラケットのみとしている。また，必要に応じて，上下の縦フレームを結ぶストラットを設ける。

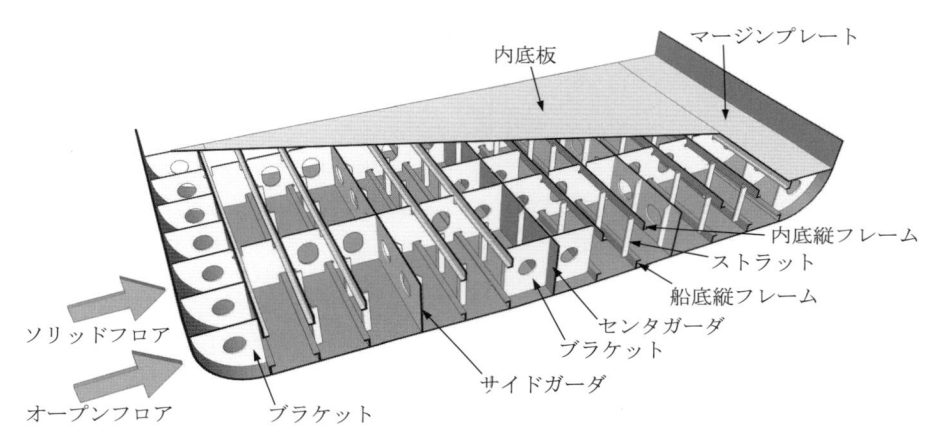

図 6.5 二重底構造（縦式構造）

（3）外板の名称と記号

　　外板は，船楼の外板を除き，一般に上のほうから順に次のように呼ばれる。

① シャーストレイキ（sheer strake），舷側厚板

② 船側外板（side shell plating）

③ ビルジ外板（bilge strake）

④ 船底外板（bottom shell plating）

　外板にも，その位置を特定するために一連の記号が付けられる。その付け方は，キールプレートを K とし，上方に向けて順次，A，B，C… とするが，シャーストレイキは S としている。これらの外板の記号は中央横断面図および外板展開図に記載されている。

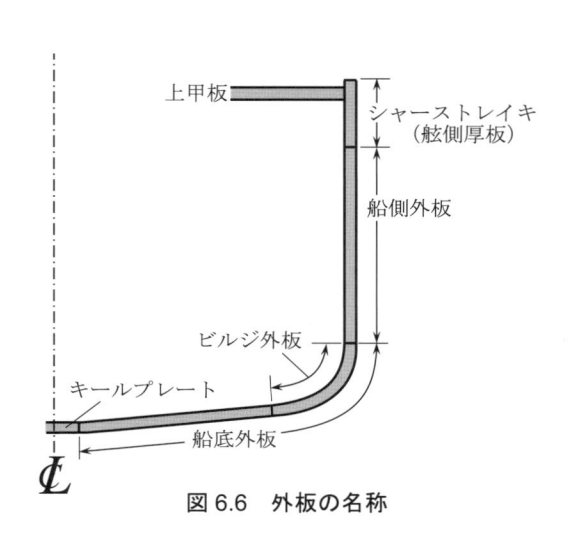

図 6.6 外板の名称

6.2　船体用鋼材の強度とグレード

6.2.1　船体用圧延鋼材

　鋼材は化学成分や脱酸形式の違いにより，強度や粘り強さなどに差が生じる。船体用の圧延鋼材は，日本海事協会の鋼船規則によると，表 6.1 に示すとおり KA〜KF40 までの 16 のグレードに分類されており，船体構造関係の図面にはそれらを示す記号が記されている。

表 6.1　船体用圧延鋼材に関する規格

（日本海事協会鋼船規則 2022年度版 より）

		圧 延 鋼 (Rolled Steel)															
		軟 鋼 (Mild Steel)				高張力鋼 (High Tensile Steel)											
材料記号 (Grade)		KA	KB	KD	KE	KA32	KD32	KE32	KF32	KA36	KD36	KE36	KF36	KA40	KD40	KE40	KF40
引張試験	降伏点または耐力	235 N/mm²以上 (24 kgf/mm²以上)				315 N/mm²以上 (32 kgf/mm²以上)				355 N/mm²以上 (36 kgf/mm²以上)				390 N/mm²以上 (40 kgf/mm²以上)			
	引張強さ	400〜520 N/mm²				440〜590 N/mm²				490〜620 N/mm²				510〜650 N/mm²			
	伸 び	22％以上				22％以上				21％以上				20％以上			
衝撃試験	試験温度(℃)	—	0	−20	−40	0	−20	−40	−60	0	−20	−40	−60	0	−20	−40	−60
	最小平均吸収エネルギー値 L[*1]	—	27 J			31 J				34 J				39 J			
	最小平均吸収エネルギー値 T[*2]	—	20 J			22 J				24 J				26 J			
化学成分	C	0.21%以下	0.21%以下		0.18%以下	0.18%以下			0.16%以下	0.18%以下			0.16%以下	0.18%以下			0.16%以下
	Si	0.50%以下	0.35%以下			0.50%以下				0.50%以下				0.50%以下			
	Mn	2.5×C以上	0.80%以上	0.60%以上	0.70%以上	0.90〜1.60%				0.90〜1.60%				0.90〜1.60%			
	P	0.035%以下				0.035%以下			0.025%以下	0.035%以下			0.025%以下	0.035%以下			0.025%以下
	S	0.035%以下				0.035%以下			0.025%以下	0.035%以下			0.025%以下	0.035%以下			0.025%以下
	他	—	Al 0.015%以上			他にCu,Cr,Ni,Mo,Al,Nb,V,Ti,N（KF32のみ）				他にCu,Cr,Ni,Mo,Al,Nb,V,Ti,N（KF36のみ）				他にCu,Cr,Ni,Mo,Al,Nb,V,Ti,N（KF40のみ）			
脱酸形式 (Deoxidation)		リムド以外	キルド又は細粒キルド		細粒キルド	細粒キルド				細粒キルド				細粒キルド			

C：炭素、Si：ケイ素、Mn：マンガン、P：リン、S：硫黄、Cu：銅、Cr：クロム、Ni：ニッケル、Mo：モリブデン、Al：アルミニウム、Nb：ニオブ、V：バナジウム、Ti：チタン、N：窒素
*1　L：試験片の長さ方向が、圧延方向と平行な場合
*2　T：試験片の長さ方向が、圧延方向と直角な場合

6.2.2　鋼材の引張強さ

　鋼材の引張強さは，引張試験を行った場合の「応力」と「歪み」の関係から得られる。「応力」とは荷重に対する材料内部の抵抗力で，引張荷重を鋼材の断面積で割った値で示される。これにより鋼材の断面積に関係なく，その強さを表すことができる。例として，図 6.7 に示すように鋼材を引っ張った場合を考える。太さの異なる 2 つの鋼材 I および II に，12 kN（12,000 N）の引張荷重をかけた場合，鋼材 I における応力は600 N/mm^2 であるが，鋼材 II は 400 N/mm^2 である。両者ともこの直後に破断したとすると，鋼材 I のほうが高強度であるといえる。

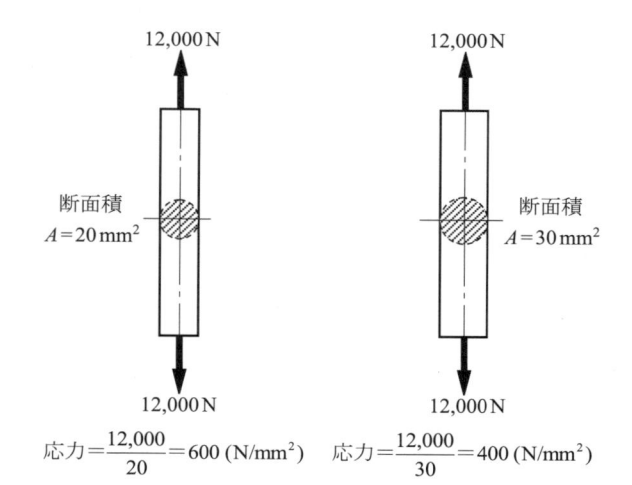

図 6.7　荷重と応力

$$応力（\sigma）= \frac{荷重}{断面積} = \frac{P}{A}（N/mm^2） \qquad (6.1)$$

　また「歪み」とは，図 6.8 および式 (6.2) に示すように，引張荷重をかけることにより，鋼材が変形した割合のことをいう。

$$ひずみ（\varepsilon）= \frac{変形量}{元の長さ} = \frac{\Delta l}{l} \qquad (6.2)$$

　図 6.9 は，引張試験を行った場合の応力と歪みの関係を示したものである。

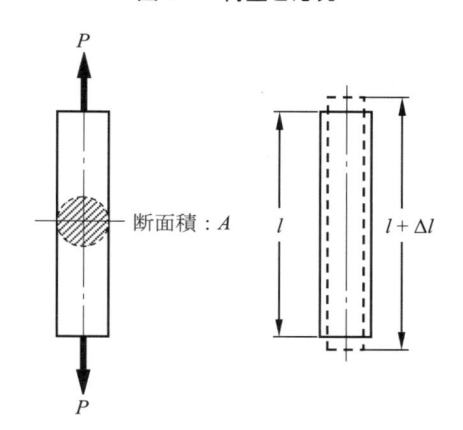

図 6.8　引張荷重をかけた場合の歪み

　鋼材を引っ張ると，加えた荷重と同じ大きさの応力が内部に生ずる。最初 a 点までは応力に比例して歪みが増加し，その後も両者は比例関係にあるものの，歪みの増加割合が若干変化する。b 点までは，加えた荷重をゼロにすると，鋼材は元の長さに戻るが，それ以上の応力においては完全には戻らずに歪みが残る。b 点は弾性限度と呼ばれ，鋼材に荷重をかける場合の限界と見なされる。

　さらに引張りを続けると，応力は増加せず歪みのみが先行する状況（c〜d 点）が生じ，やがては最高の応力（e 点）に達する。その後は応力が減少して歪みのみが増加し，ついに鋼材は破断する。表 6.1 の「引張強さ」は，e 点における応力を指す。

　鋼材に加えうる荷重の限界は弾性限度（b 点）であるが，この値は必ずしも明瞭でないこともあり，これに近い値となる下降伏点（d 点）がその限界として用いられ，表 6.1 に示されている。

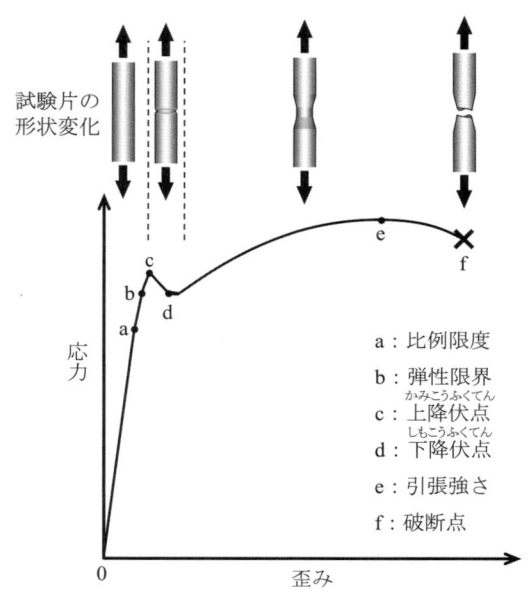

図 6.9　応力-歪み曲線

6.2.3　軟鋼（mild steel）と高張力鋼（high tensile steel）

　一般に船体用鋼材といえば軟鋼を指す。高張力鋼は軟鋼よりも高強度な鋼材で，主要縦強度部材のうち，とくに大きな力のかかる部分に用いると，板厚を減らすことができるので船体重量の軽減につながる。

軟鋼と高張力鋼の違いは，主として鋼材に含まれる化学成分によるものであり，両者では Fe（鉄）以外の主要な元素である C（炭素），Si（ケイ素），Mn（マンガン）の含有量に差があるのに加え，高張力鋼には Cr（クロム），Ni（ニッケル），Mo（モリブデン）なども含まれている。

6.2.4　脱酸形式による分類

製鋼の際に，溶鋼のなかに含まれる多量の酸素は，鋼材内の各種成分の分布を不均一にして鋼材の性質を低下させる。よって溶鋼に適当な脱酸剤を加えて，酸素をできるだけ取り除く必要がある。その場合の脱酸の程度により，キルド鋼（killed steel），セミキルド鋼（semi-killed steel）およびリムド鋼（rimmed steel）の 3 種類に分類される。キルド鋼は完全に脱酸した鋼で，切欠き靭性にすぐれ，低温においても脆性破壊を起こしにくいので，溶接構造の船体用鋼材として，とくに厚板用として最も適している。なお現在の製鋼方法では，リムド鋼は製造されないようになっており，表 6.1 においてもすべての鋼材はキルド鋼またはセミキルド鋼である。キルド鋼は結晶粒度または使用脱酸剤の別により，粗粒キルド鋼，細粒キルド鋼，シリコンキルド鋼，アルミニウムキルド鋼，シリコンアルミニウムキルド鋼に分類される。

注）　切欠き靭性：いわゆる粘り強さのことであり，この性質が弱い場合は，たとえ引張りに強い鋼材でも，衝撃が加わったときには脆く，クラック（割れ）が発生する。
　　　脆性破壊：脆性とは脆く壊れやすい性質をいう。すなわち靭性と反対の性質を意味する。脆性破壊は図 6.9 のような過程を経ず，小さい歪みで破断に至る現象である。

6.3　船体関係図面における単位

船体関係図面に記載されている各種データを読み取り，間違いなく計算するためには，そこで使用されている単位について正確に理解しておかなければならない。とくに「力」については，船舶の安全性に直接影響するものであるため，十分な注意を要する。現在，国際的に標準単位として用いられているのは SI 単位系であるが，海事関係では工学単位系も用いられており，船体関係図面には両者が混在している。

6.3.1　SI 単位と工学単位

従来から，長さ，質量，時間を基本量とする絶対単位系があり，SI 単位系は，それに電流，熱力学温度，物質量，光度を加え，国際的に統一した単位である。これら 7 つの量の基本単位としては，表 6.2 のとおり定められている。

表 6.2　SI 単位における基本量と基本単位

基本量	長さ	質量	時間	電流	熱力学温度	物質量	光度
基本単位	m（メートル）	kg（キログラム）	s（秒）	A（アンペア）	K（ケルビン）	Mol（モル）	Cd（カンデラ）

一方の工学単位系は，重力単位系とも呼ばれ，長さ，重量，時間を基本量としており，絶対単位系における質量の代わりに重量を用いている点が大きく異なる。質量と重量は混同されやすく日常生活においては同じような意味で用いられる場合があるが，物理的にはまったく別のものであり明確に区別しなければならない。

質量とは，物体そのものが保有する固有の量のことで，場所が移動しても変化することはない。これに対し重量は物体に働く重力（すなわち「力」）の大きさであり場所により異なる。たとえば宇宙空間のような無重力状態のところでは重量はなくなり，また，地球上でも緯度や標高が異なるとわずかではあるが重量は異なる。

質量と力の関係は，式 (5.2) の力学の運動方程式で表される。この式は質量 m の物体に力 F が作用したとき，その物体には加速度 a が生じることを示している。

$$F = m \cdot a$$

(5.2 再掲)

SI 単位系における力の単位は N（ニュートン）が用いられ，質量 1 kg の物体に 1 m/s^2 の加速度を生じさせる力を 1 N（ニュートン）としている。一方，工学単位系においては，質量 1 kg の物体に重力加速度 $g = 9.81$ m/s^2 を生じさせる力（すなわち「重量」のこと）を 1 kgf としており，これは SI 単位系における質量と同じ値となるだけでなく，類似の単位を使用することから大変まぎらわしい。そこで工学単位系における力の単位には末尾に f を付けることで区別している。

$$1\,\mathrm{N} = 1\,\mathrm{kg} \times 1\,\mathrm{m/s^2} = 1\,\mathrm{kg \cdot m/s^2} \tag{6.3}$$

式 (6.3) からわかるとおり，ニュートン（N）は，SI 単位系の基本単位（長さ：m，質量：kg，時間：s）からなる組立単位のひとつである。

また，1 kgf を SI 単位に換算すると

$$1\,\mathrm{kgf} = 1\,\mathrm{kg} \times 9.81\,\mathrm{m/s^2} = 9.81\,\mathrm{N} \tag{6.4}$$

となる。これを近似的に 1 kgf ≒ 10 N として扱う場合もある。

注）　標準の重力加速度は $g = 9.80665$ m/s^2 であるが，実務上は上述のとおり 9.81 m/s^2 とする。
　　　工学単位系における力の単位には，本来，末尾に f を付すこととなっているが，前後の文脈からみて明らかな場合は，付されていないことがある。本書の第 3 章においては，一般に用いられている図表にならい，付けていない。

6.3.2　船体関係図面における単位の取扱い

第 3 章で述べた復原性資料は，そのほとんどが工学単位系を用いている。工学単位系における重量は，本来であれば SI 単位の質量との混同を避けるため，kgf および tf のように末尾に f を付す必要があるが，多くの場合，従来からの慣例により単に kg または t と表記しているので注意しなければならない。さらに，metric ton および kilogram ton の慣用表記である，MT および KT（M/T および K/T と表記される場合もある）が用いられていることも多い。第 5 章で述べた貨物固縛マニュアルにおいては，SI 単位が用いられている。なお，本書においてもとくに断らない限りは，これらと同じ扱いとしている。

注）　1 metric ton（1 kilogram ton）= 1000 kgf = 1 tf

6.4　密度，比重，比重量

密度，比重，比重量は，表 6.3 に示すとおり明確な違いがあるが，使用単位次第では同一の値となるため混同されやすい。

表 6.4 に示すとおり，4 種類の液体について考える。このうち A 液および B 液は架空の液体である。それぞれの密度を SI 単位系および工学単位系で表すと①および②のとおりである。また比重量は工学単位では④のようになり，①と同じ値になる。これは，前に述べたとおり，SI 単位系における質量と工学単位系における重量が同じ値になることからも明らかである。なお，液体は温度により膨張・収縮するが，ここではすべて 4 ℃とする。

表 6.3　密度，比重および比重量の定義

密度 (density)	単位体積あたりの質量
比重 (specific gravity)	ある液体の質量と，同体積における 4 ℃の真水の質量との比
比重量 (specific weight)	単位体積あたりの重量

表 6.4　密度，比重および比重量の例

種類	密度		③比重	④比重量 （工学単位系）
	① SI 単位系	②工学単位系		
A 液	800 kg/m^3	81.5 kgf·s^2/m^4	**0.800**	800 kgf/m^3（**0.800** tf/m^3）
B 液	1,500 kg/m^3	152.9 kgf·s^2/m^4	**1.500**	1,500 kgf/m^3（**1.500** tf/m^3）
海水	1,025 kg/m^3	104.5 kgf·s^2/m^4	**1.025**	1,025 kgf/m^3（**1.025** tf/m^3）
真水	1,000 kg/m^3	101.9 kgf·s^2/m^4	**1.000**	1,000 kgf/m^3（**1.000** tf/m^3）

124

比重 ρ は，表 6.3 の定義から次式で求まることがわかる。

$$\text{比重}：\rho = \frac{\text{対象とする液体の密度}}{4\,℃における真水の密度} \tag{6.5}$$

すなわち，各液体の比重は次のように求められる。

$$\text{A 液の比重}：\rho_A = \frac{\text{A 液の密度}}{4\,℃における真水の密度} = \frac{800\,\text{kg/m}^3}{1{,}000\,\text{kg/m}^3} = 0.800$$

$$\text{B 液の比重}：\rho_B = \frac{\text{B 液の密度}}{4\,℃における真水の密度} = \frac{1{,}500\,\text{kg/m}^3}{1{,}000\,\text{kg/m}^3} = 1.500$$

$$\text{海水の比重}：\rho_s = \frac{\text{海水の密度}}{4\,℃における真水の密度} = \frac{1{,}025\,\text{kg/m}^3}{1{,}000\,\text{kg/m}^3} = 1.025$$

$$\text{真水の比重}：\rho_f = \frac{\text{真水の密度}}{4\,℃における真水の密度} = \frac{1{,}000\,\text{kg/m}^3}{1{,}000\,\text{kg/m}^3} = 1.000$$

比重は密度の「比」（割合）を表したものであるから単位はない。しかし比重量を tf/m^3 で表した値（④の括弧内の数値）と，比重とは同じ値となるため，両者は混同されやすい。

注）　タンク内の液体重量を知りたい場合，まずは液面高さを計測した後，タンクテーブルより容量 v を求める。そして，液体重量 w は，v に比重 ρ を掛けることで求まると理解されていることがある。しかしこれは明らかに誤りであり，正確には比重ではなく比重量 γ を掛けているのである。上述のとおり両者とも値が同じであるためにこのような誤解が生じたと思われる。

6.5　中間値の求め方（比例計算法）

タンクテーブルや排水量等数値表などに，求めたい条件にちょうど合う値が記載されていない場合，それに近い前後の値を用いて比例計算により求めなければならない。比例計算の理屈は簡単ではあるが，普段から習熟していないと戸惑うことがあるため，まずはイメージをしっかりとつかむことが重要である。以下に例を上げて説明する。

表 6.5 は，タンクテーブルの一部である。TRIM が 0.0 の場合，SOUND DEPTH が 5.00，5.01，5.02… と増加すると，VOLUME も 41.38，41.49，41.60… と変化する。これをグラフに表すと図 6.10 のようになる。

いま，SOUND DEPTH が 5.007 のときの VOLUME の値 y を求める。5.007 は 5.00 と 5.01 の間の値であるから，y も点 A（41.38）と点 B（41.49）の間の値（点 d）となるはずである。△ABc と △Ade は相似形であるから，互いに相対する辺の割合は等しい。すなわち

$$\frac{\Delta y}{Y} = \frac{\Delta x}{X}$$

表6.5　タンクテーブル

SOUND DEPTH (m)	VOLUME（m3）					
	TRIM　（m）					
	−1.0	0.0	0.5	1.0	2.0	3.0
5.00	41.41	41.38	41.37	41.36	41.34	41.32
5.01	41.51	41.49	41.48	41.47	41.45	41.43
5.02	41.62	41.60	41.59	41.58	41.55	41.53
5.03	41.72	41.70	41.69	41.68	41.66	41.64
5.04	41.83	41.81	41.80	41.79	41.77	41.74
5.05	41.94	41.91	41.90	41.89	41.87	41.85
5.06	42.04	42.02	42.01	42.00	41.98	41.96
5.07	42.15	42.13	42.11	42.10	42.08	42.06
5.08	42.25	42.23	42.22	42.21	42.19	42.17
5.09	42.36	42.34	42.33	42.32	42.29	42.27

が成り立つ。よって

$$\Delta y = \frac{Y}{X} \cdot \Delta x \qquad (6.6)$$

となる。ここで

$$X = 5.01 - 5.00 = 0.01$$
$$Y = 41.49 - 41.38 = 0.11$$
$$\Delta x = 5.007 - 5.00 = 0.007$$

であるから，これらを式 (6.6) に代入すると

$$\Delta y = \frac{0.11}{0.01} \times 0.007 = 0.077$$

が得られる。よって y は

$$y = 41.38 + 0.077 = \underline{41.457}$$

となる。以下に，比例計算の手順をまとめておく。（図 6.11 参照）

1）表より，求めたい条件 x の前後の値（x_1, x_2, y_1, y_2）を用いて，次式から X, Y, Δx を求める。

$$X = x_2 - x_1,\ Y = y_2 - y_1,\ \Delta x = x - x_1$$

2）式 (6.6) から，Δy を求める。

$$\Delta y = \frac{Y}{X} \cdot \Delta x \qquad (6.6 再掲)$$

3）y_1 に Δy を加減すると y が求まる。すなわち

$$y = y_1 + \Delta y$$

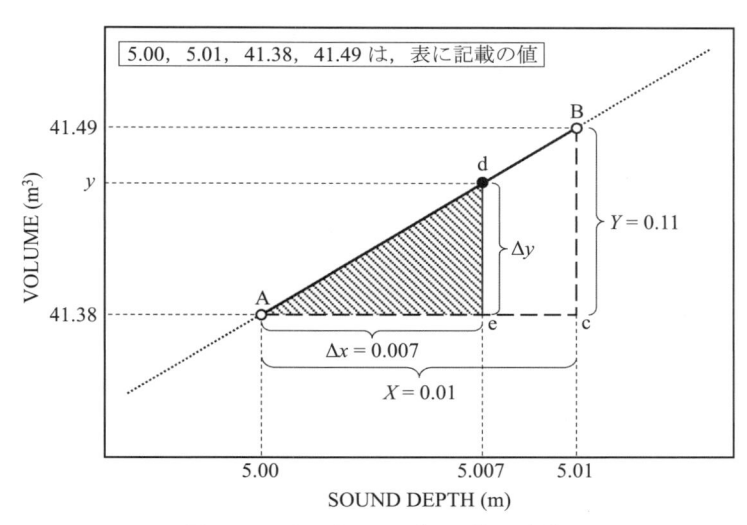

図 6.10　タンクテーブルの値の変化

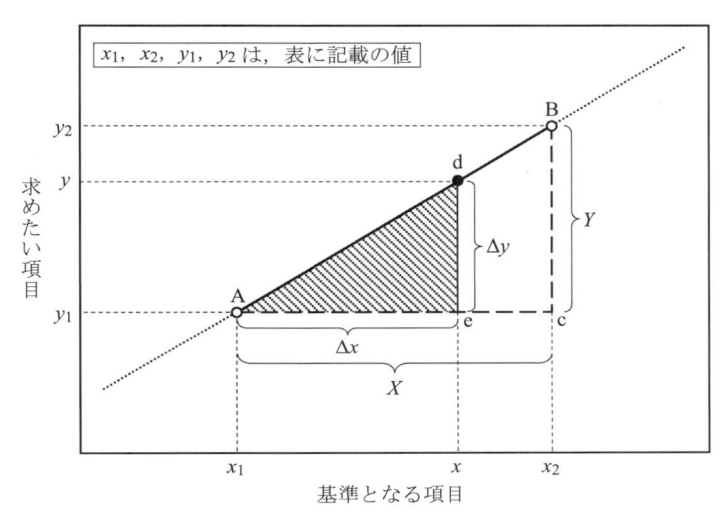

図 6.11　数値表における比例計算

6.6　グラフ上の面積の求め方（求積近似法）

3.10.3 において，復原力曲線と横軸に囲まれた部分の面積を求める方法として「シンプソンの第 1 法則」を用いたが，ここではそれを含め，曲線によって囲まれた部分の面積を近似的に求める方法について説明する。

6.6.1　台形法則

図 6.12 に示すように，曲線を曲がりの少ないいくつかに分割し，各分割点を直線で結ぶと，曲線に囲まれた部分の面積は，複数の台形が集まったものと見なすことができる。各台形の面積は次式から得られる。

$$A_1 = \frac{1}{2}(y_0 + y_1)h$$
$$A_2 = \frac{1}{2}(y_1 + y_2)h$$
$$A_3 = \frac{1}{2}(y_2 + y_3)h$$

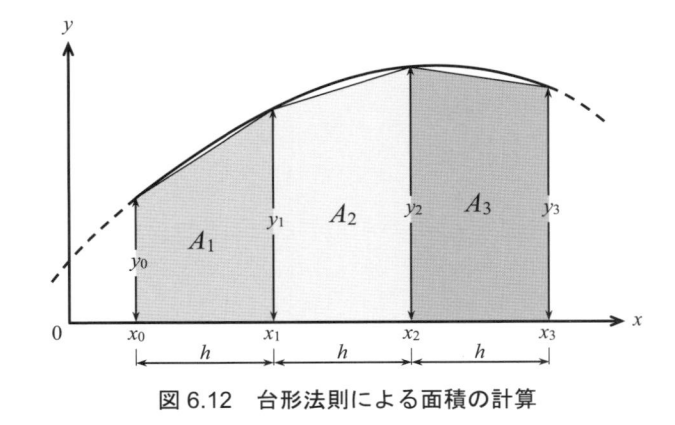

図 6.12　台形法則による面積の計算

よって，全体の面積はこれらの和として求まる。すなわち

$$A = A_1 + A_2 + A_3 = \frac{h}{2}(y_0 + 2y_1 + 2y_2 + y_3)$$

6.6.2　シンプソンの第 1 法則

　この方法は，複雑な形状をした曲線を，二次曲線（放物線）として近似できる程度に分割し，各二次曲線を積分することにより分割された範囲の面積を求めるものである。

　図 6.13 のように曲線を分割した場合，各部分の面積は次式から得られる。

$$A_1 = \frac{h}{3}(y_0 + 4y_1 + y_2)$$
$$A_2 = \frac{h}{3}(y_2 + 4y_3 + y_4) \tag{6.7}$$
$$A_3 = \frac{h}{3}(y_4 + 4y_5 + y_6)$$

よって，全体の面積はこれらの和として求まる。すなわち

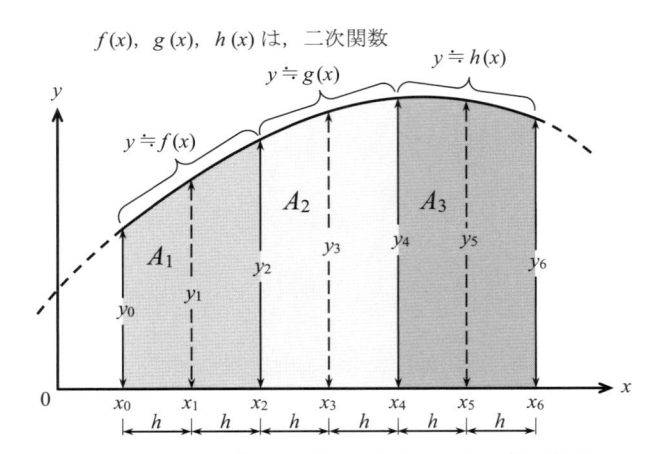

$f(x)$, $g(x)$, $h(x)$ は，二次関数

図 6.13　シンプソンの第 1 法則による面積の計算

$$A = A_1 + A_2 + A_3$$
$$= \frac{h}{3}(y_0 + 4y_1 + y_2) + \frac{h}{3}(y_2 + 4y_3 + y_4) + \frac{h}{3}(y_4 + 4y_5 + y_6)$$
$$= \frac{h}{3}(y_0 + 4y_1 + 2y_2 + 4y_3 + 2y_4 + 4y_5 + y_6) \tag{6.8}$$

　ここで，（　）内の y_0, y_1, y_2, $y_3 \cdots y_6$ の係数「1，4，2，4…1」はシンプソン乗数（Simpson's multipliers）と呼ばれ，表 3.12 の "s" のことである。

　この方法により，以下の手順で面積を求めることができる。

1）曲線を，二次曲線で近似できる程度に分割する。
2）個々の範囲を<u>偶数等分</u>し，そのときの分割幅を h とする。
3）各分割点（x_0, x_1, $x_2 \cdots$）における y の値（y_0, y_1, $y_2 \cdots$）を読み取り，それぞれにシンプソン乗数 s をかける。
4）3）で得た値の総和に $h/3$ をかけることで，面積が求まる。

x	y	シンプソン乗数					$s \times y$
x_0	y_0	1				1	y_0
x_1	y_1	4				4	$4y_1$
x_2	y_2	1	1			2	$2y_2$
x_3	y_3		4			4	$4y_3$
x_4	y_4		1	1		2	$2y_4$
x_5	y_5			4		4	$4y_5$
$\vdots$	$\vdots$			$\vdots$		$\vdots$	$\vdots$
x_{2n-2}	y_{2n-2}				1	1	2	$2y_{2n-2}$
x_{2n-1}	y_{2n-1}					4	4	$4y_{2n-1}$
x_{2n}	y_{2n}					1	1	y_{2n}
合計							total

注）　式 (6.7) は，曲線を分割した範囲における二次方程式を積分することで得られる。

【参考文献】

（1）日本産業標準調査会：各種 JIS

（2）大西清著：JIS にもとづく標準製図法（理工学社）

（3）日本海事協会：鋼船規則（2022 年度版）

（4）池田勝著：小型鋼船の設計と製図（海文堂出版）

（5）橋本進他著：船体関係図面の見方：（成山堂書店）

（6）高城清著：海技士のための船体構造（海文堂出版）

（7）根本広太朗：トリムせる船体の排水量の速算について，播磨造船技報，1955.5

（8）森田知治著：船舶復原論（海文堂出版）

（9）日本海難防止協会：ローディング・マニュアル編集委員会報告書，1988.5

（10）Code of Safe Practice for Cargo Stowage and Securing, 2011 Edition (IB292E).

（11）日本海事協会：貨物固縛マニュアル作成要領

和文索引

欧文索引

著 者 略 歴

淺木 健司（あさき けんじ）

1983年　神戸商船大学航海学科卒
1996年　同大学院商船学研究科修士課程修了
2001年　同博士後期課程修了，博士（商船学）学位取得
1984年　海技大学校助手
1986年　運輸省航海訓練所練習船教官
　　　　海技大学校講師，同助教授
現在　　海技大学校教授

ISBN978-4-303-22430-1

船体関係図面の理解と利用

2018年 1 月11日　初版発行　　　　　　　　　　　© ASAKI Kenji 2018
2022年 9 月23日　2 版発行

著　者　淺木健司　　　　　　　　　　　　　　　　　　　検印省略
発行者　岡田雄希
発行所　海文堂出版株式会社

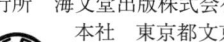

　　　　本社　東京都文京区水道2-5-4（〒112-0005）
　　　　　　　電話 03（3815）3291㈹　FAX 03（3815）3953
　　　　　　　http://www.kaibundo.jp/
　　　　支社　神戸市中央区元町通3-5-10（〒650-0022）
日本書籍出版協会会員・工学書協会会員・自然科学書協会会員

PRINTED IN JAPAN　　　　　　　　　　　印刷　東光整版印刷／製本　誠製本

GF-4

図 面 来 歴		KIND OF SHIP	5000m³型白油タンカー
2016.7.15 作成		SHIP NO. K406	
2017.6.7 完成図として調整		芦 屋 丸	

エム・ティー・シー海運株式会社

PRINCIPAL PARTICULARS

LENGTH (O.A.)	103.40m
LENGTH (P.P.)	97.30m
BREADTH (MLD)	15.60m
DEPTH (MLD)	8.15m
DRAUGHT (EXT.)	6.38m
GROSS TONNAGE	3,785T
DEADWEIGHT	4,998t
NAVIGATION AREA	COASTING AREA
MAIN ENGINE	
M.C.R.	3,900kW×210RPM
C.S.R.	3,315kW×199RPM
SPEED (SERVICE)	13.8kn
CLASS	
NK NS* (CS) (TOB) (ESP) MNS*(M0)	

FRONT VIEW

PROFILE

F'CLE DECK

COMPASS DECK

NAV. BR. DECK

BOAT DECK

POOP DECK

UPPER DECK

HOLD

BOTTOM

2ND DECK

MANAGER	N.Uchide
ASSISTANT MANAGER	Takee2010 V
SECTION CHIEF	S.Miyetoshe
CHECKER	Keuchawe W
DRAWER	K.Tochi

DATE	2016.7.15
SCALE	1/200

GENERAL ARRANGEMENT

一 般 配 置 図

DRAWING NO. G-20001

ニシクラドック株式会社
NISHIKURA DOCKYARD CO., LTD.

図 2.1 一般配置図

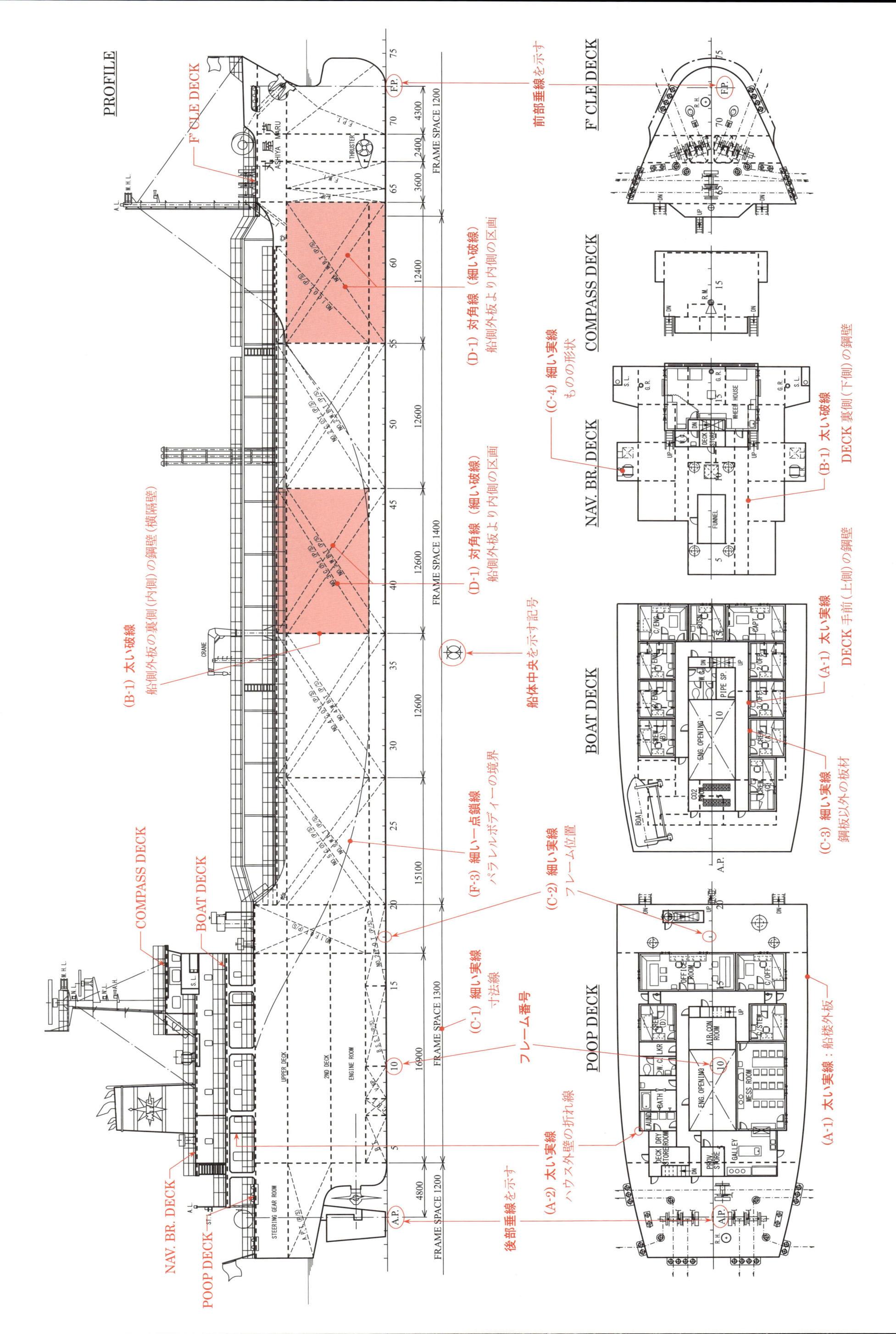

図 2.4-a 一般配置図における線の種類

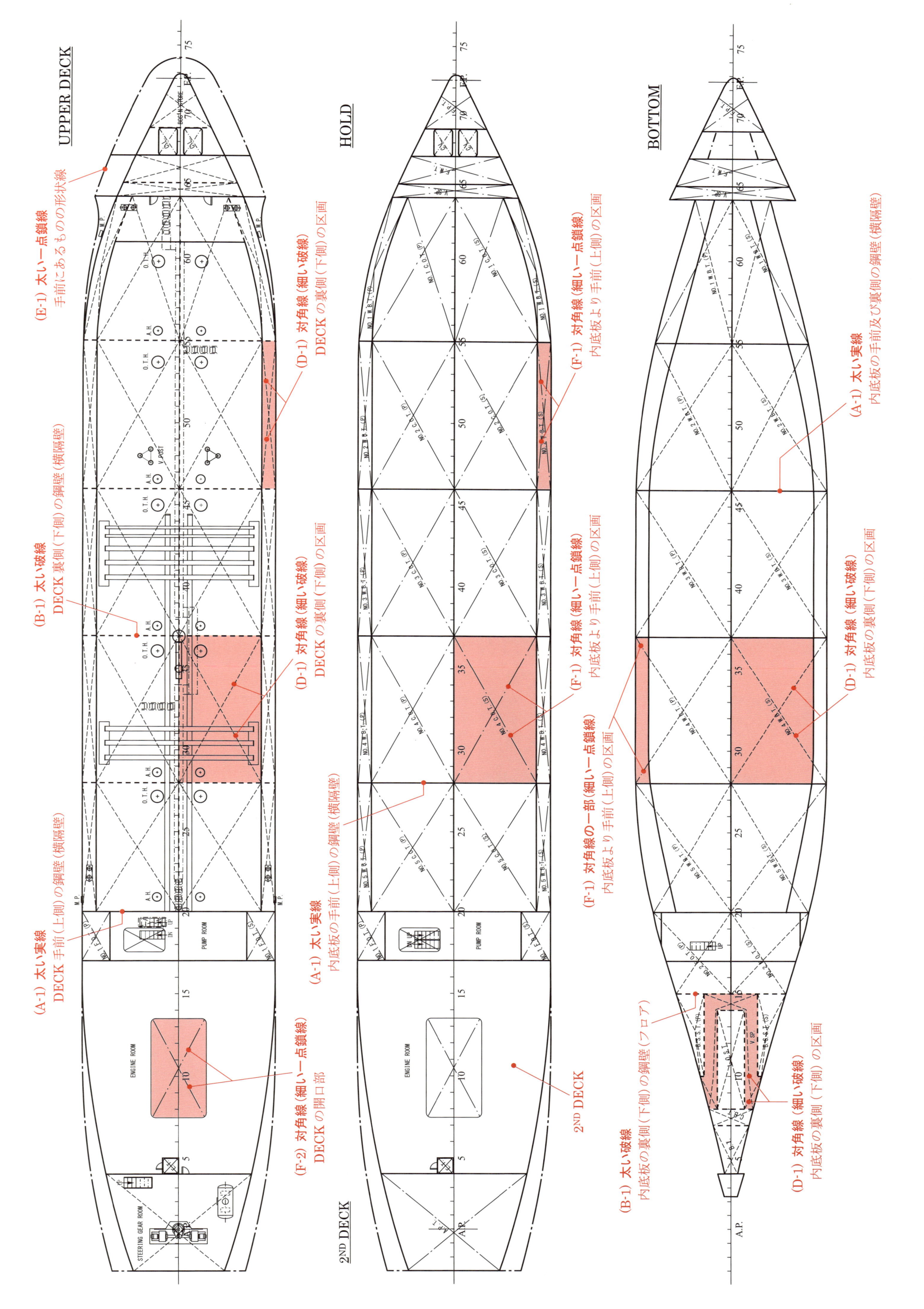

図 2.4-b 一般配置図における線の種類

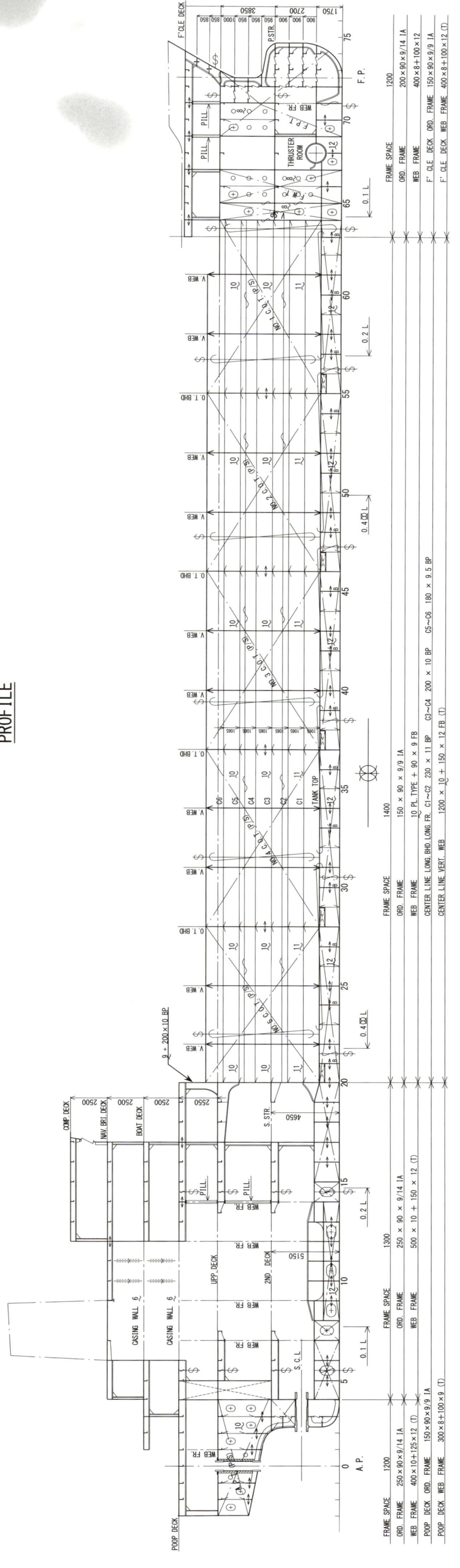

図 2.45 縦断面図（船体中心線）

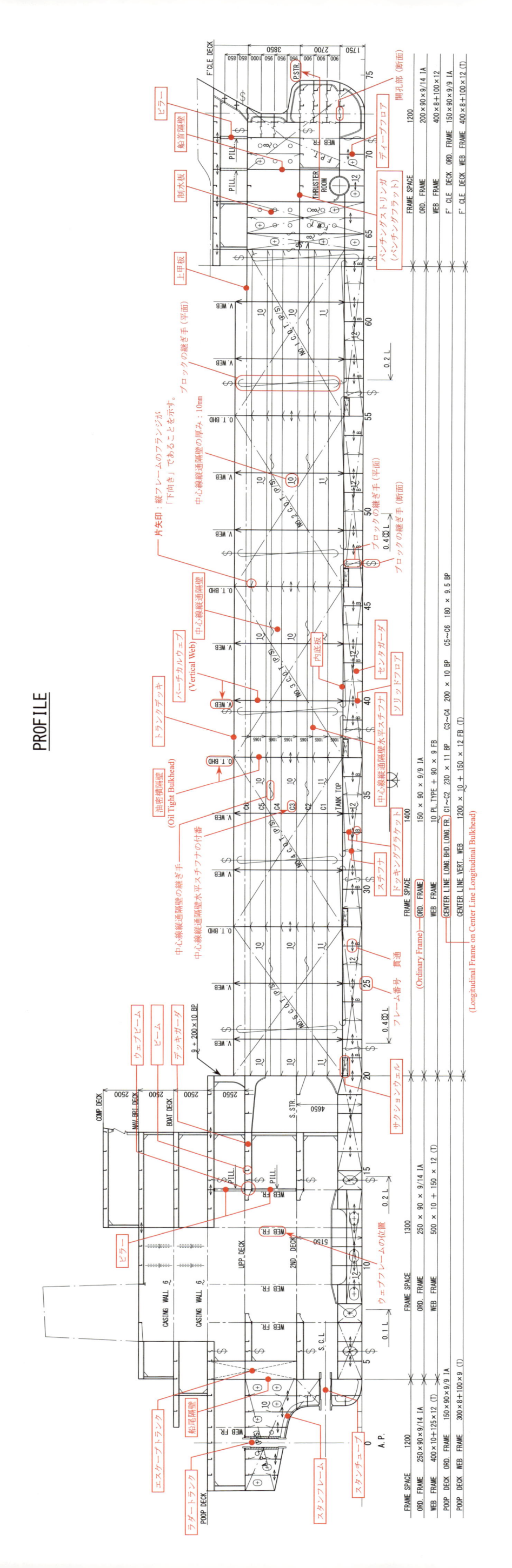

図 2.46 縦断面図（船体中心線）における記号などの表示例

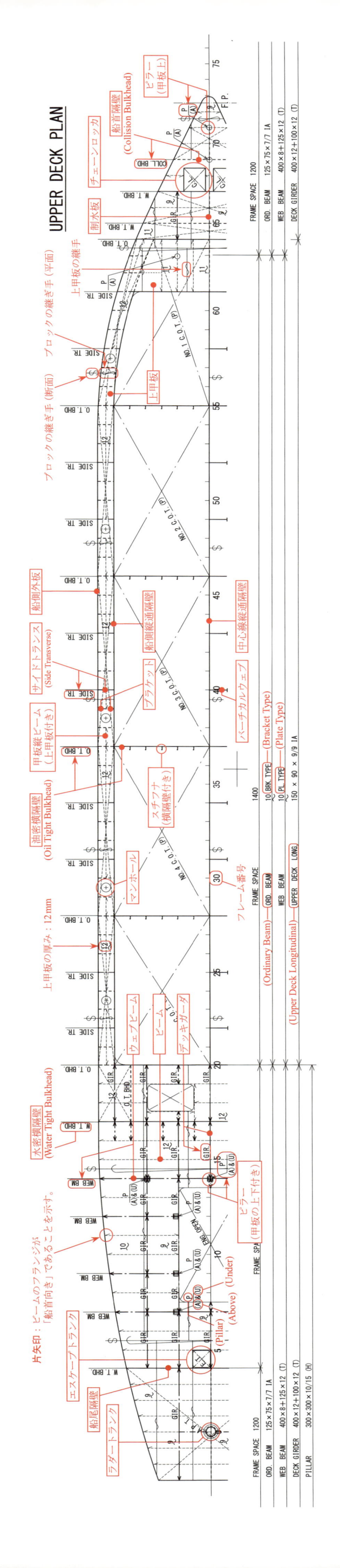

図 2.48　水平面図（上甲板）

図 2.49　水平面図（上甲板）における記号などの表示例

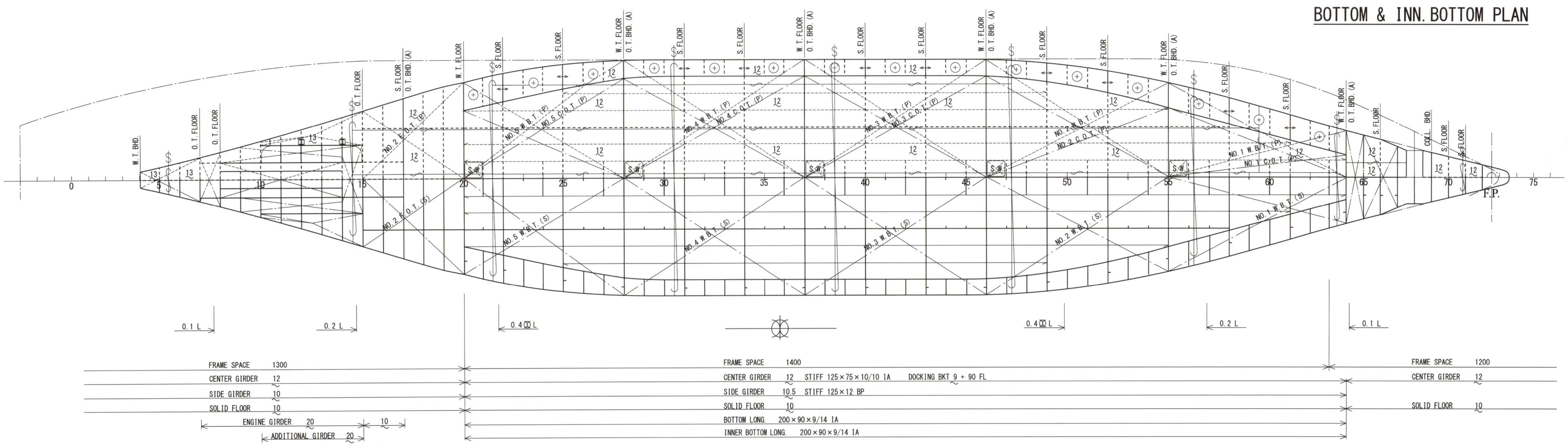

BOTTOM & INN. BOTTOM PLAN

図 2.51　水平面図（内底および船底）

BOTTOM & INN. BOTTOM PLAN

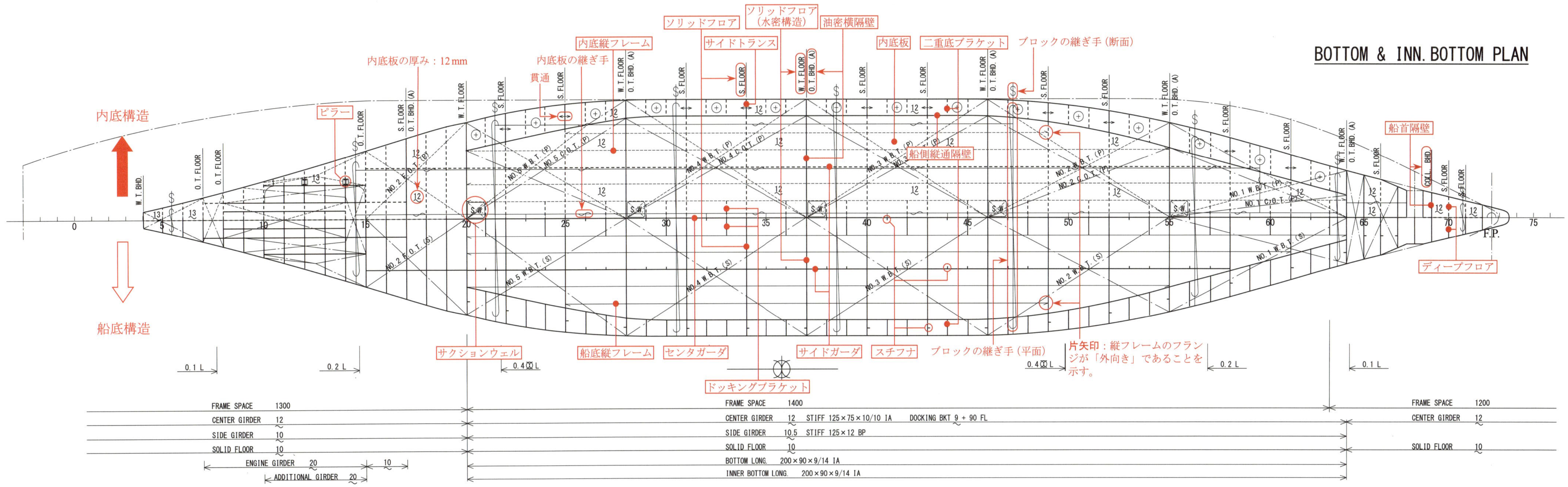

図 2.52　水平面図（内底および船底）における記号などの表示例

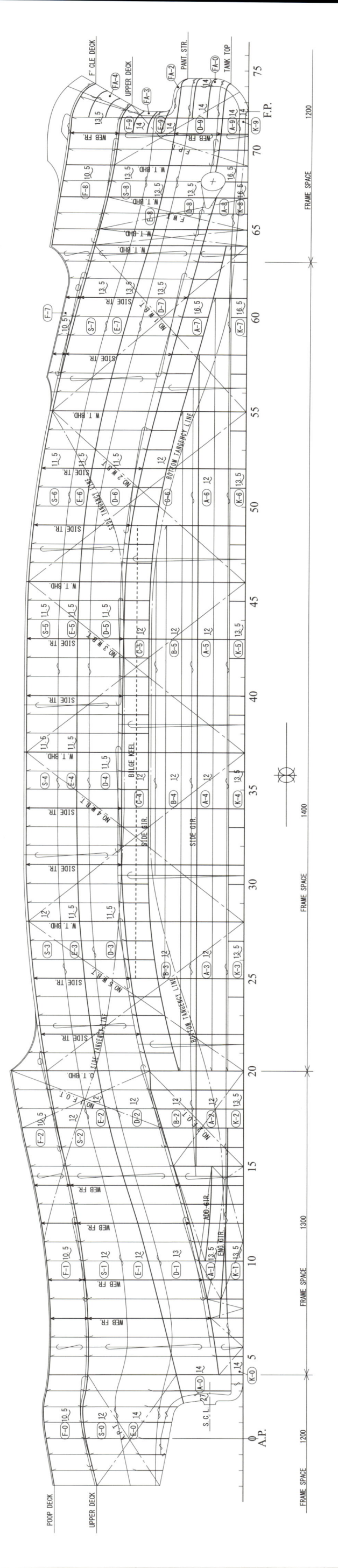

図 2.54 外板展開図

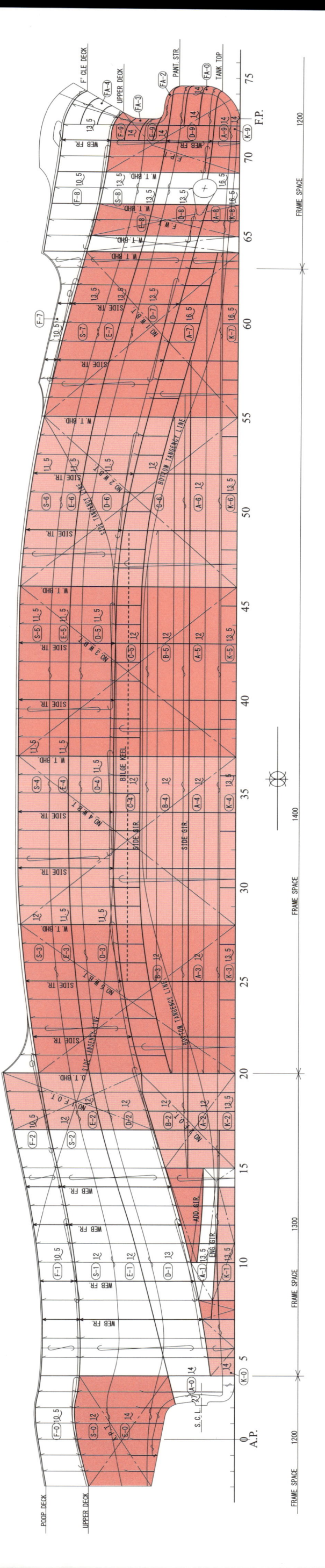

図 2.55 外板に接する区画

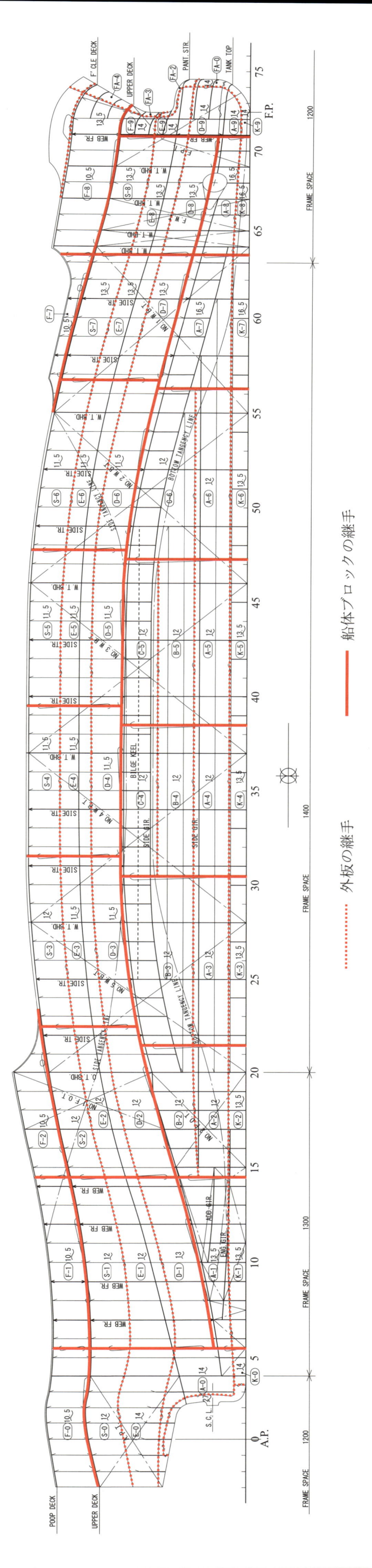

図 2.56 外板および船体ブロックの継手

・・・・・・ 外板の継手　　　━━━ 船体ブロックの継手

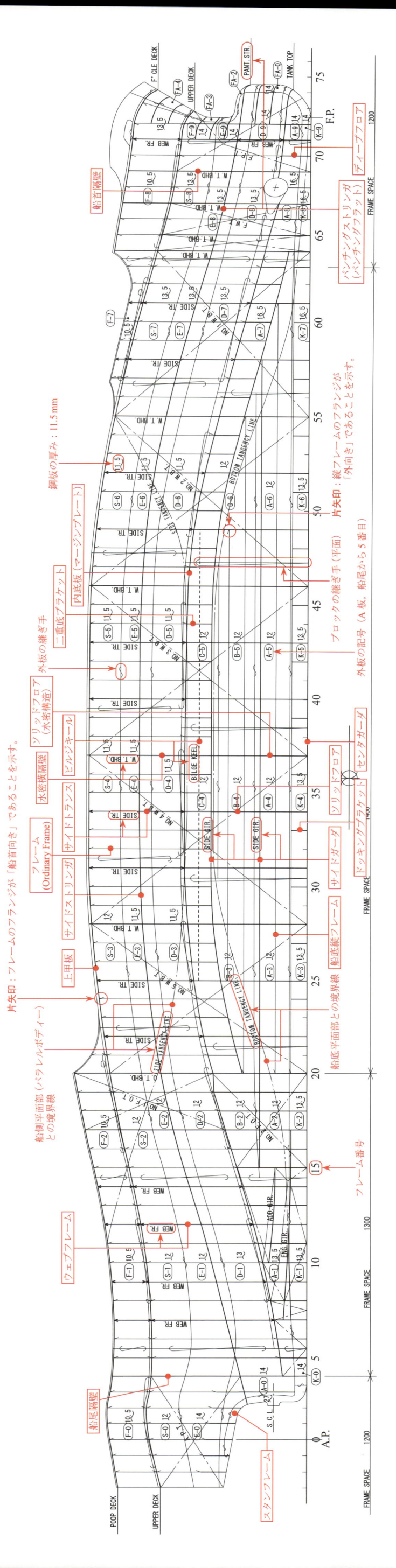

図 2.57 外板展開図における記号などの表示例

表4.2　せん断力および縦曲げモーメント計算表（標準書式）

SHEARING FORCE AND BENDING MOMENT CALCULATION IN STILL WATER

(A)
- AFT DRAFT （da）　　　　　　　　：　　14.22　m
- BASE DRAFT（db）　　　　　　　　：　　14.00　m ──── daより小さく、daに最も近い値
- DIFFERENCE（Δd）=da-db　　　　　：　　0.22　m
- TRIM　　　　　　　　　　　　　　：　　1.86　m

表4.1"LONGITUDINAL STRENGTH DATA"Table より

NOTE ; BENDING MOMENT
- （＋）SIGN SHOWS "HOGGING" MOMENT
- （－）SIGN SHOWS "SAGGING" MOMENT

i	D.W.ITEM	(I) WEIGHT 1/1000	(II) RATIO	(III) LOAD (Wi)	(IV) ĪG	(V) MOMENT (Mi)
1	F.P.T.	0.000	1.000	① 0.000	−147.88	⑤ 0.000
	FR.117			Σ Wi= (1) 0.000 i=1		Σ Mi= (5) 0.000 i=1
2	No.1 C.O.T. (C)	0.000	1.000	② 0.000	−109.30	⑥ 0.000
3	No.1 C.O.T. (P&S)	33.160	1.000	33.160	−109.30	−3,624.388
4	No.1 W.B.T. (P&S)	0.000	1.000	0.000	−109.30	0.000
	FR.106			Σ Wi= (2) 33.160 i=1～4		Σ Mi= (6) −3,624.388 i=1～4
5	No.2 C.O.T. (C)	0.000	1.000	③ 0.000	−60.71	⑦ 0.000
6	No.2 C.O.T. (P&S)	35.000	1.000	35.000	−60.71	−2,124.850
7	No.2 W.B.T. (P&S)	0.000	1.000	0.000	−60.71	0.000
	FR.96			Σ Wi= (3) 68.160 i=1～7		Σ Mi= (7) −5,749.238 i=1～7
8	No.3 C.O.T. (C)	32.590	1.000	④ 32.590	−11.04	⑧ −359.794
9	No.3 C.O.T. (P&S)	0.000	1.000	0.000	−11.04	0.000
10	No.3 W.B.T. (P&S)	0.000	1.000	0.000	−11.04	0.000
	FR.86			Σ Wi= (4) 100.750 i=1～10 ①+②+③+④		Σ Mi= (8) −6,109.032 i=1～10 ⑤+⑥+⑦+⑧
11	No.4 C.O.T. (C)	0.000	1.000	0.000	38.16	0.000
12	No.4 C.O.T. (P&S)	35.000	1.000	35.000	38.16	1,335.600
13	No.4 W.B.T. (P&S)	0.000	1.000	0.000	38.16	0.000
	FR.76			Σ Wi= 135.750 i=1～13		Σ Mi= −4,773.432 i=1～13
14	No.5 C.O.T. (C)	0.000	0.650	0.000	75.27	0.000
15	No.5 C.O.T. (P&S)	15.132	1.000	15.132	75.27	1,138.986
16	No.5 W.B.T. (P&S)	0.000	0.650	0.000	75.27	0.000
	FR.71			Σ Wi= 150.882 i=1～16		Σ Mi= −3,634.446 i=1～16
17	No.5 C.O.T. (C)	0.000	0.350	0.000	97.35	0.000
18	SLOP T. (P&S)	3.911	1.000	3.911	97.35	380.736
	FR.67			Σ Wi= 154.793 i=1～18		Σ Mi= −3,253.710 i=1～18

SHEARING FORCE / BENDING MOMENT tables

FR.117

ITEM	SHEARING FORCE (Fs)		BENDING MOMENT (Ms)	
BASE VALUE	① 3.357		① 24.318	
DRAFT CORRECTION	CD（0.323 ⑨）×Δd	② 0.071	CD（⑬ 2.347）×Δd	② 0.516
TRIM CORRECTION	CT（0.320 ⑩）×TRIM	③ 合計 −0.595	CT（⑭ 2.453）×TRIM	③ 合計 −4.563
BUOYANCY & L.W.	①+②+③ SS	2.833	①+②+③ SB	20.271
DEADWEIGHT	Σ Wi ΣW	0.000	ΣW×(⑮ −140.26) − Σ Mi(⑯ 0.000) ΣM	0.000
CALCULATED VALUE	(SS− Σ W)×9,800	⑪ 27.763	(Σ M−SB)×9,800	⑰ −198,656
ALLOWABLE VALUE	ALLOWABLE SHEARING FORCE ±	⑫ 184,544	ALLOWABLE BENDING MOMENT HOGGING +	⑱ 1,078,000
			ALLOWABLE BENDING MOMENT SAGGING −	−1,154,440

FR.106

ITEM	SHEARING FORCE (Fs)		BENDING MOMENT (Ms)	
BASE VALUE	① 36.529		① 1,011,433	
DRAFT CORRECTION	CD（3.134）×Δd	② 0.689	CD（89.135）×Δd	② 19,610
TRIM CORRECTION	CT（−2.698）×TRIM	③ −5.018	CT（−80.450）×TRIM	③ −149.637
BUOYANCY & L.W.	①+②+③ SS	32.200	①+②+③ SB	881,406
DEADWEIGHT	Σ Wi ΣW	33.160	ΣW×(−85.59) − Σ Mi(−3,624.388) ΣM	786,224
CALCULATED VALUE	(SS− Σ W)×9,800	−9,408	(Σ M−SB)×9,800	−932,784
ALLOWABLE VALUE	ALLOWABLE SHEARING FORCE ±	251,184	ALLOWABLE BENDING MOMENT HOGGING +	4,222,820
			ALLOWABLE BENDING MOMENT SAGGING −	−4,523,680

FR.96

ITEM	SHEARING FORCE (Fs)		BENDING MOMENT (Ms)	
BASE VALUE	① 73.728		① 3,751,549	
DRAFT CORRECTION	CD（6.193）×Δd	② 1.362	CD（320.931）×Δd	② 70,605
TRIM CORRECTION	CT（−4.812）×TRIM	③ −8.950	CT（−269.071）×TRIM	③ −500,472
BUOYANCY & L.W.	①+②+③ SS	66.140	①+②+③ SB	3,321,682
DEADWEIGHT	Σ Wi ΣW	68.160	ΣW×(−35.89) − Σ Mi(−5,749.238) ΣM	3,302,976
CALCULATED VALUE	(SS− Σ W)×9,800	−19,796	(Σ M−SB)×9,800	−183,319
ALLOWABLE VALUE	ALLOWABLE SHEARING FORCE ±	242,815	ALLOWABLE BENDING MOMENT HOGGING +	5,488,000
			ALLOWABLE BENDING MOMENT SAGGING −	−5,880,000

FR.86

ITEM	SHEARING FORCE (Fs)		BENDING MOMENT (Ms)	
BASE VALUE	① 110.876		① 8,339,466	
DRAFT CORRECTION	CD（9.252）×Δd	② 2.035	CD（704.736）×Δd	② 155,042
TRIM CORRECTION	CT（−6.448）×TRIM	③ −11.993	CT（−550.856）×TRIM	③ −1,024,592
BUOYANCY & L.W.	①+②+③ SS	100.918	①+②+③ SB	7,469,916
DEADWEIGHT	Σ Wi ΣW	100.750	ΣW×(13.81) − Σ Mi(−6,109.032) ΣM	7,500,390
CALCULATED VALUE	(SS− Σ W)×9,800	1,646	(Σ M−SB)×9,800	298,645
ALLOWABLE VALUE	ALLOWABLE SHEARING FORCE ±	246,823	ALLOWABLE BENDING MOMENT HOGGING +	5,488,000
			ALLOWABLE BENDING MOMENT SAGGING −	−5,880,000

FR.76

ITEM	SHEARING FORCE (Fs)		BENDING MOMENT (Ms)	
BASE VALUE	① 145.877		① 14,745,062	
DRAFT CORRECTION	CD（12.270）×Δd	② 2.699	CD（1,240.113）×Δd	② 272,825
TRIM CORRECTION	CT（−7.592）×TRIM	③ −14.121	CT（−901.903）×TRIM	③ −1,677.540
BUOYANCY & L.W.	①+②+③ SS	134.455	①+②+③ SB	13,340,347
DEADWEIGHT	Σ Wi ΣW	135.750	ΣW×(63.51) − Σ Mi(−4,773.432) ΣM	13,394,915
CALCULATED VALUE	(SS− Σ W)×9,800	−12,691	(Σ M−SB)×9,800	534,766
ALLOWABLE VALUE	ALLOWABLE SHEARING FORCE ±	215,306	ALLOWABLE BENDING MOMENT HOGGING +	5,488,000
			ALLOWABLE BENDING MOMENT SAGGING −	−5,880,000

FR.71

ITEM	SHEARING FORCE (Fs)		BENDING MOMENT (Ms)	
BASE VALUE	① 159.997		① 18,562,504	
DRAFT CORRECTION	CD（13.649）×Δd	② 3.003	CD（1,563.183）×Δd	② 343,900
TRIM CORRECTION	CT（−7.956）×TRIM	③ −14.798	CT（−1,095.595）×TRIM	③ −2,037.807
BUOYANCY & L.W.	①+②+③ SS	148.202	①+②+③ SB	16,868,597
DEADWEIGHT	Σ Wi ΣW	150.882	ΣW×(88.36) − Σ Mi(−3,634.446) ΣM	16,966,380
CALCULATED VALUE	(SS− Σ W)×9,800	−26,264	(Σ M−SB)×9,800	958,273
ALLOWABLE VALUE	ALLOWABLE SHEARING FORCE ±	159,877	ALLOWABLE BENDING MOMENT HOGGING +	4,063,080
			ALLOWABLE BENDING MOMENT SAGGING −	−4,353,160

FR.67

ITEM	SHEARING FORCE (Fs)		BENDING MOMENT (Ms)	
BASE VALUE	① 168.100		① 21,832,635	
DRAFT CORRECTION	CD（14.550）×Δd	② 3.201	CD（1,844.181）×Δd	② 405,720
TRIM CORRECTION	CT（−8.126）×TRIM	③ −15.114	CT（−1,255.618）×TRIM	③ −2,335,449
BUOYANCY & L.W.	①+②+③ SS	156.187	①+②+③ SB	19,902,906
DEADWEIGHT	Σ Wi ΣW	154.793	ΣW×(108.24) − Σ Mi(−3,253.710) ΣM	20,008,504
CALCULATED VALUE	(SS− Σ W)×9,800	13,661	(Σ M−SB)×9,800	1,034,860
ALLOWABLE VALUE	ALLOWABLE SHEARING FORCE ±	132,594	ALLOWABLE BENDING MOMENT HOGGING +	2,919,420
			ALLOWABLE BENDING MOMENT SAGGING −	−3,128,160

表 4.4　せん断力および縦曲げモーメント計算表

SHEARING FORCE AND BENDING MOMENT CALCULATION IN STILL WATER

DISPLACEMENT	: 7,041.15　t
BASE DISP.	: 7,000.00　t
DIFFERENCE/1000 (Δd)	: 0.0411
TRIM	: 0.98　m

(A)

NOTE ; BENDING MOMENT
(＋) SIGN SHOWS "HOGGING" MOMENT
(－) SIGN SHOWS "SAGGING" MOMENT

Fr.No	ITEM	SS			SB		
Fr.4	BASE VALUE		①	0.096		①	0.329
	DISP. CORRECTION	((a) −0.003)× Δd	②	0.000	((c) −0.009)× Δd	②	0.000
	TRIM CORRECTION	((b) −0.022)× TRIM	③ 合計	−0.022	((d) −0.077)× TRIM	③ 合計	−0.075
	S0 & B0	①+②+③	S0	0.074	①+②+③	B0	0.254
Fr.17	BASE VALUE		①	−0.201		①	2.830
	DISP. CORRECTION	(−0.019)× Δd	②	−0.001	(−0.179)× Δd	②	−0.007
	TRIM CORRECTION	(−0.100)× TRIM	③	−0.098	(−1.180)× TRIM	③	−1.156
	S1 & B1	①+②+③	S1	−0.300	①+②+③	B1	1.667
Fr.20	BASE VALUE		①	−0.242		①	2.841
	DISP. CORRECTION	(−0.025)× Δd	②	−0.001	(−0.302)× Δd	②	−0.012
	TRIM CORRECTION	(−0.116)× TRIM	③	−0.114	(−1.673)× TRIM	③	−1.640
	S2 & B2	①+②+③	S2	−0.357	①+②+③	B2	1.189
Fr.28	BASE VALUE		①	−1.025		①	−4.081
	DISP. CORRECTION	(−0.041)× Δd	②	−0.002	(−0.763)× Δd	②	−0.031
	TRIM CORRECTION	(−0.143)× TRIM	③	−0.140	(−3.509)× TRIM	③	−3.439
	S3 & B3	①+②+③	S3	−1.167	①+②+③	B3	−7.551
Fr.37	BASE VALUE		①	−2.049		①	−23.304
	DISP. CORRECTION	(−0.056)× Δd	②	−0.002	(−1.319)× Δd	②	−0.054
	TRIM CORRECTION	(−0.145)× TRIM	③	−0.142	(−5.147)× TRIM	③	−5.044
	S4 & B4	①+②+③	S4	−2.193	①+②+③	B4	−28.402
Fr.46	BASE VALUE		①	−3.025		①	−54.025
	DISP. CORRECTION	(−0.071)× Δd	②	−0.003	(−2.102)× Δd	②	−0.086
	TRIM CORRECTION	(−0.121)× TRIM	③	−0.119	(−6.804)× TRIM	③	−6.668
	S5 & B5	①+②+③	S5	−3.147	①+②+③	B5	−60.779
Fr.55	BASE VALUE		①	−4.046		①	−98.015
	DISP. CORRECTION	(−0.085)× Δd	②	−0.003	(−3.028)× Δd	②	−0.124
	TRIM CORRECTION	(−0.073)× TRIM	③	−0.072	(−7.967)× TRIM	③	−7.808
	S6 & B6	①+②+③	S6	−4.121	①+②+③	B6	−105.947
Fr.64	BASE VALUE		①	−4.556		①	−150.956
	DISP. CORRECTION	(−0.096)× Δd	②	−0.004	(−4.025)× Δd	②	−0.165
	TRIM CORRECTION	(−0.024)× TRIM	③	−0.024	(−8.487)× TRIM	③	−8.317
	S7 & B7	①+②+③	S7	−4.584	①+②+③	B7	−159.438
Fr.67	BASE VALUE		①	−4.637		①	−167.150
	DISP. CORRECTION	(−0.098)× Δd	②	−0.004	(−4.372)× Δd	②	−0.180
	TRIM CORRECTION	(−0.012)× TRIM	③	−0.012	(−8.550)× TRIM	③	−8.379
	S8 & B8	①+②+③	S8	−4.653	①+②+③	B8	−175.709

Right side panel:

No. LOAD NAME	(I) WEIGHT RATIO	(II) WEIGHT [A] (T/1000)	(III) FP.G [B] (M)	(IV) MOMENT [C] (T-M/1000)

1　A.P.T.　(100.0%)　=========　1) 0.105　95.96　5) 10.076
CAL.POINT(FR.NO.)　=　4　W0= (h) 0.105　M0= (v) 10.076
SF = W0 + S0　= (0.105 + 0.074) * 1000 = 179.000　T
BM = M0 + B0 − W0*L0 = ((10.076) + (0.254)
　− (0.105) * 92.5) * 1000 = 617.500　T-M

2　No.2 F.O.T.(P&S)　(35.0%)　=========　2) 0.006　74.29　6) 0.446
CAL.POINT(FR.NO.)　=　17　W1= (i) 0.111　M1= (w) 10.522
SF = W1 + S1　= (0.111 + −0.300) * 1000 = −189.000　T
BM = M1 + B1 − W1*L1 = ((10.522) + (1.667)
　− (0.111) * 75.6) * 1000 = 3,797.400　T-M

3　No.1 F.O.T.(P&S)　(100.0%)　=========　3) 0.023　73.16　7) 1.683
4　No.2 F.O.T.(P&S)　(65.0%)　=========　0.011　73.16　0.805
CAL.POINT(FR.NO.)　=　20　W2= (j) 0.145　M2= (x) 13.010
SF = W2 + S2　= (0.145 + −0.357) * 1000 = −212.000　T
BM = M2 + B2 − W2*L2 = ((13.010) + (1.189)
　− (0.145) * 71.7) * 1000 = 3,802.500　T-M

5　No.5 C.O.T.(P&S)　(100.0%)　=========　4) 0.861　65.40　8) 56.309
6　No.5 W.B.T.(P&S)　(100.0%)　=========　0.000　65.40　0.000
CAL.POINT(FR.NO.)　=　28　W3= (k) 1.006　M3= (y) 69.319
SF = W3 + S3　= (1.006 + −1.167) * 1000 = −161.000　T
BM = M3 + B3 − W3*L3 = ((69.319) + (−7.551)
　− (1.006) * 60.5) * 1000 = 905.000　T-M

1)+2)+3)+4)　　5)+6)+7)+8)

7　No.4 C.O.T.(P&S)　(100.0%)　=========　0.981　54.20　53.170
8　No.4 W.B.T.(P&S)　(100.0%)　=========　0.000　54.20　0.000
CAL.POINT(FR.NO.)　=　37　W4= 1.987　M4= 122.489
SF = W4 + S4　= (1.987 + −2.193) * 1000 = −206.000　T
BM = M4 + B4 − W4*L4 = ((122.489) + (−28.402)
　− (1.987) * 47.9) * 1000 = −1,090.300　T-M

9　No.3 C.O.T.(P&S)　(100.0%)　=========　1.006　41.15　41.397
10　No.3 W.B.T.(P&S)　(100.0%)　=========　0.000　41.15　0.000
CAL.POINT(FR.NO.)　=　46　W5= 2.993　M5= 163.886
SF = W5 + S5　= (2.993 + −3.147) * 1000 = −154.000　T
BM = M5 + B5 − W5*L5 = ((163.886) + (−60.779)
　− (2.993) * 35.3) * 1000 = −2,545.900　T-M

11　No.2 C.O.T.(P&S)　(100.0%)　=========　0.951　29.79　28.330
12　No.2 W.B.T.(P&S)　(100.0%)　=========　0.000　29.79　0.000
CAL.POINT(FR.NO.)　=　55　W6= 3.944　M6= 192.216
SF = W6 + S6　= (3.944 + −4.121) * 1000 = −177.000　T
BM = M6 + B6 − W6*L6 = ((192.216) + (−105.947)
　− (3.944) * 22.7) * 1000 = −3,259.800　T-M

13　No.1 C.O.T.(P&S)　(100.0%)　=========　0.714　18.01　12.859
14　No.1 W.B.T.(P&S)　(100.0%)　=========　0.000　18.01　0.000
CAL.POINT(FR.NO.)　=　64　W7= 4.658　M7= 205.075
SF = W7 + S7　= (4.658 + −4.584) * 1000 = 74.000　T
BM = M7 + B7 − W7*L7 = ((205.075) + (−159.438)
　− (4.658) * 10.3) * 1000 = −2,340.400　T-M

15　F.W.T.　(100.0%)　=========　0.000　7.90　0.000
CAL.POINT(FR.NO.)　=　67　W8= 4.658　M8= 205.075
SF = W8 + S8　= (4.658 + −4.653) * 1000 = 5.000　T
BM = M8 + B8 − W8*L8 = ((205.075) + (−175.709)
　− (4.658) * 6.7) * 1000 = −1,842.600　T-M